完全掌握 Excel 2016 高效办公

Excel

2016 高效办公

卞诚君 苏婵 等编著

机械工业出版社
China Machine Press

图书在版编目（CIP）数据

完全掌握Excel 2016高效办公 / 卞诚君等编著. —北京： 机械工业出版社，2016.10

ISBN 978-7-111-55021-1

Ⅰ. ①完… Ⅱ. ①卞… Ⅲ. ①表处理软件 Ⅳ. ①TP391.13

中国版本图书馆CIP数据核字（2016）第239268号

　　本书从办公人员和Excel初学者的需求出发，全面介绍Excel 2016软件的基本使用方法与综合应用技能。全书共15章，包括融会贯通Excel 2016、Excel基本操作与输入数据、工作表的数据编辑与格式设置、使用公式与函数处理表格数据、公式审核与高级函数应用、数据分析与管理、使用图表、工作表的安全与打印输出、数据透视表及数据透视图、数据分析工具、规划求解、使用Excel高效办公、Excel VBA的应用、与其他软件协同办公、Excel的网络应用等。

　　本书主要适用于希望掌握Excel应用和数据处理、分析等的初、中级用户，以及办公人员、文秘、财务人员、家庭用户，也可作为大中专院校及各类电脑培训班的Excel教材。

完全掌握Excel 2016高效办公

出版发行：机械工业出版社（北京市西城区百万庄大街22号　邮政编码：100037）

责任编辑：夏非彼　迟振春

印　　刷：中国电影出版社印刷厂　　　　　　　　　　版　　次：2016年11月第1版第1次印刷

开　　本：203mm×260mm　1/16　　　　　　　　　印　　张：27.25

书　　号：ISBN 978-7-111-55021-1　　　　　　　　定　　价：69.00元

Preface 前言

电子表格处理软件Excel 2016是Office 2016套装软件中一个非常实用的组件，可以用来制作电子表格、完成各种复杂的数据运算、进行数据的分析与预测、制作直观的图表以及使用VBA语言编程等。笔者从事Excel软件的教学与培训工作多年，针对目前市场上较多的Excel图书进行分析，发现不少图书或只讲解基础知识，或只注重讲解高级应用技巧，两者没有合理兼顾，使读者难以充分发挥Excel的强大功能。鉴于此，笔者打破传统的写作方式编写了本书，希望给予读者新的惊喜，既能让新手快速学习所需的基础知识，又能带领读者逐步深入学习Excel的高级内容与应用技巧。此外，本书还就Excel的功能特点提供了丰富且实用的办公实例，使读者能够淋漓尽致地将Excel为自己所用，快速成为Excel应用高手。

1. 本书的特色介绍

本书列出了Excel 2016涵盖的知识体系、制作流程和学习的心得体会，使读者达到举一反三、融会贯通、提高学习效率的目的。除此之外，本书还具有以下几个特点：

- 入门与提高的完美结合：整合了"入门类"图书的优势，汲取了"从入门到精通类"图书的精华，借鉴了"案例类"图书的特点，让读者学以致用，提升职场竞争力。

- 实际工作能力的培养：既包括对Excel 2016软件知识体系的详细讲解，又包括典型的实例，帮助读者将所学知识真正应用到实际工作中，达到学有所用的效果。

- 精挑细选的实用技巧：以详尽解释的"知识点"、贴心的"办公专家一点通"等多种形式穿插在正文中，让读者不仅能学得会，还能够拓展知识面，获取更多的应用技巧。

2. 本书的内容安排

本书共15章，第1~3章介绍Excel 2016的基本操作、数据输入、数据编辑与格式设置；第4~5章介绍Excel的公式与函数的使用；第6~9章介绍数据分析与管理、使用图表直观地展示数据、打印工作表以及使用数据透视表和数据透视图来展示复杂的数据；第10~13章介绍Excel的高级数据分析工具、规划求解、使用Excel的高级功能来提高办公效率、Excel VBA的高级应用；第14~15章介绍与其他软件协同办公以及Excel的网络应用和高级的云办公技巧。

3. 本书适合的读者

Excel 2016的初、中级读者；具有Excel早期版本基础、想快速掌握Excel 2016新功能的读者；广大财务管理人员和会计、数据统计和分析人员、办公文员、公司管理人员以及公务员；大中专院校学生。

4. 本书的答疑方式

本书由卜诚君和苏婵主编，同时参与编写工作的还有郭丹阳、孟宗斌、王翔、魏忠波、关静、吉媛媛、周晓娟、刘雪连、闫秀华、王叶等。如果读者在学习过程中遇到无法解决的问题，或者对本书持有意见或建议，可以通过邮箱（bcj_tx@126.com）直接与作者联系。

本书素材下载文件的下载地址为http://pan.baidu.com/s/1c1S5UfA（注意区分数字与字母的大小写）。如果下载有问题，请电子邮件联系booksaga@126.com，邮件主题为"求完全掌握Excel 2016高效办公素材"。

由于编者水平有限，疏漏之处在所难免，恳请广大读者批评指正。

编 者
2016年6月

Excel 2016

C目录
Contents

第 3 章 工作表的数据编辑与格式设置

第 4 章　使用公式与函数处理表格数据

第 5 章 公式审核与高级函数应用

第 6 章　数据分析与管理

第 9 章　使用数据透视表及数据透视图

第 10 章 数据分析工具

第 11 章 规划求解

第 12 章　使用 Excel 高效办公

第 13 章　Excel VBA 的应用

第14章 与其他软件协同办公

第15章 Excel 的网络应用

01

Excel 2016是Microsoft公司推出的Office系列集成办公软件的最新版本，与以前的版本相比，Excel 2016无论是在用户界面还是在功能上均有很大的改进，操作起来也更为方便、快捷。本章将介绍Excel 2016的新增功能和基本操作，使用户对Excel 2016有个初步的认识。

第 1 章
融会贯通
Excel 2016

教学目标 >>>>>>>>>>>>>>>>>>>>>>>>>

通过本章的学习，你能够掌握如下内容：

※ 了解启动与退出Excel 2016基本方法

※ 为新手着想，全面介绍Excel 2016的新操作环境

※ 让用户根据自己的操作习惯，定制个性化的办公环境

※ 介绍学习Excel的一些方法和掌握Excel的知识体系

1.1

Excel 能做什么

正如你所知，Excel是全世界最知名、使用率最高也是最普及的电子表格软件，更是Microsoft Office 家族系列软件中最有名的一员。它绝非只是让用户输入数字、计算公式与函数、画画直线图表、重新排列数据而已，其应用层面已经远远超出了处理数字之间的问题，甚至在许多非数字类型的应用领域，它也具备独特的能耐及非凡的功力。以下就是活用Excel 2016的几项主要范畴。

- **数字的能力**：创建预算表、分析诸如问卷调查等资料结果等，可处理所有你想象得到的财务分析方面的问题及统计方面的问题，如图 1-1 所示。

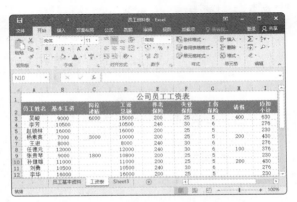 

图1-1 对数字进行分析

- **创建图表**：创建各种不同类型而且可以自定义的统计图表，如图 1-2 所示。
- **组织数据**：天生行列式的数据表架构、容易进行数据的排序、筛选、汇总等数据处理工作。
- **访问其他数据**：可以轻松导入不同来源、不同类型的数据。
- **创建切片器**：可以摘要海量的商务信息，以简明扼要的方式通过图像呈现决策信息，如图 1-3 所示。

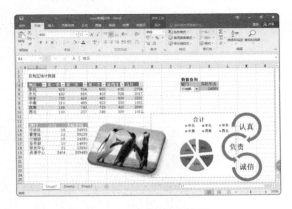 

图1-2 Excel的图表功能　　　　　　　图1-3 切片器的使用

通常情况下，可以利用Excel 2016来进行以下的工作：

（1）一般电子表格或财务报表的制作

• 编辑工具与校对工具的设置和使用	• 制作窗体共享给网络上的其他用户
• 格式化工作表	

（2）数据库的管理与应用

• 利用工作表来创建数据库	• 衔接后台数据库
• 输出或输入各种类型的数据库数据	• 数据透视表
• 进行数据的排序、统计、筛选与分析	

（3）统计图表的制作

• 对工作表上的指定数据制作图表	• 数据透视图的制作
• 组合图表的制作	

（4）分析工具

• 单变量求解	• 方案管理器
• 规划求解	

（5）共用与分享工作表和工作簿

• 将工作表、工作簿转换为开放格式的 PDF 或网页文件	• 为工作表添加批注、编辑批注
	• 多人共享工作簿

1.2
启动与设置 Excel 2016

如果准备使用Excel，必须先启动Excel程序；如果是首次使用Excel 2016，肯定会对其界面感到既新鲜又陌生，需要熟悉与灵活设置Excel 2016的操作环境。

1.2.1 启动和退出 Excel 2016

启动Excel是指将Excel的核心程序（Excel.exe）调入内存，同时进入Excel应用程序及文档窗口进行文档操作。退出Excel是指结束Excel应用程序的运行，同时关闭所有Excel文档。

启动与退出Excel的基本流程如图1-4所示。

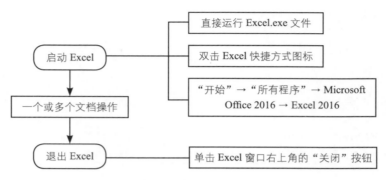

图1-4 启动与退出Excel流程

如果在Windows 10中启动Excel 2016，可以在屏幕左下角依次单击 "开始" > "所有应用"，在打开的屏幕中可以查看所有应用，找到Excel 2016并单击即可，如图1-5所示。

如果要退出 Excel 2016，可以选择下述方法之一：

- 单击 Excel 窗口右上角的 "关闭" 按钮。
- 按 Alt+F4 组合键。

图1-5 Windows 10 中启动Excel 2016

1.2.2 新手入门：快速认识 Excel 2016 的操作环境

启动Excel 2016程序后，如果是首次使用，会对其界面感到陌生。用惯了早期Excel版本的工具栏和菜单式的操作，用户在Excel 2016的新界面中可能不太容易找到相应的操作。因此，学习新界面是掌握Excel 2016的第一步。

启动Excel 2016程序后，首先看到的是如图1-6所示的 "开始" 屏幕，其中显示了一些精美的模板以及最近查看的文档列表，帮助用户快速返回到上次离开时的位置。

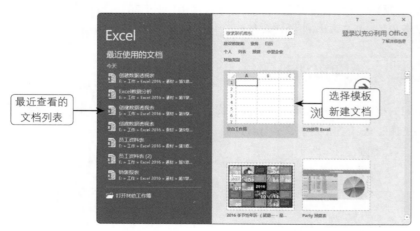

图1-6 Excel 2016的新 "开始" 屏幕

4

单击"空白工作簿"图标，即可打开新的空白工作簿。在打开的主窗口中包括"文件"选项卡、快速访问工具栏、标题栏、功能区、编辑栏以及状态栏等部分，如图1-7所示为Excel 2016的操作界面。

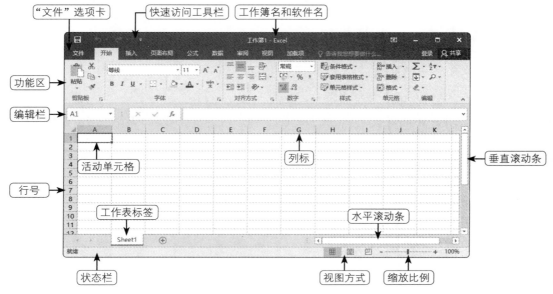

图1-7 Excel 2016操作界面的组成

- **"文件"选项卡**：打开"文件"选项卡，用户能够获得与文件有关的操作选项，如"打开"、"另存为"或"打印"等。

  "文件"选项卡实际上是一个类似于多级菜单的分级结构，分为3个区域。左侧区域为命令选项区，该区域列出了与文档有关的操作命令选项，在这个区域选择某个选项后，右侧区域将显示其下级命令按钮或操作选项。同时，右侧区域也可以显示与文档有关的信息，如文档属性信息、打印预览或预览模板文档内容等。

- **快速访问工具栏**：快速访问频繁使用的命令，如"保存"、"撤销"和"恢复"等。在快速访问工具栏的右侧，通过单击下拉按钮，在弹出的下拉菜单中选择Excel已经定义好的命令，即可将选择的命令以按钮的形式添加到快速访问工具栏中。

- **标题栏**：位于快速访问工具栏的右侧，在标题栏中从左至右依次显示了当前打开的工作簿名称、软件名称、窗口操作按钮（"最小化"按钮、"最大化"按钮、"关闭"按钮）。

- **标签**：单击相应的标签，可以切换到相应的选项卡，不同的选项卡中提供了多种不同的操作设置选项。

- **功能区**：在每个标签对应的选项卡中，按照具体功能将其中的命令进行更详细的分类，并划分到不同的组中，如图1-8所示。例如，"开始"选项卡的功能区中收集了对字体、段落等内容设置的命令。

- **编辑栏**：从左到右依次由名称框、"取消"按钮、"输入"按钮、"插入函数"按钮以及编辑栏组成。其中，名称框用于显示当前激活的单元格编号；"取消"按钮用于取消本次输入内容，恢复单元格中本次输入前的内容；"输入"按钮用于确认本次输入内容，也可按Enter键实现该功能；"插入函数"按钮用于输入公式和函数；在编辑栏中输入的内容或公式，将同步在单元格中显示。

5

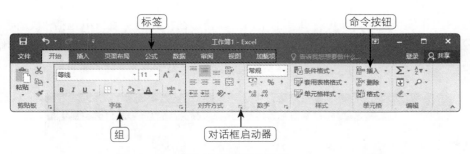

图1-8 功能区的组成

- 工作区：在 Excel 2016 中默认为带有线条的表格，用户可以在工作区中输入文字、数值、插入图片、绘制图形、插入图表，还可以设置文本格式。
- 工作表标签：工作簿窗口底部的工作表标签上可显示工作表的名称。如果要在工作表间进行切换，单击相应的工作表标签即可。
- 水平滚动条和垂直滚动条：分别位于工作区的下面和右边，拖动滚动条可以使工作区窗口在文档中滚动，也可以单击滚动条上的箭头来滚动工作区窗口。
- 单元格：单元格是 Excel 运算和操作的基本单位，用来存放输入的数据。每个单元格都有一个固定的地址编号，由"列标＋行号"构成，如 A1。其中，被黑框套住的单元格称为活动单元格。
- 状态栏：Excel 程序底部的状态栏显示诸如单元格模式、签名、权限等选项的开关状态，还可以使用状态栏上的"缩放"等功能。如图 1-9 所示为 Excel 2016 的状态栏。如果要自定义状态栏上显示的内容，可以在状态栏单击鼠标右键，在弹出的快捷菜单中选择所需的选项。

图1-9 Excel状态栏

1.2.3 必要的准备：定制个性化的办公环境

在Excel 2016中，为了便于操作，用户可以根据自己的工作习惯调整功能区中的命令，还可以将常用的命令或按钮添加到快速访问工具栏中，使用时，只需单击快速访问工具栏中的按钮即可。本节将通过具体的案例——定制个性化的办公环境，让用户在一个适合自己的工作环境中工作，使用Excel更加得心应手。

1. 实例描述

本实例将以自定义Excel操作环境为例，实现以下4个功能：

- 自定义功能区；
- 向快速访问工具栏中添加常用按钮；
- 将默认打开文档位置设置为常用位置；
- 不显示任何已打开过的文档名称。

2. 操作步骤

本实例的具体操作步骤如下：

01 启动Excel 2016，单击"文件"选项卡，在弹出的菜单中选择"选项"命令，弹出"Excel选项"对话框，单击"自定义功能区"选项，然后在"自定义功能区"列表下，单击"新建选项卡"按钮，如图1-10所示。

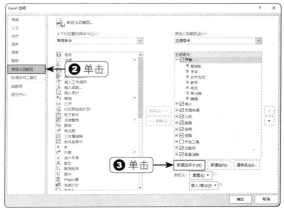

图1-10 单击"新建选项卡"按钮

02 在列表框内单击选中"新建选项卡（自定义）"复选框，然后单击"重命名"按钮，弹出如图1-11所示的"重命名"对话框，在"显示名称"文本框中输入名称，然后单击"确定"按钮。

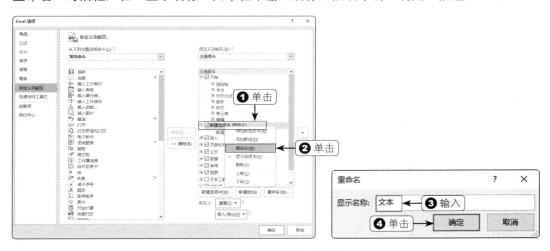

图1-11 "重命名"对话框

03 在"主选项卡"列表框中，单击"字体"选项，然后单击"下移"按钮，将选中的"字体"组移至新建的"文本"选项卡中，如图1-12所示。

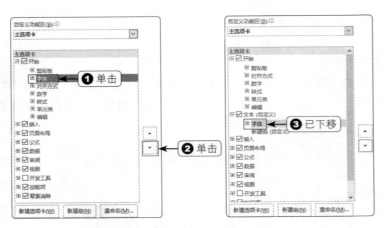

图1-12 向新建的选项卡中添加组

04 使用同样的方法,将"数字"组移至新建的"文本"选项卡中。设置完成后,单击"确定"按钮,可以看到在功能区中添加了"文本"选项卡,并显示了"字体"和"数字"组命令,如图1-13所示。

图1-13 向新建的组中添加命令

05 单击快速访问工具栏右侧的"自定义"按钮,弹出其下拉菜单,其中列出了一些可以直接添加的按钮,如"新建"、"打开"与"快速打印"等,如图1-14所示。

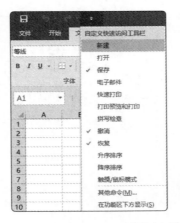

图1-14 选择"其他命令"选项

06 单击"其他命令"选项，出现"Excel 选项"对话框并单击"快速访问工具栏"选项，如图1-15所示。在"从下列位置选择命令"下拉列表中选择"不在功能区中的命令"选项，从命令列表中选择要添加到快速访问工具栏中的命令，再单击"添加"按钮即可将其添加到快速访问工具栏列表中。

图1-15 选择要添加的按钮

07 单击"确定"按钮，关闭对话框。如图1-16所示就是添加了多个按钮的快速访问工具栏。

图1-16 添加了多个按钮的快速访问工具栏

08 单击"文件"选项卡，然后单击"选项"命令，打开"Excel 选项"对话框。选择左侧的"保存"选项，在右侧的"默认本地文件位置"文本框中输入打开文件位置的文件夹，如图1-17所示。

图1-17 设置打开默认文件的位置

09 选择左侧的"高级"选项，在右侧找到"显示"选项组，在"显示此数目的'最近使用的工作簿'"数值框中输入"0"，如图1-18所示。这样，在"文件"菜单中就不会记录曾经打开过的文档。

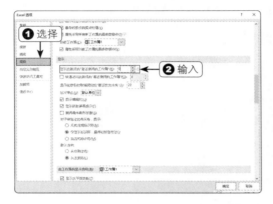

图1-18 设置显示已打开的文档数量

3. 实例总结

通过本实例的学习，读者可以大致了解Excel 2016的操作环境，根据个人工作需要定制适合自己的工作环境，充分发挥Excel 2016使用的便利性，有效地提高工作效率。

1.3
学习 Excel 的心得体会

从事数据分析的用户在工作中会经常需要使用Excel来进行数据的收集、数据的整理、数据的计算、数据的汇总分析、数据的展示。然而很多人觉得Excel很复杂，那么如何才能学好Excel呢？

1.3.1 明确 Excel 在工作中的地位

根据不同的岗位需求，用户需要掌握Excel的程度也不同。如果是普通的用户，对于Excel的要求也不是太高，那么只要掌握一些简单的表格处理和公式计算就可以轻松应付了。如果是主管级的用户，经常遇到要将很多数据汇总出来的情况，其实也只需掌握Excel的一些分类汇总的技巧就可以了，用户找一本Excel的基础教程就能满足需要。如果是从事会计、财务等职业的用户，那么就需要不但会使用Excel，而且要用得好Excel中的一些功能。例如函数的使用、图表的制作、数据透视表的使用以及数据筛选等。

1.3.2 不要强记菜单命令，建立自己常用的功能区

不少Excel 2016高手可能已经把功能区的各个选项卡中的按钮功能背得很熟了，尤其是使用Excel 2003低版本的用户，还要记得各菜单的命令，费时又费力，并且想从中找到规律也不太容易。

其实，在Excel中可以创建一个"常用文档"的新选项卡，然后将常用的按钮都添加到此选项卡中，这样操作起来就比较方便，利用前面介绍的"自定义功能区"功能即可完成此工作。

1.3.3 学习 Excel 公式的几点经验

Excel最强大的功能就是计算，并且提供了大量的函数。如何才能熟练掌握Excel的公式和函数呢？本书后面会详细介绍其使用方法，这里仅简述几点学习的经验。

1．学以致用：灵活应用是最终的目标，只先学将要用到的。例如，你根本用不到财务、统计和工程函数，就可以先不学习这些专业性强的函数。

2．多看函数帮助：每个函数的帮助中都有函数的基本用法和"要点"，还有些函数提供了示例，可以复制到工作表中勤加练习。

3．函数的参数之间用逗号隔开：对于组合多个函数的公式，可以先将长公式的函数用逗号隔开，逐个看明白后，再拼凑起来。

4．公式审核：在"公式"选项卡的"公式审核"组中有一个"公式求值"按钮，能够查看公式的运行结果。

1.3.4 建好源数据表，巧用分类汇总表

俗话说得好："万丈高楼平地起"，我们建房时需要先打好地基。同样，在Excel中，也要先建立好源数据表，这样才能完成各项数据的汇总。

用户可以根据要求创建好源数据表，好的源数据表是一切表格工作的基础，如图1-19所示就是创建好的源数据表。

图1-19 创建好源数据表

有了源数据表后，就可以根据工作的目的创建分类汇总表，然后根据不同的需求，从源数据表中提取相应的数据，如图1-20所示是从前面的表格中提取该产品的销售数据。

图1-20 巧用汇总表

11

1.3.5 遇问题及时咨询解决

随着对Excel的逐步了解，你会发现Excel的功能很强大，自己遇到的问题也会越来越有挑战性，需要找专业的Excel图书或者上网搜索一些Excel的论坛来解决，你可以把自己的问题发布到论坛中，可能会遇到热点的高手给你指点迷津，也可以与身边的朋友共同探讨。当然，你还可以浏览论坛中高手提供的经验，尤其是把一些精华的帖子收集起来慢慢研究（本书提供了不少高手技巧以及很多朋友推荐的方法，在此表示感谢）。

1.4
Excel 的知识体系结构与操作流程

Excel是Microsoft公司推出的一款优秀的电子表格处理软件，具有强大的电子表格处理功能，可以制作表格、计算大量数据以及进行财务分析。利用Excel可以快速输入表格数据、根据需要设置数据的格式、控制数据输入的有效性、为符合特定条件的数据设置格式、使用各种函数计算数据、使用图表和数据透视表分析数据等。

Excel中的知识体系结构基本分为7个方面，这里使用如图1-21所示的示意图进行描述。

新建工作簿与处理工作表	• 工作簿的基本操作：新建工作簿、保存工作簿、打开工作簿 • 处理工作表：新建工作表、命名工作表、删除工作表 • 保护工作簿和工作表：设置打开工作簿密码、锁定工作表、隐藏工作表
数据输入与编辑	• 输入基本数据：手动输入（文字或数字等）、自动填充输入、数据有效性 • 基本编辑技巧：修改数据、删除、移动、复制、撤销、重复、查找与替换
美化表格	• 设置数据格式：设置文字格式、设置数值、日期与时间格式、设置对齐方式、样式、根据条件设置数据格式 • 设置工作表外观：插入图片、使用艺术字、绘制图形、添加边框与底纹
数据计算	• 利用公式与函数计算数据：包括逻辑函数、文本和数据函数、日期和时间函数、数学和三角函数、财务函数、统计函数、数据库函数、信息函数、多维数据集函数、工程函数、加载宏和自动化函数等
数据分析	• 使用图表、排序数据、筛选数据、分类汇总数据、使用数据透视表和透视图、使用单变量求解、使用规划求解、使用方案管理器、使用分析工具等
打印输出与自动化	• 页面设置：纸张大小、纸张方向、页边距、设置页眉与页脚、分页控制 • 打印输出：设置打印区域、打印预览、设置打印选项、打印输出到纸上 • 自动化：录制宏、利用 Excel VBA 开发电子表格程序

图1-21 Excel知识体系结构

如果要完成Excel工作簿的制作，其一般流程如下：

新建工作簿→为工作表命名→在指定的工作表中输入数据→设置数据格式→利用图形对象美化工作表→利用公式和函数计算数据→采用各种方法分析数据→将表格打印到纸张上或者分布为网页与其他人共享。

1.5
办公实例：制作第一个 Excel 工作簿
——会议日程表

本节将通过一个典型实例——制作会议日程表，来巩固与了解在Excel中制作工作簿的一般流程，使读者快速熟悉Excel 2016的操作环境。

1.5.1 实例描述

本实例将以制作Excel工作簿为例介绍其基本的制作流程，在制作中主要包括以下内容：

- 新建 Excel 工作簿
- 输入工作表内容
- 设置工作表的格式
- 打印输出工作表

1.5.2 操作步骤

本实例的具体操作步骤如下：

01 启动Excel 2016，在"开始"屏幕上单击"空白工作簿"图标，新建一个名为"工作簿1"的空白工作簿。

02 单击选定单元格A1，即可开始输入文字，输入的内容同时显示在公式编辑栏中，按Enter键确认，如图1-22所示。

03 在单元格A3中输入日期，然后将光标移到该单元格右下角的填充柄上，此时光标变成一个"+"标记，单击并拖动鼠标直到需要的位置，所经过的单元格会显示被填充的日期，释放鼠标即可自动填充顺序的日期，如图1-23所示。

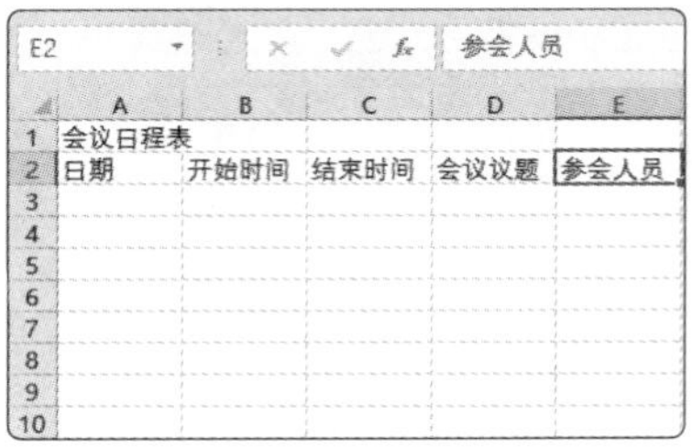

图1-22 输入内容 　　　　　　　　图1-23 自动填充日期

13

04 单击选定单元格B3，输入开始时间，然后将光标移到该单元格右下角的填充柄上，此时光标变成一个"+"标记，单击并拖动鼠标直到需要的位置，所经过的单元格会显示被填充的时间，单击最后一个单元格右下角的"自动填充选项"按钮，在弹出的菜单中选择"复制单元格"选项，如图1-24所示。

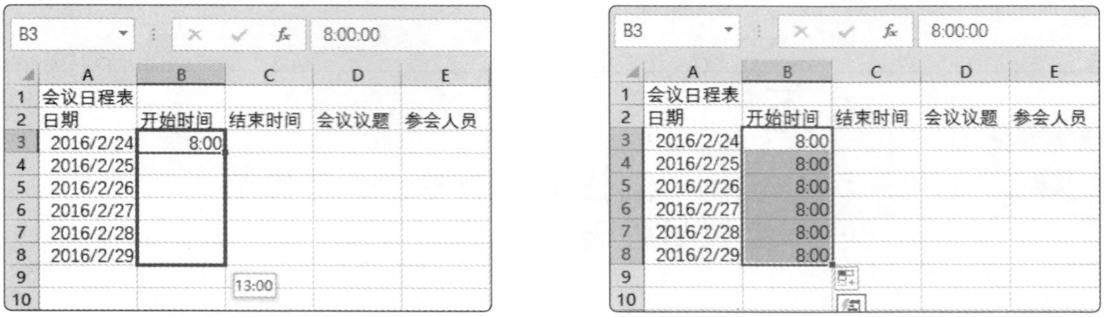

图1-24 复制开始时间

05 重复上述的步骤，复制结束时间，如图1-25所示。然后输入其他单元格中的文本，如图1-26所示。

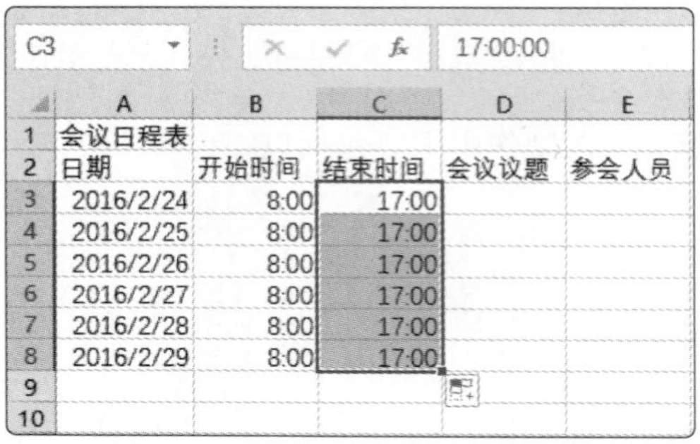

图1-25 复制结束时间　　　　　　　　　　　　　　图1-26 输入其他的内容

06 由于D列中的部分文本被隐藏了，可以将鼠标指针置于需要调整列宽的列标线上，按住鼠标拖动即可改变列宽，将所有的内容显示出来，如图1-27所示。

07 接下来要将第一行的单元格合并居中以作为标题显示，可以选定单元格区域A1:E1，然后单击"开始"选项卡的"对齐方式"组中的"合并后居中"按钮，结果如图1-28所示。

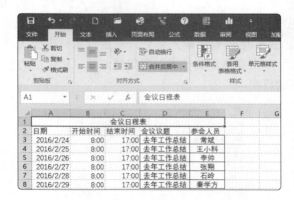

图1-27 调整列宽　　　　　　　　　　　　　　　图1-28 标题合并后居中

08 选定标题所在的单元格，在"开始"选项卡的"字体"组中的"字体"下拉列表中设置字体为"黑体"；在"字号"下拉列表中设置字号为"20"，并设置加粗，如图1-29所示。

09 选定要使内容居中的单元格，然后单击"开始"选项卡的"对齐方式"组中的"居中"按钮，如图1-30所示。

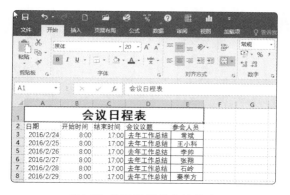

图1-29 设置标题的字符格式

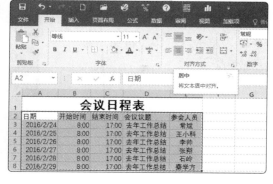

图1-30 使单元格的内容居中

10 选定要添加表格边框的单元格区域，单击"字体"组中"边框"按钮右侧的向下箭头，在下拉列表中选择"所有框线"选项，如图1-31所示。此时，即可看到设置的边框效果，如图1-32所示。

图1-31 选择"所有框线"选项

图1-32 添加的边框效果

11 单击快速访问工具栏上的"保存"按钮，弹出"另存为"窗口，在中间窗格单击"浏览"按钮，在打开的"另存为"对话框中选择保存位置并输入文档名称，然后单击"保存"按钮，如图1-33所示。

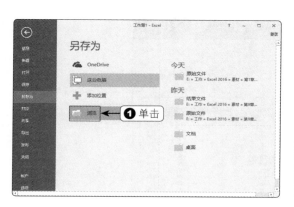

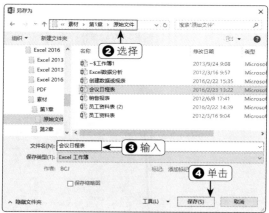

图1-33 "另存为"对话框

15

12 如果有打印机，可以单击"文件"选项卡，在弹出的菜单中选择"打印"命令，如图1-34所示，指定打印的页面范围、打印的份数等，单击"打印"按钮，即可开始打印。

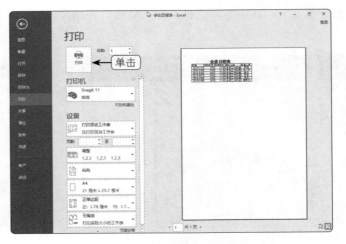

图1-34 打印文档

1.5.3 实例总结

通过本实例的学习，读者可以掌握从创建文档到最终打印文档等操作方面的知识，为进一步学习Excel奠定基础。

1.6
提高办公效率的诀窍

窍门1：注意填写表格标题的位置

大多数Excel用户喜欢在表格的第一行放置标题，如图1-35所示就是在第一行放置标题的"公司员工工资表"，表中还设置了格式并且将这些单元格合并为一个大单元格。

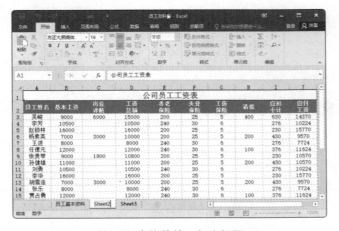

图1-35 表格的第一行为标题

这样做确实可以使表格看起来很漂亮，不过，在后面统计分析时可能会遇到问题，因为Excel的默认规则中，连续数据区域的首行为标题行。标题行与标题不同，标题行代表了每列数据的属性，是排序和筛选的字段依据，而标题是为了让阅读该表的人知道这是一张什么表。因此，对于要进行数据分析的表格，不要用标题来占用工作表首行。

其实，我们可以将工作表标签的名称改为标题的名称，用户自己清楚本表格中存放的内容即可，如图1-36所示。

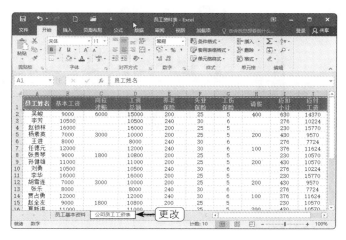

图1-36 将标题名作为工作表标签名

窍门2：改变 Excel 程序窗口的背景与主题

进入Excel 2016后，会发现其界面背景很特别（默认为电路背景）。Excel 2016允许用户设置不同的背景与主题。具体操作步骤如下：

01 单击"文件"选项卡，在弹出的菜单中选择"账户"选项，弹出"账户"窗口。

02 在"Office 背景"下拉列表框中可以选择一种背景，如果不想使用背景，可选择"无背景"；在"Office 主题"下拉列表框中可以选择一个主题颜色，如图1-37所示。

图1-37 选择Excel背景和主题

02

Excel 2016是微软公司最新推出的一套功能强大的电子表格处理软件，是每个公司、学校、工厂甚至家庭不可缺少的工具，它可以管理账务、制作报表、对数据进行排序与分析，或者将数据转换为更加直观的图表等。本章将介绍Excel 2016的基本操作，主要包括Excel 2016的窗口组成、创建新工作簿、打开工作簿、保存工作簿和管理工作表等，让用户能够创建工作簿以及处理工作簿中的工作表，最后通过一个综合实例巩固所学的内容。

第 2 章
Excel基本操作与数据输入

教学目标 >>>>>>>>>>>>>>>>>>>>>

通过本章的学习，你能够掌握如下内容：

※　了解Excel的文档格式以及工作簿和工作表的常用操作

※　在工作表中快速输入各种格式的数据

※　掌握几种提高数据输入速度的方法

※　使用验证保证输入数据的正确性发

2.1
初识 Excel 2016

本节将介绍有关Excel 2016入门的知识，包括Excel 2016的文档格式、工作簿、工作表和单元格之间的关系等。

Excel 2016的文档格式与以前版本不同，它以XML格式保存，其新的文件扩展名是在以前的文件扩展名后添加x或m。x表示不含宏的XML文件，m表示含有宏的XML文件，具体如表2-1所示。

表2-1 Excel中的文件类型与其对应的扩展名

文件类型	扩展名
Excel 2016工作簿	xlsx
Excel 2016启用宏的工作簿	xlsm
Excel 2016模板	xltx
Excel 2016启用宏的模板	xltxm

工作簿与工作表之间的关系类似一本书和书中的每一页之间的关系。一本书由不同的页数组成，各种文字和图片都出现在每一页上，而工作簿由工作表组成，所有数据包括数字、符号、图片以及图表等都输入到工作表中。

1. 工作簿

工作簿是Excel用来处理和存储数据的文件，其扩展名为.xlsx，其中可以含有一个或多个工作表。实质上，工作簿就是工作表或图表的容器。启动Excel 2016并利用"空白工作簿"模板新建文件，即可打开一个名为"工作簿1"的空白工作簿。第一次保存工作簿时，可以为其重新定义一个自己喜欢的名字。

2. 工作表

在Excel 2016中，每个工作簿就像一个大的活页夹，工作表就像其中的一张张活页纸。工作表是工作簿的重要组成部分，它又被称为电子表格。用户可以在一个工作簿文件中管理各种类型的相关信息。例如，在一个工作表中存放"一月销售"的销售数据，在另一个工作表中存放"二月销售"的销售数据等，而这些工作表都可以包含在一个工作簿中。

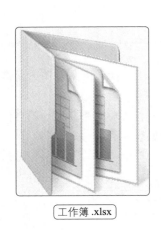

工作簿 .xlsx

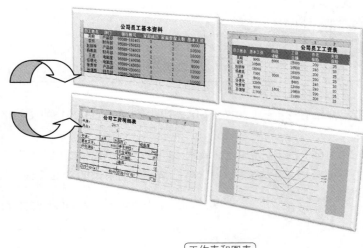

工作表和图表

3. 单元格

Excel作为电子表格软件，其数据的操作都在组成表格的单元格中完成。一张工作表由行和列构成，每一列的列标由A、B、C等字母表示；每一行的行号由1、2、3等数字表示。行与列的交叉处形成一个单元格，它是Excel 2016进行工作的基本单位。在Excel 2016中，单元格是按照其所在的行和列的位置来命名的，例如单元格D4，就是指位于D列与第4行交叉点上的单元格。要表示一个连续的单元格区域，可以用该区域左上角和右下角单元格表示，中间用冒号（:）分隔，例如，C1:F3表示从单元格C1到单元格F3的区域。

2.2
工作簿的常用操作

由于操作与处理Excel数据都是在工作簿和工作表中进行的，因此有必要先了解一下工作簿的常用操作，包括新建与保存工作簿、打开与关闭工作簿等。

2.2.1 创建工作簿文件的流程

在开始创建工作簿之前，先用图解的方式与步骤，来了解一下创建工作簿文件的流程，以免在操作过程中发生问题。

创建工作簿文件，大致可分为下列4个步骤：

| 1．新建工作簿 | 这个步骤是先准备一个空白的工作簿，可将这个工作簿看成平常使用的文件夹，用来放文件纸。 |

| 2．插入工作表 | 空白工作簿是没有办法输入数据的，必须插入工作表才行，就像在文件夹中放入文件纸一样。 |

| 3．输入数据 | 这个步骤范围涵盖最广，除了将数据输入工作表之外，还可以应用Excel各项分析、图表、格式的功能，再创建各种信息。 |

| 4．保存文件 | 最后记得将文件保存起来，你的工作簿文件就创建完成了。 |

2.2.2 新建工作簿

启动Excel 2016时，在"开始"屏幕上单击"空白工作簿"图标，系统会自动创建一个空白的工作簿，等待用户输入信息。用户还可以根据自己的实际需要，创建新的工作簿。

除了创建空白工作簿之外，还可以使用Excel提供的联机模板来创建工作簿。具体操作步骤如下：

01 单击"文件"选项卡，在弹出的菜单中选择"新建"命令，打开如图2-1所示的"新建"窗口。

02 在"搜索"文本框中可以输入要使用的模板关键字。例如，近期要出差，需要一份差旅费费用表，可以输入"差旅费"，然后单击右侧的"开始搜索"按钮，即可显示符合条件的模板，如图2-2所示。

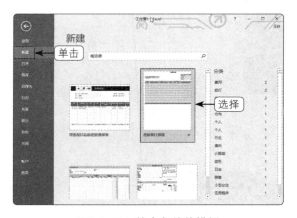

图2-1 "新建"窗口　　　　图2-2 显示符合条件的模板

03 选择与需要创建工作簿类型对应的模板，在弹出的对话框中单击"创建"按钮，即可生成带有相关文字和格式的工作簿，此操作大大简化了重新创建Excel工作簿的工作过程，如图2-3所示。此时，只需在相应的单元格中输入数据。

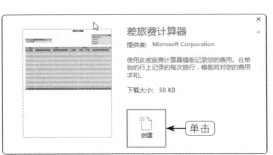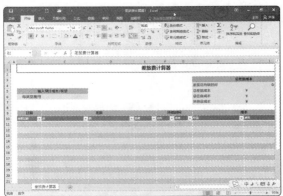

图2-3 利用模板新建工作簿

2.2.3 保存工作簿

为了便于日后查看或编辑，需要将工作簿保存起来。保存工作簿有以下几种操作方法：

- 单击快速访问工具栏上的"保存"按钮，弹出"另存为"窗口，先选择保存位置，Excel 允许将工作簿保存到 OneDrive 上与朋友共享；或者单击"浏览"按钮，如图 2-4 所示。此时，打开"另存为"对话框，在"文件名"文本框中输入要保存的工作簿名称，在"保存类型"下拉列表框中选择工作簿的保存类型，指定要保存的位置后单击"保存"按钮即可，如图 2-5 所示。

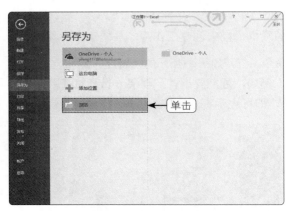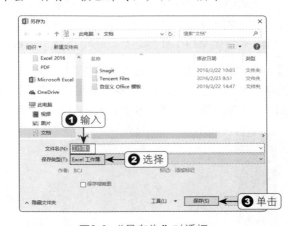

图2-4 "另存为"窗口　　　　　　　　　　图2-5 "另存为"对话框

- 单击"文件"选项卡，在弹出的菜单中选择"保存"命令或"另存为"命令，然后对工作簿进行保存。

为了让保存后的工作簿可以用Excel 2016以前的版本打开，可以在"另存为"对话框的"保存类型"下拉列表框中选择"Excel 97-2003工作簿"选项。

如果要保存已经存在的工作簿，可单击快速启动工具栏上的"保存"按钮，或者单击"文件"选项卡，在弹出的菜单中选择"保存"命令，Excel将不再出现"另存为"对话框，而是直接保存工作簿。

办公专家一点通

无论是自己辛苦输入的源数据表，还是从别人那里获得的，都应该被好好保护。一旦源数据表出现问题，我们辛苦的成果就会付之东流。因此，每次打开别人的重要表格探讨问题时，都应将这张表格另存一份，然后在另存的表格中进行分析。

2.2.4 让旧版 Excel 也能打开 Excel 2016 的工作簿

Excel 的旧版本如Excel 2000、XP、2003无法打开Excel 2016的.xlsx文件，必须要到微软网站下载并安装文件格式兼容性套件，才能在旧版本的Excel中打开.xlsx格式的工作簿。具体操作方法如下：

01 连接到微软网站的下载中心（http://www.microsoft.com/downloads/zh-cn/default.aspx），以FileFormatConverters exe关键字来搜索，即可找到该转换工具的下载地址及相关说明，如图2-6所示。

02 单击"Windows 用户、Office 2000、Office XP 和 Office 2003 用户：下载兼容包。"链接开始下载，然后安装好文件格式兼容包，在旧版本的Excel中选择"文件"→"打开"命令，即可打开Excel 2016的.xlsx文件格式。

图2-6 下载兼容包

2.2.5 打开与关闭工作簿

如果要对已经保存的工作簿进行编辑，必须先打开该工作簿。具体操作步骤如下：

01 单击"文件"选项卡，在弹出的菜单中选择"打开"命令，Excel会在"打开"窗口中显示最近使用的工作簿，让用户快速打开最近使用过的工作簿。如果要用的工作簿最近没有打开过，单击"浏览"按钮，可出现"打开"对话框。

02 定位到要打开的工作簿路径下，然后选择要打开的工作簿，单击"打开"按钮，即可在Excel窗口中打开选择的工作簿。

办公专家一点通

一个工作簿对应一个窗口

在资源管理器窗口中双击准备打开的工作簿文件，即可启动Excel并打开该工作簿。在Excel 2016中，每个工作簿都拥有自己的窗口，从而使用户能够更加轻松地同时操作两个工作簿。

对于暂时不再进行编辑的工作簿，可以将其关闭，以释放该工作簿所占用的内存空间。在Excel中关闭当前已打开的工作簿操作有以下几种方法：

- 单击"文件"选项卡，在弹出的菜单中选择"关闭"命令。
- 如果不再使用 Excel 编辑任何工作簿，单击 Excel 2016 主窗口标题栏右侧的"关闭"按钮，可以关闭所有打开的工作簿。

办公专家一点通

关闭工作簿时，如果没有进行保存操作，会弹出确认保存对话框，单击"是"按钮，即可保存并关闭当前文档；单击"否"按钮，则将不保存并关闭当前文档；单击"取消"按钮将返回当前文档。

2.2.6 新旧 Excel 工作簿版本的兼容性

谈到打开旧的文件，免不了又要牵涉到新旧版本文件兼容性的问题。在Excel 2016打开"Excel 97-2003工作簿"，就会在文件名的右侧出现"兼容模式"的字样，如图2-7所示。

图2-7 出现"兼容模式"字样

此外，Excel 2016的新功能也会呈现无法使用的状态，而在保存文件的时候，Excel 2016仍会以原本的文件版本进行保存。

如果要将工作簿转换为.xlsx格式，可以进行如下的操作：

01 单击"文件"选项卡，在弹出的菜单中选择"信息"命令，然后单击"转换"按钮。

02 打开"另存为"对话框，输入转换后的文件名以及新的保存位置，然后单击"保存"按钮。

03 弹出如图2-8所示的提示对话框，告知需要关闭并重新打开该工作簿，单击"确定"按钮。

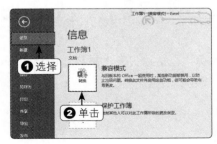

图2-8 将旧版的.xls文件转换为新版.xlsx格式

转换之后将不会出现"兼容模式"的字样，并且能使用Excel 2016的各项功能，文件大小也比旧版小很多。

2.3
工作表的基本操作

Excel工作簿可以包含多个工作表，因此用户需要了解一些工作表的基本操作。例如，设置默认工作簿中的工作表数量、新建工作表、移动和复制工作表、重命名工作表、删除工作表、隐藏工作表等。

2.3.1 设置新工作簿的默认工作表数量

默认情况下，Excel 2016在新建的空白工作簿中简化为仅包含1个工作表，其名字是Sheet1，且显示在工作表标签中。如果1个工作表不够用，例如，公司要统计半年财务报表，并以月份来指定工作表标签，因此每个工作簿需要包含6个工作表。如果每次新建工作簿后都采用插入工作表的方法，会很麻烦。

用户可以改变工作簿中默认工作表的数量，具体操作步骤如下：

01 单击"文件"选项卡，在弹出的菜单中选择"选项"选项，打开"Excel 选项"对话框。

02 选择左侧的"常规"选项，然后在右侧的"新建工作簿时"选项组中，将"包含的工作表数"文本框中的内容设置为所需数值即可，如图2-9所示。

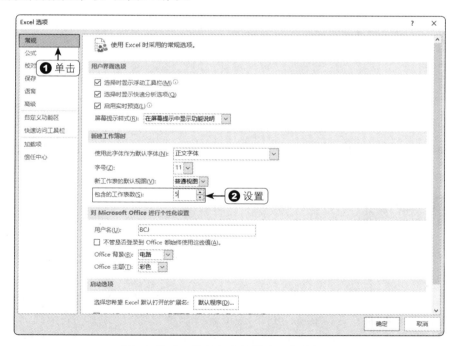

图2-9 修改工作簿包含的默认工作表数量

03 单击"确定"按钮，以后新建空白工作簿时将会自动包含6个工作表。

2.3.2 插入工作表

除了预先设置工作簿默认包含的工作表数量外，还可以随时在工作表中根据需要添加新的工作表。插入工作表有以下几种方法：

- 在工作簿中直接单击工作表标签中的"新工作表"按钮，如图 2-10 所示。

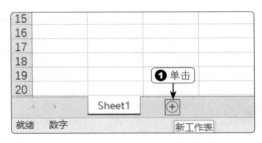

图2-10 插入工作表

- 鼠标右键单击工作表标签，在弹出的快捷菜单中选择"插入"命令，在打开的"插入"对话框的"常用"选项卡中选择"工作表"选项，然后单击"确定"按钮，即可插入新的工作表，如图 2-11 所示。

图2-11 利用"插入"对话框插入工作表

- 切换到功能区中的"开始"选项卡，在"单元格"组中单击"插入"按钮右侧的向下箭头，在弹出的下拉菜单中选择"插入工作表"命令。

2.3.3 切换工作表

使用新建的工作簿时，最先看到的是Sheet1工作表。要切换到其他工作表中，可以选择以下几种方法：

- 单击工作表标签，可以快速在工作表之间进行切换。例如，单击 Sheet2 标签，即可进入第二个空白工作表，如图 2-12 所示。此时，Sheet2 以白底且带下划线的形态显示，表明它为当前工作表。
- 通过键盘切换工作表：按 Ctrl+PageUp 组合键，可切换到上一个工作表；按 Ctrl+PageDown 组合键，可切换到下一个工作表。

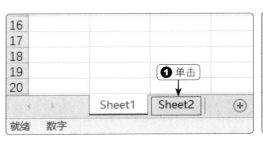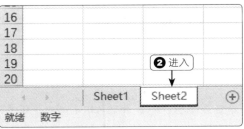

图2-12 切换工作表

- 如果在工作簿中插入了许多工作表，而所需的标签没有显示在屏幕上，则可以通过工作表标签前面的两个标签滚动按钮 ◀ ▶ 来滚动标签。
- 鼠标右键单击工作表标签左边的标签滚动按钮，在弹出的对话框中选择要切换的工作表。

2.3.4 删除工作表

如果已经不再需要某个工作表，则可以将该工作表删除，有以下几种方法：

- 鼠标右键单击要删除的工作表标签，在弹出的快捷菜单中选择"删除"命令，即可将工作表删除。
- 单击要删除的工作表标签，切换到功能区中的"开始"选项卡，在"单元格"组中单击"删除"按钮右侧的向下箭头，在弹出的下拉菜单中选择"删除工作表"命令。

如果要删除的工作表中包含数据，则会弹出对话框提示"无法撤销删除工作表，并且可能删除一些数据"，单击"删除"按钮即可。

2.3.5 重命名工作表

对于一个新建的工作簿，其中默认的工作表名为Sheet1、Sheet2等，从这些工作表名称中不容易知道工作表中存放的内容，使用起来很不方便，可以为工作表取一个有意义的名称。用户可以通过以下几种方法重命名工作表：

- 双击要重命名的工作表标签，输入工作表的新名称并按 Enter 键确认，如图 2-13 所示。

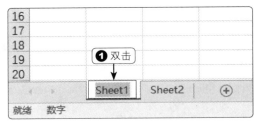

图2-13 重命名工作表

- 鼠标右键单击要重命名的工作表标签，在弹出的快捷菜单中选择"重命名"命令，进入编辑状态，输入工作表的新名称后按 Enter 键确认。

2.3.6 选定多个工作表

如果要在工作簿的多个工作表中输入相同的数据，需要先将这些工作表选定。用户可以利用下述方法来选定多个工作表：

- 要选定多个相邻工作表时，单击第一个工作表的标签，按住 Shift 键，再单击最后一个工作表标签。
- 要选定不相邻工作表时，单击第一个工作表的标签，按住 Ctrl 键，再分别单击要选定的工作表标签。
- 要选定工作簿中的所有工作表时，可使用鼠标右键单击工作表标签，然后在弹出的快捷菜单中选择"选定全部工作表"命令。

选定多个工作表时，在标题栏的文件名旁边将出现"［工作组］"字样。当向工作组内的一个工作表中输入数据或者进行格式化时，工作组中的其他工作表也将出现相同的数据和格式。

如果要取消对工作表的选定，只需单击任意一个未选定的工作表标签，或者鼠标右键单击工作表标签，在弹出的快捷菜单中选择"取消组合工作表"命令即可。

2.3.7 移动和复制工作表

利用工作表的移动和复制功能，可以实现两个工作簿间或工作簿内工作表的移动和复制。

1. 在工作簿内移动或复制工作表

在同一个工作簿内移动工作表，即改变工作表的排列顺序，其操作方法如下：

01 拖动要移动的工作表标签。

02 当小三角箭头到达新位置后，释放鼠标左键，如图2-14所示。

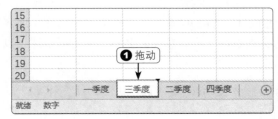 

图2-14 移动工作表

要在同一个工作簿内复制工作表，按住Ctrl键的同时拖动工作表标签。到达新位置时，先释放鼠标左键，再松开Ctrl键，即可复制工作表。复制一个工作表后，在新位置将出现一个完全相同的工作表，只是在复制的工作表名称后会附上一个带括号的编号，例如，Sheet3的复制工作表名称为Sheet3(2)。

2. 在工作簿之间移动或复制工作表

如果要将一个工作表移动或复制到另一个工作簿中，可以按照下述步骤进行操作：

01 打开用于接收工作表的工作簿，切换到包含要移动或复制工作表的工作簿中。

02 鼠标右键单击要移动或复制的工作表标签，在弹出的快捷菜单中选择"移动或复制工作表"命令，出现如图2-15所示的"移动或复制工作表"对话框。

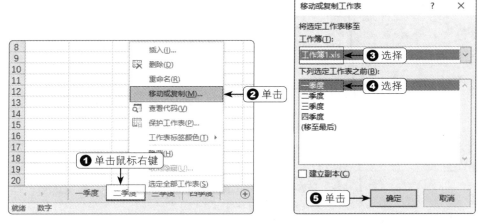

图2-15 "移动或复制工作表"对话框

03 在"工作簿"下拉列表框中选择用于接收工作表的工作簿名。如果选择"（新工作簿）"，则可以将选定的工作表移动或复制到新的工作簿中。

04 在"下列选定工作表之前"列表框中，选择要移动或复制的工作表要放在选定工作簿中的工作表之前。要复制工作表，需选中"建立副本"复选框，否则只是移动工作表。

05 单击"确定"按钮。

2.3.8 隐藏或显示工作表

隐藏工作表能够避免对重要数据和机密数据的错误操作，当需要显示时再将其恢复显示。

隐藏工作表的方法有以下两种：

- 单击要隐藏的工作表标签，切换到功能区中的"开始"选项卡，在"单元格"组中单击"格式"按钮，在弹出的菜单中选择"隐藏和取消隐藏"→"隐藏工作表"命令，即可将选择的工作表隐藏起来。
- 鼠标右键单击要隐藏的工作表标签，在弹出的快捷菜单中选择"隐藏"命令，如图 2-16 所示。

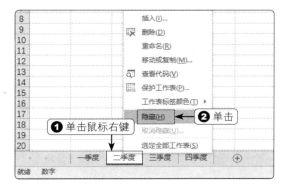 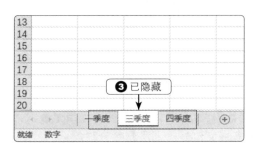

图2-16 隐藏工作表

当需要取消隐藏工作表时，鼠标右键单击工作表标签，在弹出的快捷菜单中选择"取消隐藏"命令，打开如图2-17所示的"取消隐藏"对话框。在"取消隐藏工作表"列表框中选择要取消隐藏的工作表，单击"确定"按钮，隐藏的工作表将重新显示出来。

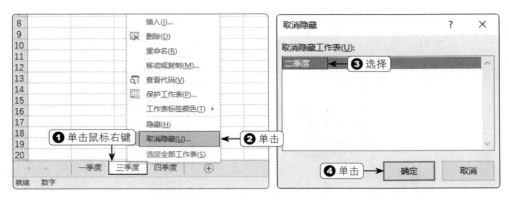

图2-17 "取消隐藏"对话框

2.3.9 拆分工作表

 实战练习素材：素材\第2章\原始文件\销售统计.xlsx

不少用户可能都遇到过这样的情况，在一个数据量较大的表格中，需要在某个区域编辑数据，而有时需要一边编辑数据一边参照该工作表中其他位置上的内容，这时通过利用拆分工作表的功能，就可以很好地解决这个问题。拆分工作表的具体操作步骤如下：

01 打开要拆分的工作表，单击要从其上方和左侧拆分的单元格，然后切换到功能区中的"视图"选项卡，在"窗口"组中单击"拆分"按钮，即可将工作表拆分为4个窗格，如图2-18所示。

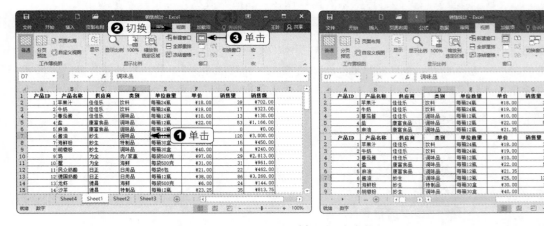

图2-18 拆分为4个窗格

02 将光标移到拆分后的分割条上，当鼠标变为双向箭头时，拖动可改变拆分后窗口的大小。如果将分割条拖出表格窗口外，则可删除分割条。

03 用户可以通过在各个窗格中单击鼠标进行切换，然后在各个窗格中显示工作表的不同部分。

当窗口处于拆分状态时，切换到功能区中的"视图"选项卡，再次单击"窗口"组中的"拆分"按钮，即可取消窗口的拆分。

2.3.10 冻结工作表

实战练习素材：素材\第2章\原始文件\销售统计.xlsx

通常处理的模拟运算表格有很多行，当移动垂直滚动条查看表格下方数据时，表格上方的标题行将会不可见，这时每列数据的含义将变得不清晰。为此，可以通过冻结工作表标题来使其位置固定不变。具体操作步骤如下：

01 打开Excel工作表，单击标题行下一行中的任意一个单元格，然后切换到功能区中的"视图"选项卡，在"窗口"组中单击"冻结窗格"按钮，在下拉菜单中选择"冻结首行"命令。

02 此时，标题行的下边框将显示一个黑色的线条，再次滚动垂直滚动条浏览表格下方数据时，标题行将固定不动，始终显示在数据上方，如图2-19所示。

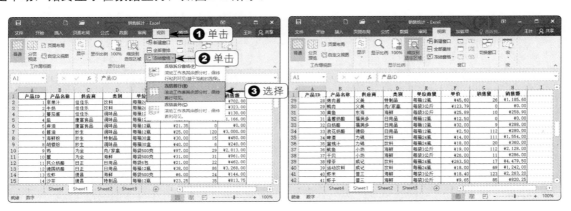

图2-19 冻结窗格

如果表格很宽，最左列是标题列的话，可以切换到功能区中的"视图"选项卡，单击"窗口"组中的"冻结窗格"按钮，在下拉菜单中选择"冻结首列"命令。

如果要取消冻结，可以切换到功能区中的"视图"选项卡，单击"窗口"组中的"冻结窗格"按钮，在下拉菜单中选择"取消冻结窗格"命令。

2.4

在工作表中输入数据——创建员工工资表

数据是表格中不可缺少的元素之一，在Excel 2016中，常见的数据类型有文本型、数字型、日期时间型和公式等。本节将介绍在表格中输入数据的方法。

2.4.1 输入文本

 最终结果文件：素材\第2章\结果文件\员工工资表.xlsx

文本是Excel常用的一种数据类型，如表格的标题、行标题与列标题等。文本数据包含任何字母（包括中文字符）、数字和键盘符号的组合。

输入文本的具体操作步骤如下：

01 选定单元格A1，输入"员工工资表"。输入完毕后，按Enter键，或者单击编辑栏上的"输入"按钮。

02 单击单元格A3，输入"编号"。输入完毕后，按Tab键可以选定右侧的单元格为活动单元格；按Enter键可以选定下方的单元格为活动单元格；按方向键可以自由选定其他单元格为活动单元格，如图2-20所示。

03 重复步骤2的操作，在其他单元格中输入相应的数据，如图2-21所示。

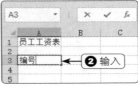

图2-20　输入文本　　　　　　　　　　　　　　图2-21　输入其他单元格数据

用户输入的文本超过单元格宽度时，如果右侧相邻的单元格中没有任何数据，则超出的文本延伸到右侧单元格中；如果右侧相邻的单元格中已有数据，则超出的文本被隐藏起来，只要增大列宽或以自动换行的方式将该单元格格式化，就能够看到全部的内容。

替单元格中的文字断行
要怎么做才能替单元格中的文字断行？其实很简单，只要按Alt+Enter组合键即可。此外，如果想要将断行的文字合并成一段，只要将插入点移到断行处，按下Delete键就可以删除断行字符，让文字合并。

2.4.2 输入数字

 最终结果文件：素材\第2章\结果文件\员工工资表.xlsx

Excel是处理各种数据最有利的工具，因此在日常操作中会经常输入大量的数字内容。如果输入负数，则在数字前加一个负号（-），或者将数字放在圆括号内。

单击准备输入数字的单元格，输入数字后按Enter键即可，如图2-22所示。用户可以继续在其他单元格中输入数字。

图2-22 输入数字

当单元格中的数字以科学记数法（2.34E+09）表示或者填满了"###"符号时，表示该列没有足够的宽度显示单元格中的完整数字，只需调整列宽即可。

2.4.3 输入日期或时间

在使用Excel进行各种报表的编辑和统计时，经常需要输入日期和时间。输入日期时，一般使用"/"（斜杠）或"—"（减号）来分隔日期的年、月、日。年份通常用两位数来表示，如果输入时省略了年份，Excel 2016则会以当前的年份作为默认值。输入时间时，可以使用":"号（英文半角状态的冒号）将时、分、秒隔开。

例如，要输入2016年10月8日和24小时制的7点28分，其具体操作步骤如下：

01 单击要输入日期的单元格A1，然后输入"2016/10/8"，按Tab键，将光标定位到单元格B1，如图2-23所示。

02 在单元格B1中输入"7:28"，按Enter键确认输入，如图2-24所示。要在同一单元格中输入日期和时间，则在它们之间用空格分隔。

图2-23 输入日期

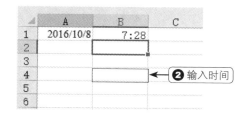

图2-24 输入时间

用户可以使用12小时制或者24小时制来显示时间。如果使用24小时制格式，则不必使用AM或者PM；如果使用12小时制格式，则在时间后加上一个空格，然后输入AM或A（表示上午）、PM或P（表示下午）。

2.4.4 输入特殊符号

实际应用中可能需要输入符号，如"℃"、"、""∮"等，在Excel 2016中可以轻松输入这类符号。下面以输入"※"符号为例，介绍在单元格中输入特殊符号的方法：

01 单击准备输入符号的单元格，切换到功能区中的"插入"选项卡，在"符号"组中单击"符号"按钮。

02 打开"符号"对话框。切换到"符号"选项卡，然后选择要插入的符号"※"。

03 单击"插入"按钮,即可在单元格中显示特殊符号,如图2-25所示。

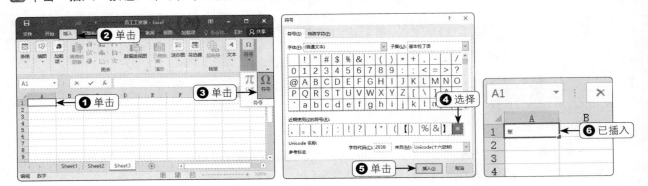

图2-25 输入特殊符号

2.4.5 快速输入身份证号

在Excel中输入多于15位数字时,15位以后的数字会变为0。当输入如身份证号这样的长数据时就会遇到此类问题,通过以下操作可使输入的15位以上数据轻松显示出来。

01 在单元格F2中输入18位的身份证号,按Enter键后会发现显示为错误的结果,如图2-26所示。

02 要解决此类问题,可以选中输入身份证的单元格区域,单击"开始"选项卡"数字"组右下角的"数字格式"按钮,在"设置单元格格式"对话框的"分类"列表框中选择"自定义"选项,在右侧"类型"文本框中输入"@",如图2-27所示。

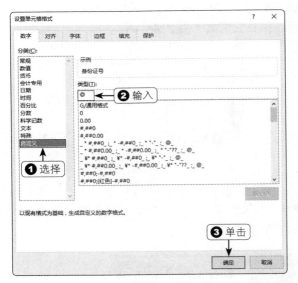

图2-26 输入18位的身份证号   图2-27 自定义单元格格式

03 单击"确定"按钮,重新输入数据并按Enter键,即可看到单元格中完整地显示出18位的身份证号,如图2-28所示。

图2-28 正常显示身份证号码

2.4.6 快速输入大写人民币值

财务管理人员经常会需要在单元格中输入大写人民币值，可以先输入小写人民币值，然后将其转换为大写人民币值。具体操作步骤如下：

01 选定要转换为大写人民币值的单元格区域，单击"开始"选项卡"数字"组右下角的"数字格式"按钮，在"设置单元格格式"对话框的"分类"列表框中选择"特殊"选项，在右侧的"类型"列表框中选择"中文大写数字"类型。

02 为了在大写人民币值后显示"元整"字样，可以在"分类"列表框中选择"自定义"选项，然后在右侧"类型"文本框中添加""元整""，如图2-29所示。单击"确定"按钮，可以看到选定的单元格区域中的数值显示为大写形式，如图2-30所示。

图2-29 自定义大写人民币值类型

图2-30 将选定的数值显示为大写人民币值

2.4.7 分数输入

要在单元格中输入分数，不能按照常规方式输入，如输入"7/27"这样的数据，Excel会自动将其转换为日期。为了避免这种情况的发生，可以在分数前加一个数字"0"和空格，即"0 7/27"，按Enter键，即可显示为正常的分数，如图2-31所示。

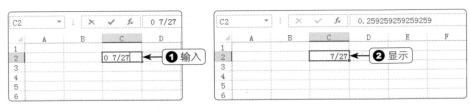

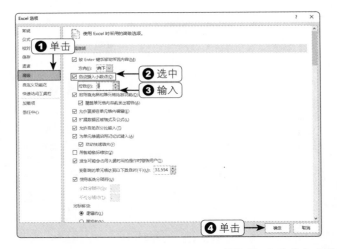

图2-31 输入分数

2.4.8 自动输入小数点

因为工作关系需要经常输入大量的小数（通常是3位小数），就可以让Excel的"自动设置小数点"功能来帮忙。具体操作步骤如下：

01 单击"文件"选项卡，在弹出的菜单中选择"选项"命令，在弹出的"Excel 选项"对话框中单击"高级"选项，选中"自动插入小数点"复选框，然后在"位数"右侧的文本框中输入数字"3"，单击"确定"按钮返回。

02 输入数字时，系统自动设置3位小数，如图2-32所示。此时，输入的数字要包含"3"位小数，如果没有小数也要用"0"补齐。例如，要输入"20"、"12.36"、"1.468"时，则需输入"20000"、"12360"、"1468"。

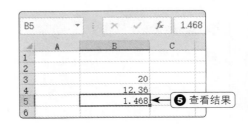

图2-32 自动输入小数点

2.5
快速输入工作表数据

在输入数据的过程中，如果发现表格中有大量重复的数据，可以将该数据复制到其他单元格中；当需要输入"1，3，5……"这样有规律的数字时，可以使用Excel的序列填充功能；当需要输入"春、夏、秋、冬"等文本时，可以使用自定义序列功能。为了提高数据的输入速度，本节将介绍有关快速输入数据的技巧，以提高工作效率。

2.5.1 轻松一个按键就能输入重复的数据

实战练习素材：素材\第2章\原始文件\输入重复的数据.xlsx

如果要输入的是重复的数据（也就是该数据之前已输入单元格中），那么比起复制和粘贴的操作而言，按Ctrl+D组合键更能快速完成。同理，如果想要将数据复制到右侧，只要按Ctrl+R组合键即可。此外，还可以将之前输入的数据以"列表"显示，然后从中选择需要的数据，不过这个方法仅适用于文字数据，这份"列表"中不会显示已输入的数字或者日期数据。

01 如果想要复制目前所在单元格正上方的单元格数据，只要按Ctrl+D组合键即可，如图2-33所示。

① 选择单元格后按 Ctrl+D 组合键　　　　　② 查看结果

图2-33 重复输入正上方的单元格数据

02 如果要输入已经存在的数据，可以先选择要输入数据的单元格，接着按Alt+↓组合键，就会显示该列已有数据的列表，利用向上或向下箭头键在列表中选择需要的数据，再按Enter键完成输入，如图2-34所示。

选择单元格后按 Alt+↓ 组合键

图2-34 快速选择已有的数据

2.5.2 在多个单元格中快速输入相同的数据

用户可能会遇到要重复输入相同的数据，除了采用复制与粘贴的方法之外，还有一种更快捷的方法，具体操作步骤如下。

01 按住Ctrl键，用鼠标单击要输入数据的单元格。

02 选定完毕后，在最后一个单元格中输入文字"开会"。

03 按Ctrl+Enter组合键，即可在所有选定的单元格中出现相同的文字，如图2-35所示。

图2-35 快速输入相同的数据

另一种在相邻单元格中快速输入相同数据的方法如下：

01 单击单元格A1，输入数据"2016"。

02 将鼠标移到单元格的右下角，当光标形状变为小黑"十"字形时，按住鼠标左键向下拖动到单元格A6时释放鼠标，即可在单元格区域A1:A6中输入"2016"，如图2-36所示。

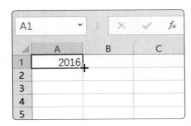 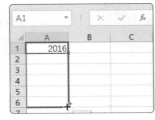 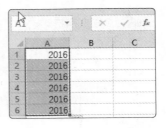

图2-36 快速输入相同的数据

2.5.3 快速填充整列数据

Excel 2016新增了"快速填充"功能，可根据从用户数据中识别的模式，一次性输入剩余数据。下面列举一个例子来说明快速填充整列数据：

01 在A列输入员工的姓名，在单元格B1中输入A列中的姓氏并按Enter键。

02 单击"开始"选项卡的"编辑"组中的"填充"按钮右侧的向下箭头，在弹出的下拉菜单中选择"快速填充"命令，结果在此列自动填充A列中的姓氏，如图2-37所示。

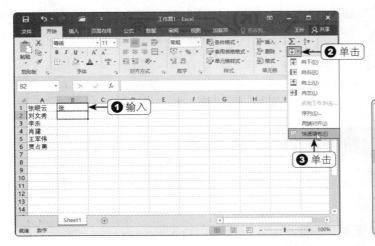 

图2-37 快速填充姓氏

03 在单元格C1中输入名字，然后按Enter键。

04 开始输入下一个名字，"快速填充"功能将显示建议名字列表，如果显示正确，只需按Enter键确认，如图2-38所示。

图2-38 快速填充功能

2.5.4 快速输入序列数据

在输入数据的过程中，经常需要输入一系列日期、数字或文本。例如，要在相邻的单元格中填入1、2、3或者填入一个日期序列（星期一、星期二、星期三）等，可以利用Excel提供的序列填充功能来快速输入数据。

1. 序列的类型

Excel可以建立的序列类型有以下4类：

- 等差序列：例如1、3、5、7……
- 等比序列：例如2、4、8、16……
- 日期序列：例如2016/1/31、2016/2/1、2016/2/2……
- 自动填充序列：与上述3种序列的不同之处在于，"自动填充序列"属于不可计算的文字。例如，一月、二月、三月……，星期一、星期二、星期三等都是。Excel将此类型的文字建立成数据库，让用户使用自动填充序列时，就像使用一般序列一样方便。

2. 建立等差序列

假设要在工作表的单元格区域A1:A5中建立1、2、3、4、5等序列，具体操作步骤如下：

01 在单元格A1、A2中分别输入1、2，并选定单元格区域A1:A2作为来源单元格，也就是要有个初始值（如1、2），这样Excel才能判断等差序列的间距值（步长值）是多少。

02 将鼠标移到单元格区域右下角的填充柄上，当鼠标指针变成小黑"十"字形时，按住鼠标在要填充序列的区域上拖动。

03 释放鼠标左键，Excel将在这个区域完成填充工作，如图2-39所示。

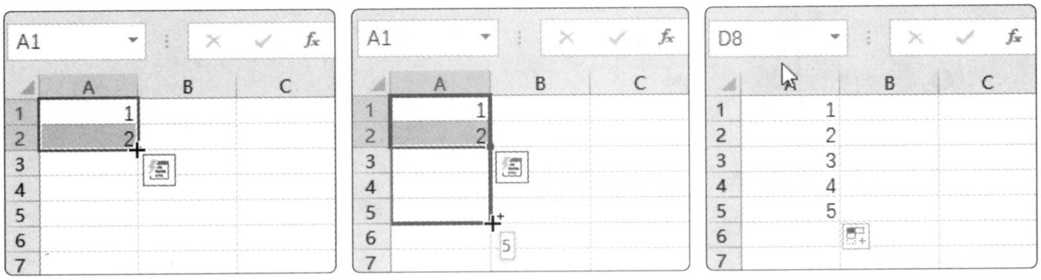

图2-39 自动填充等差序列

完全掌握 **Excel** 高效办公

3. 自动填充日期

> 实战练习素材：素材\第2章\原始文件\自动填充日期.xlsx
> 最终结果文件：素材\第2章\结果文件\自动填充日期.xlsx

填充日期时可以选用不同的日期单位，例如工作日，则填充的日期将忽略周末和其他国家法定的节假日。

01 在单元格A2中输入日期"2016/3/14"。

02 选择需要填充的单元格区域A2:A11，其中包括起始数据所在的单元格。

03 在"开始"选项卡中，单击"编辑"组中的"填充"按钮，在弹出的下拉菜单中选择"序列"命令，如图2-40所示。

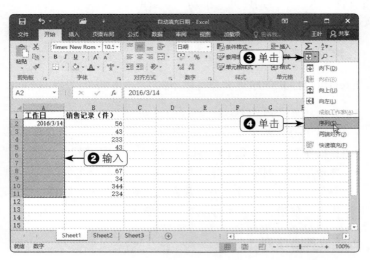

图2-40 选择"序列"命令

04 弹出"序列"对话框，单击"日期"单选按钮，再选中填充单位为"工作日"，设置"步长值"为"1"。

05 单击"确定"按钮，返回工作表中，此时在选中的区域可以看到所填充的日期忽略了周末的3/19、3/20两日，如图2-41所示。

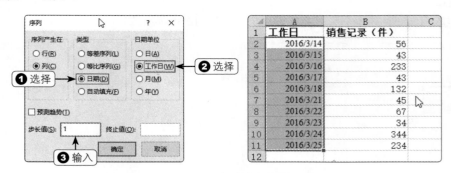

图2-41 自动填充日期

40

2.5.5 设置自定义填充序列

自定义序列是根据实际的工作需要设置的序列，可以更加快捷地填充固定的序列。下面介绍使用Excel 2016自定义序列填充的方法：

01 单击"文件"选项卡，在弹出的菜单中选择"选项"命令，打开"Excel 选项"对话框。选择左侧列表中的"高级"选项，然后单击右侧的"编辑自定义列表"按钮。

02 打开"自定义序列"对话框，在"输入序列"文本框中输入自定义的序列项，在每项末尾按Enter键进行换行，单击"添加"按钮，新定义的填充序列就出现在"自定义序列"列表框中。

03 单击"确定"按钮，返回Excel工作表。在单元格中输入自定义序列的第一个数据，通过拖动填充柄的方法进行填充，到达目标位置后释放鼠标，即可完成自定义序列的填充，如图2-42所示。

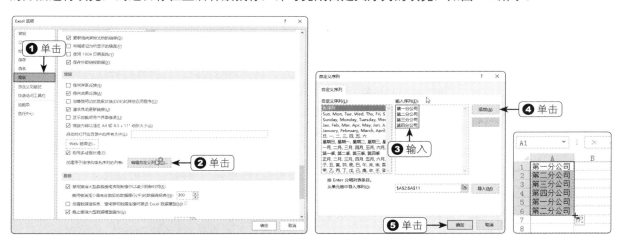

图2-42 利用自定义填充序列快速输入数据

2.6
设置数据验证

设置数据验证，可以建立一定的规则限制向单元格中输入的内容，也可以有效防止输错数据，如学生的评定成绩和员工的基本工资都在一个固定范围内，可以试一下设置数据验证，将非法的超范围数据醒目地标示出来。

2.6.1 控制输入数值的范围

默认情况下，用户可以在单元格中输入任何数据。在实际工作中，经常需要给一些单元格或单元格区域定义有效的数据范围。下面以设置单元格仅可输入0~2000之间的数字为例，指定数据的有效范围。具体操作步骤如下：

01 选定需要设置数据有效范围的单元格区域，切换到功能区中的"数据"选项卡，单击"数据工具"组中的"数据验证"按钮右侧的向下箭头，在弹出的下拉菜单中选择"数据验证"命令，打开"数据验证"对话框，并切换到"设置"选项卡，如图2-43所示。

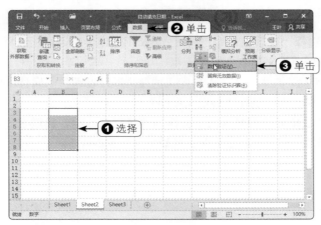
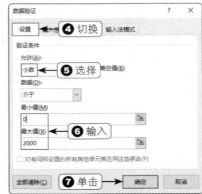

图2-43 "设置"选项卡

02 在"允许"下拉列表中选择允许输入的数据类型。如果仅允许输入数字，那么选择"整数"或"小数"；如果仅允许输入日期或时间，那么选择"日期"或"时间"。

03 在"数据"下拉列表框中选择所需的操作符，然后根据选定的操作符指定数据的上限或下限。单击"确定"按钮。

04 在设置数据验证的单元格中，当输入超过2000的数值时，就会弹出对话框提示"输入值非法"，如图2-44所示。

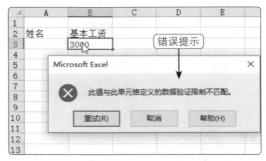

图2-44 设置数据的有效范围

办公专家一点通

清除数据验证设置的方法很简单，只需选定设有"数据验证"的单元格，然后打开"数据验证"对话框，单击"全部清除"按钮。

2.6.2 禁止输入重复数据

在制作公司员工名录等表格时，员工身份证号码和编号都是唯一的。为了防止输入重复的数据，可以通过设置数据验证避免这种情况的发生。禁止输入重复数据的操作方法如下：

01 选定要禁止输入重复数据的单元格区域，切换到功能区的"数据"选项卡，单击"数据工具"组中的"数据验证"按钮右侧的向下箭头，在弹出的下拉菜单中选择"数据验证"命令，打开"数据验证"对话框，并切换到"设置"选项卡。

02 在"允许"下拉列表框中选择"自定义"选项，在"公式"文本框中输入公式"=COUNTIF(A:A,A2)=1"，如图2-45所示。

03 切换到"出错警告"选项卡，在"标题"文本框中输入出错时的提示标题"错误提示"，在"错误信息"文本框中输入"此列有重复数据"，如图2-46所示。

04 设置完成后，如果在单元格中输入了重复的数据，则会弹出"错误提示"对话框，如图2-47所示。

图2-45 设置有效性条件

图2-46 设置出错警告信息

图2-47 禁止输入重复数据

2.6.3 限制单元格中文本的长度

利用"数据验证"功能，可以限制单元格中输入文本的长度。其设置方法如下：

01 选定要限制文本长度的单元格区域，如A2:A10，在"数据验证"对话框中设置数据的验证条件，如图2-48所示。

02 单击"确定"按钮，在单元格区域A2:A10中任意输入不在文本长度限制范围内的数据，按Enter键会弹出如图2-49所示的提示对话框，限制用户在其中输入文本。

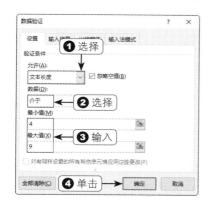

图2-48 设置文本长度的限制范围

图2-49 输入少于单元格中文本限定的长度

2.6.4 设置输入提示信息

提示信息的作用在于告诉用户应该输入哪一类数据。例如，当选择单元格区域B2:B7中的任意一个单元格时，能够出现提示信息。具体操作步骤如下：

完全掌握 **Excel** 2016 高效办公

01 选定要设置输入信息的单元格区域，打开"数据验证"对话框，切换到"输入信息"选项卡，在"标题"和"输入信息"文本框中输入提示信息，如图2-50所示。

02 单击"确定"按钮，在单元格区域B2:B7的任意一个单元格中单击，在其旁边即会显示设置的提示信息，如图2-51所示。

图2-50 设置输入信息

图2-51 显示设置的输入信息

2.7
办公实例：制作员工登记表

本节将通过制作具体的办公实例——制作员工登记表，来巩固与拓展在Excel 2016中制作表格的方法，使读者真正将知识快速应用到实际的工作中。

2.7.1 实例描述

本实例将制作员工登记表，主要涉及以下内容：

- 输入标题并设置标题格式
- 使用填充功能输入员工登记表编号
- 使用自定义序列输入员工姓名
- 使用有效性输入员工性别
- 快速设置表格的格式

2.7.2 实例操作指南

最终结果文件：素材\第2章\结果文件\制作员工登记表.xlsx

本实例的具体操作步骤如下：

01 启动Excel 2016，单击单元格A1，输入"员工登记表"，按Enter键确认输入的内容，然后选择A1:F1
单元格区域，如图2-52所示。

02 切换到功能区中的"开始"选项卡，在"对齐方式"组中单击"合并后居中"按钮，然后将标题设置
为"黑体"，字号设置为"20"，效果如图2-53所示。

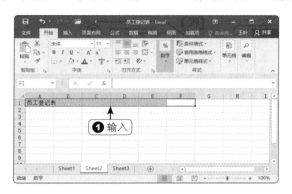
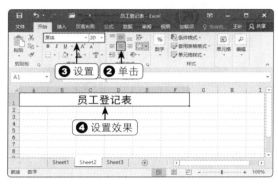

图2-52 输入标题   图2-53 设置标题格式

03 单击单元格A2并输入"编号"，按Tab键依次在单元格区域B2:F2中输入"姓名"、"性别"、"年
龄"、"入厂时间"、"职务"等，如图2-54所示。

04 单击单元格A3并输入C09001，然后将光标指向单元格A3右下角的填充柄，当光标形状变为"+"时，
向下拖动鼠标到单元格A10，释放鼠标后的结果如图2-55所示。

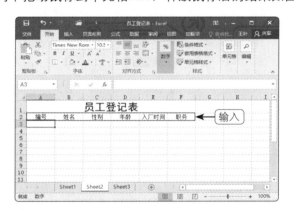

图2-54 输入表格的标题   图2-55 在单元格中快速填充编号

05 单击"文件"选项卡，在弹出的菜单中选择"选项"命令，打开"Excel 选项"对话框，选择左侧的
"高级"选项，在右侧的"常规"组中单击"编辑自定义列表"按钮，打开"自定义序列"对话框。在
"输入序列"文本框中依次输入员工姓名，每输入一个姓名后按Enter键换行，输入完成后单击"添加"
按钮，如图2-56所示。

06 单击"确定"按钮，返回Excel工作表。在单元格B3中输入刚才自定义序列的第一个姓名"吴峻"，
然后拖动鼠标至单元格B10，如图2-57所示。

07 选择单元格区域C3:C10，然后切换到功能区中的"数据"选项卡，在"数据工具"组中单击"数据
验证"按钮，在下拉菜单中选择"数据验证"命令，打开"数据验证"对话框。在"设置"组中的"允
许"下拉列表中选择"序列"选项，然后在"来源"文本框中输入"男,女"，如图2-58所示。

08 单击"确定"按钮，然后分别为每位员工选择相应的性别，如图2-59所示。

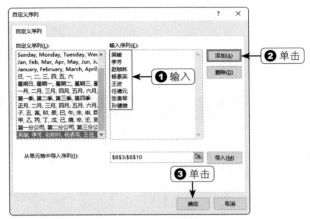

图2-56 "自定义序列"对话框

图2-57 利用自定义序列快速填充姓名

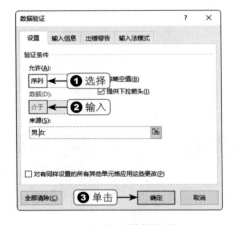

图2-58 设置数据验证

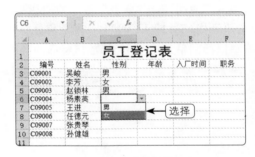

图2-59 选择性别

09 分别输入员工的年龄、入厂时间和职务，如图2-60所示。

10 选择单元格区域A2:F10，切换到功能区中的"开始"选项卡，在"对齐方式"组中单击"居中"按钮，结果如图2-61所示。

图2-60 输入其他数据

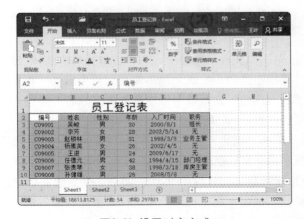

图2-61 设置对齐方式

11 完成表格的制作后，单击快速访问工具栏中的"保存"按钮，将工作簿保存起来。

2.7.3 实例总结

本实例复习了本章中关于Excel中数据输入的操作方法和应用技巧，主要用到以下知识点：

- 输入文本、日期和数值
- 快速填充数据
- 创建自定义序列
- 设置数据验证以检查输入数据的正确性
- 快速设置表格的格式

2.8

提高办公效率的诀窍

窍门1：设置新建工作簿的默认格式

默认情况下，新建工作簿的字号为11磅、使用普通视图、包含1个工作表等。若想在新建工作簿时使用不同的默认格式，可以按照下述步骤进行修改：

01 单击"文件"选项卡，在弹出的菜单中选择"选项"选项，打开"Excel 选项"对话框。

02 单击左侧窗格中的"常规"选项，然后在右侧窗格的"新建工作簿时"选项组内进行修改，如图2-62所示。

03 单击"确定"按钮。

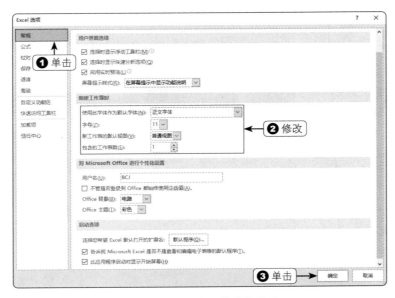

图2-62 设置新建工作簿的格式

窍门2：通过"自动保存"功能避免工作表数据意外丢失

表格编辑过程中意外情况是不可预测的，由此而造成损失也是在所难免的。通过Excel提供的"自动保存"功能，可以使发生意外时的损失降低到最小。具体设置方法如下：

01 单击"文件"选项卡，在弹出的菜单中选择"选项"选项，打开"Excel 选项"对话框。

02 单击左侧窗格中的"保存"选项，然后在右侧窗格的"保存工作簿"选项组中将"保存自动恢复信息时间间隔"设置为合适的时间，数值越小，其恢复的完整性就越好，一般建议设置为5分钟，如图2-63所示。

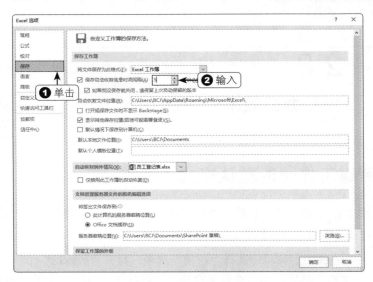

图2-63 设置自动保存时间

窍门3：速选所有数据类型相同的单元格

有时需要选择某一类型的数据，但这些数据数量多而且又比较分散，可以利用工具快速选取所有数据类型相同的单元格。下面以选择工作表中所有内容都是文本的单元格为例，具体操作步骤如下：

01 切换到功能区中的"开始"选项卡，然后单击"编辑"组中的"查找和选择"按钮，在弹出的菜单中选择"定位条件"命令，打开如图2-64所示的"定位条件"对话框。

02 选中"常量"单选按钮，然后选中"文本"复选框，单击"确定"按钮。

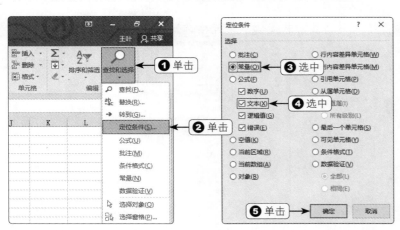

图2-64 "定位条件"对话框

窍门 4：一次删除所有空白的行

当表格中有空白行时，可以视为一条不完整的数据，若希望删除所有不完整的数据，就必须先学会如何选出这些数据。

01 先选择"姓名"所在的列，接着单击"开始"选项卡"编辑"组中的"查找和选择"按钮，在弹出的菜单中选择"定位条件"选项，打开如图2-65所示的"定位条件"对话框。

02 选择"空值"单选按钮，然后单击"确定"按钮，这样就能选出所有的空白行。在选择的单元格上单击鼠标右键，在弹出的快捷菜单中选择"删除"命令（见图2-66），打开"删除"对话框，选择"整行"单选按钮，再单击"确定"按钮，就能删除"姓名"列中空白的数据行。

图2-65 "定位条件"对话框   图2-66 选择"删除"命令

窍门 5：查找特定格式的单元格

如果需要查找文件中某个格式的所有单元格，可以按照下述步骤进行操作：

01 按Ctrl+F组合键，打开"查找和替换"对话框。

02 单击"查找"选项卡，然后单击"格式"按钮右侧的向下箭头，选择"从单元格选择格式"命令，如图2-67所示。

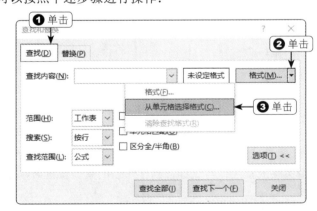

图2-67 指定查找特定的格式

03 此时光标会变成 ➕✏ 状，单击一个要查找的特定格式的单元格。

04 单击"查找全部"按钮，即可在"查找和替换"对话框的下方列出所有符合条件的单元格，如图2-68所示。

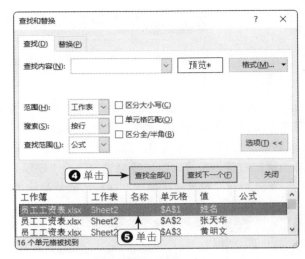

图2-68 找到含有特定格式的单元格

窍门 6：为单元格添加批注

批注是补充单元格内容的说明，以便日后了解创建时的想法，或供其他用户参考。

如果要为单元格添加批注，可以按照下述步骤进行操作：

01 选定要添加批注的单元格，切换到功能区中的"审阅"选项卡，单击"批注"组中的"新建批注"按钮，该单元格的右上角会出现一个红色的小三角，同时弹出批注框。

02 在批注框中输入批注，过程如图2-69所示。

 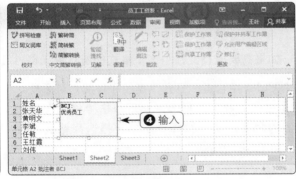

图2-69 添加批注

03 单击批注框外任意位置完成批注的插入。当用户将鼠标指向带有红色小三角的单元格时，会弹出显示相关联的批注；当鼠标移到工作表的其他位置时，批注会自动隐藏。

03

第 3 章
工作表的数据编辑与格式设置

用户在工作表中输入数据后，有时需要对这些数据进行修改，而对于像货币类、对日期格式有特殊要求的数据，一般都希望可以在工作表中体现出来，这时就需要设置数据的格式。本章将介绍在Excel中编辑数据与设置格式的方法和技巧，包括编辑Excel工作表数据、设置工作表中数据格式以及美化工作表外观等，最后通过一个综合实例巩固所学的内容。

教学目标)))))))))))))))))))))

通过本章的学习，你能够掌握如下内容：

※ 对工作表中的行、列以及单元格进行操作
※ 编辑Excel工作表中的数据
※ 设置工作表的数据格式
※ 利用图形、艺术字等美化工作表的外观

3.1

工作表中的行与列操作

本节将介绍有关工作表行与列操作的基本方法，包括选择行和列、插入或删除行和列、隐藏或显示行和列。

3.1.1 选择表格中的行和列

选择表格中的行和列是对其进行操作的前提。选择表格行主要分为选择单行、选择连续的多行以及选择不连续的多行3种情况。

- 选择单行：将光标移动到要选择行的行号上，当光标变为 ➡ 形状时单击，即可选择该行。
- 选择连续的多行：单击要选择的多行中最上面一行的行号，按住鼠标左键并向下拖动至选择区域的最后一行，即可同时选择该区域的所有行。
- 选择不连续的多行：按住 Ctrl 键的同时，分别单击要选择的多行的行号，即可同时选择这些行。

同样，选择表格列也分为选择单列、选择连续的多列以及选择不连续的多列3种情况。

- 选择单列：将光标移动到要选择列的列标上，当光标变为 ⬇ 形状时单击，即可选择该列。
- 选择连续的多列：单击要选择的多列中最左侧一列的列标，按住鼠标左键并向右拖动至选择区域的最后一列，即可同时选择该区域的所有列。
- 选择不连续的多列：按住 Ctrl 键的同时，分别单击要选择的多个列的列标，即可同时选择这些列。

3.1.2 插入与删除行和列

 实战练习素材：素材\第3章\原始文件\插入行和列.xlsx

与一般在纸上绘制表格的概念有所不同，Excel是电子表格软件，它允许用户在建立最初的表格后，还能够补充一个单元格、整行或整列，而表格中已有的数据将按照命令自动迁移，以空出插入的空间。

要插入行，先选择该行，切换到功能区中的"开始"选项卡，单击"单元格"组中的"插入"按钮右侧的向下箭头，在弹出的菜单中选择"插入工作表行"命令，此时新行出现在选择行的上方，如图3-1所示。

要插入列，先选择该列，切换到功能区中的"开始"选项卡，单击"单元格"组中的"插入"按钮右侧的向下箭头，在弹出的菜单中选择"插入工作表列"命令，此时新列出现在选择列的左侧，如图3-2所示。

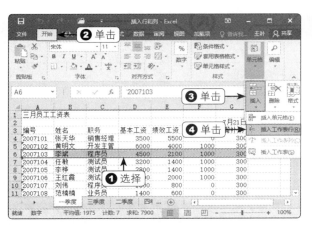 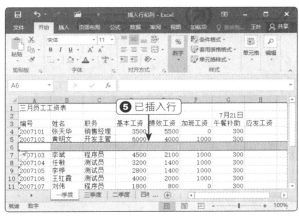

图3-1 插入新行

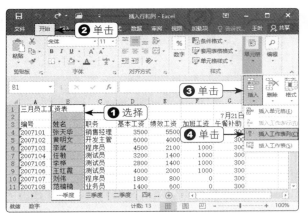 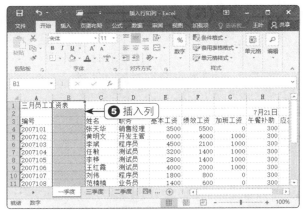

图3-2 插入新列

办公专家一点通

　　鼠标右键单击要插入行的行号，在弹出的快捷菜单中选择"插入"命令，将在该行的上方插入一个新行；鼠标右键单击要插入列的列标，在弹出的快捷菜单中选择"插入"命令，将在该列的左侧插入一个新列。

　　删除行或列时，它们将从工作表中消失，其他的单元格将移到删除的位置，以填补留下的空隙。

　　选择要删除的行，切换到功能区中的"开始"选项卡，单击"单元格"组中的"删除"按钮，在弹出的菜单中选择"删除工作表行"命令；选择要删除的列，切换到功能区中的"开始"选项卡，单击"单元格"组中的"删除"按钮，在弹出的菜单中选择"删除工作表列"命令。

办公专家一点通

　　鼠标右键单击要删除行的行号，在弹出的快捷菜单中选择"删除"命令，将删除当前选择的行；鼠标右键单击要删除列的列表，在弹出的快捷菜单中选择"删除"命令，将删除当前选择的列。

3.1.3 隐藏或显示行和列

 实战练习素材：素材\第3章\原始文件\隐藏或显示行和列.xlsx

对于表格中某些敏感或机密数据，有时不希望让其他人看到，可以将这些数据所在的行或列隐藏起来，待需要时再将其显示出来，具体操作步骤如下：

01 鼠标右键单击表格中要隐藏行的行号，如第5行，在弹出的快捷菜单中选择"隐藏"命令，即可将该行隐藏起来，如图3-3所示。

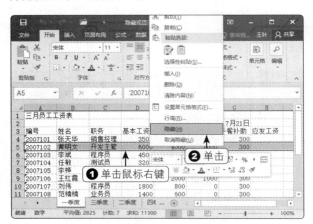 

图3-3 隐藏表格中的第5行

02 要重新显示第5行，则需要同时选择相邻的第4行和第6行，然后鼠标右键单击选择的区域，在弹出的快捷菜单中选择"取消隐藏"命令，即可重新显示第5行。另外，将鼠标移到第4行和第6行之间的行号分隔线上，当鼠标指针变成╬时，双击即可快速重新显示第5行。

办公专家一点通

另一种隐藏或显示行和列的方法是，选择要隐藏的行或列，然后切换到功能区中的"开始"选项卡，单击"单元格"→"格式"→"隐藏和取消隐藏"命令，再从子菜单中选择相应的命令，即可完成隐藏或显示行和列的操作。

3.2
工作表中的单元格操作

用户在工作表中输入数据后，经常需要对单元格进行操作，包括选择一个单元格中的数据或者选择一个单元格区域中的数据以及插入与删除单元格等操作。

3.2.1 选择单元格

选择单元格是对单元格进行编辑的前提，选择单元格包括选择一个单元格、选择单元格区域和选择全部单元格3种情况。

1. 选择一个单元格

选择一个单元格的方法有以下3种。

- 单击要选择的单元格，即可将其选中。这时该单元格的周围出现粗边框，表明它是活动单元格。
- 在名称框中输入单元格引用，例如，输入"C15"，按 Enter 键，即可快速选择单元格 C15。
- 按 F5 键，或者切换到功能区中的"开始"选项卡，在"编辑"组中单击"查找和选择"按钮，在弹出的菜单中选择"转到"命令，打开"定位"对话框，在"引用位置"文本框中输入单元格引用，然后单击"确定"按钮，如图 3-4 所示。

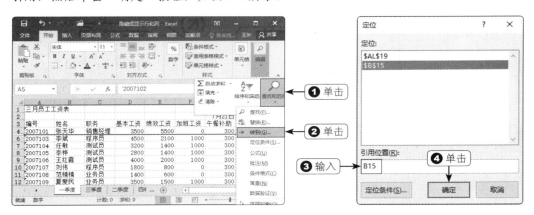

图3-4 "定位"对话框

2. 快速将选择框移至表格上下左右边界

要在大型表格中将单元格选择框移动到表格尽头是一件很花工夫的事，在此介绍一些方便的快捷键，只要使用这些快捷键，就能够瞬间将选择框移至表格的上下左右边界。如果想直接利用鼠标来移动选择框，那么只需要双击选择框的某一边即可。注意，如果表格中有空白单元格，那么这个空白单元格将被视为表格的边界，而无法利用快捷键将选择框移到表格实际的尽头。

如果要让选择框迅速移到表格上下左右的边界，可以按住Ctrl键再使用方向键移动选择框。此外，如果想要移到单元格A1的位置，只需按Ctrl+Home组合键，如果要移到表格右下角的尽头，只需按Ctrl+End组合键。

3. 选择多个单元格

用户可以同时选择多个单元格或单元格区域。选择多个单元格又可分为选择连续的多个单元格和选择不连续的多个单元格，具体选择方法如下。

- 选择连续的多个单元格：单击要选择的单元格区域内的第一个单元格，拖动鼠标至选择区域内的最后一个单元格，释放鼠标左键即可选择单元格区域，如图 3-5 所示。

● 选择不连续的多个单元格：按住 Ctrl 键的同时单击要选择的单元格，即可选择不连续的多个单元格，如图 3-6 所示。

图3-5 选择连续的多个单元格　　　　　图3-6 选择不连续的多个单元格

4. 选择全部单元格

要选择工作表中的全部单元格有以下两种方法。

● 单击行号和列标的左上角交叉处的"全选"按钮，即可选择工作表中的全部单元格。
● 单击数据区域中的任意一个单元格，然后按 Ctrl+A 组合键，可以选择连续的数据区域；单击数据区域中的空白单元格，再按 Ctrl+A 组合键，可以选择工作表中的全部单元格。

3.2.2 插入与删除单元格

 实战练习素材：素材\第3章\原始文件\插入与删除单元格.xlsx

如果工作表中输入的数据有遗漏或者准备添加新数据，可以通过插入单元格的操作将之轻松解决。例如，本例中单元格区域D9:D14发生数据错位，需要将单元格区域D9:D14中的数据向下移动一个单元格，然后在D9中输入"2300"。具体操作步骤如下：

01 单击单元格D15，按Delete键将其中的数据删除。

02 鼠标右键单击单元格D9，在弹出的快捷菜单中选择"插入"命令，打开"插入"对话框，选中"活动单元格下移"单选按钮。

03 单击"确定"按钮，在光标处插入一个空白单元格，在其中输入"2300"，并按Enter键确认即可，如图3-7所示。

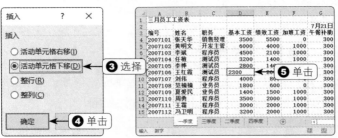

图3-7 插入单元格

对于表格中多余的单元格，可以将其删除。删除单元格不仅可以删除单元格中的数据，同时还将选中的单元格本身删除。鼠标右键单击要删除的单元格，在弹出的快捷菜单中选择"删除"命令，打开如图3-8所示的"删除"对话框。根据需要选择适当的选项即可。

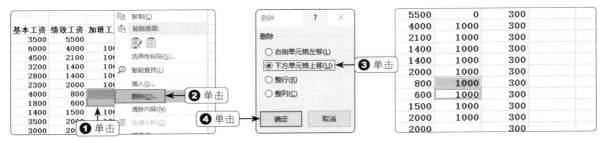

图3-8 "删除"对话框

用户还可以选定要删除的单元格区域，切换到功能区中的"开始"选项卡，在"单元格"组中单击"删除"按钮，在弹出的菜单中选择"删除单元格"命令，在打开的"删除单元格"对话框中选择适当的选项即可。

3.2.3 合并与拆分单元格

实战练习素材：素材\第3章\原始文件\合并与拆分单元格.xlsx

如果用户希望将两个或两个以上的单元格合并为一个单元格，或者将表格标题同时输入几个单元格中，这时就可以通过合并单元格的操作来完成。

合并单元格的具体操作步骤如下：

01 选择要合并的单元格区域，切换到功能区中的"开始"选项卡，单击"对齐方式"组右下角的"对齐设置"按钮，打开如图3-9所示的"设置单元格格式"对话框。

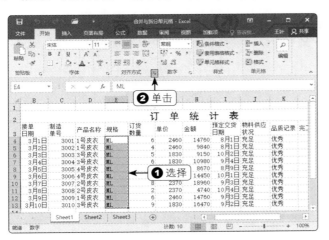 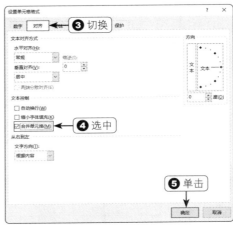

图3-9 "设置单元格格式"对话框

02 切换到"对齐"选项卡，选中"合并单元格"复选框，单击"确定"按钮。合并后的单元格如图3-10所示。

图3-10 合并单元格

办公专家一点通

如果要合并的单元格中存在数据，则会弹出如图3-11所示的提示对话框。单击"确定"按钮，只有左上角单元格的数据保留在合并后的单元格中，其他单元格中的数据将被删除。

图3-11 合并提示对话框

另外，为了将标题居于表格的中央，可以利用"合并后居中"功能。选择好要合并的单元格区域后，切换到功能区中的"开始"选项卡，在"对齐方式"组中单击"合并后居中"按钮右侧的向下箭头，在弹出的下拉菜单中选择"合并后居中"命令，则可以在合并单元格后使文字在单元格内水平垂直居中，如图3-12所示。

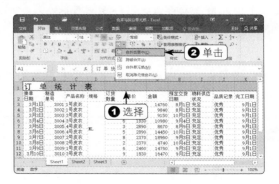 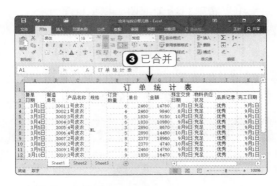

图3-12 对单元格区域A1:J1合并后居中的效果

对于已经合并的单元格，需要时可以将其拆分为多个单元格。鼠标右键单击要拆分的单元格，在弹出的快捷菜单中选择"设置单元格格式"命令，打开"设置单元格格式"对话框，切换到"对齐"选项卡，撤选"合并单元格"复选框即可。

3.2.4 将单元格中的文字转成垂直方向

实战练习素材：素材\第3章\原始文件\将单元格中的文字转成垂直方向.xlsx

如果让部分单元格中的文字以垂直方向显示，有时可让表格更容易阅读，举例来说，我们让横跨几行的大标题以垂直方向显示，标题就显得更加醒目了。

01 要想将单元格中的文字改为竖排，只需选择该单元格区域，然后单击鼠标右键，在弹出的快捷菜单中选择"设置单元格格式"命令，打开如图3-13所示的"设置单元格格式"对话框。

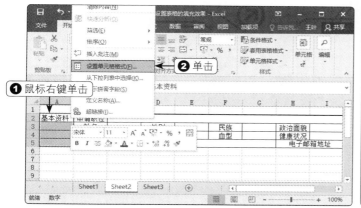 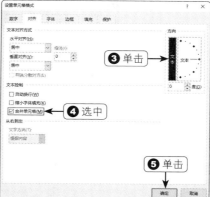

图3-13 "设置单元格格式"对话框

02 在"对齐"选项卡中的"方向"区单击
"垂直文本框"（如果要还原为水平方向，则
单击右侧的"水平文本框"），然后选中"合
并单元格"复选框。

03 单击"确定"按钮，结果如图3-14所示。

图3-14 将单元格中的文字改成垂直方向

3.3
编辑表格数据

　　本节将介绍一些编辑表格数据的方法，包括修改数据、移动和复制数据、删除数据格式以及删除数据内容等。

3.3.1 修改数据

> 实战练习素材：素材\第3章\原始文件\修改数据.xlsx

　　在对当前单元格中的数据进行修改，遇到原数据与新数据完全不一样的情况时，可以重新输入数据；当原数据中只有个别字符与新数据不同时，可以使用两种方法来编辑单元格中的数据：直接在单元格中进行编辑；在编辑栏中进行编辑。

- 在单元格中修改：双击准备修改数据的单元格或者选择单元格后按 F2 功能键，将光标定位到该单元格中，通过按 Backspace 键或 Delete 键可将光标左侧或光标右侧的字符删除，然后输入正确的内容后按 Enter 键确认，如图 3-15 所示。

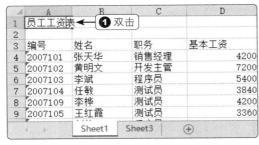 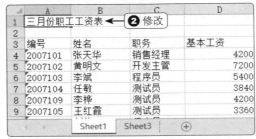

图3-15 在单元格中修改数据

- 在编辑栏中修改：单击准备修改数据的单元格（该内容会显示在编辑栏中），然后单击编辑栏，对其中的内容进行修改即可，尤其是单元格中的数据较多时，利用编辑栏来修改很方便。

在编辑过程中，如果出现误操作，则可通过单击快速启动工具栏上的"撤销"按钮来撤销误操作。

3.3.2 移动表格数据

实战练习素材：素材\第3章\原始文件\移动表格数据.xlsx

创建工作表后，可能需要将某些单元格区域的数据移动到其他的位置，这样可以提高工作效率，避免重复输入。下面介绍两种移动表格数据的方法。

- 选择准备移动的单元格，切换到功能区中的"开始"选项卡，单击"剪贴板"组中的"剪切"按钮。单击要将数据移动到的目标单元格，单击"剪贴板"组中的"粘贴"按钮，如图 3-16 所示。

图3-16 利用剪贴板移动表格数据

- 选择要移动的单元格，将光标指向单元格的外框，当光标形状变为 时，按住鼠标向目标位置拖动，到合适的位置后释放鼠标即可，如图 3-17 所示。

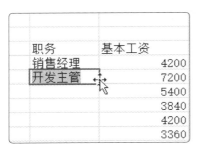

图3-17 利用拖动法移动表格数据

办公专家一点通

鼠标右键单击准备移动数据的单元格，在弹出的快捷菜单中选择"剪切"命令，然后鼠标右键单击目标单元格，在弹出的快捷菜单中选择"粘贴"命令，也可以快速移动单元格中的数据。

3.3.3 以插入方式移动数据

实战练习素材：素材\第3章\原始文件\以插入方式移动数据.xlsx

利用前一节的方法移动单元格数据时，会将目标位置单元格区域中的内容替换为新的内容。如果不想覆盖区域中已有的数据，而只是在已有的数据区域之间插入新的数据，例如将编号为2007109的一行移到2007110一行之前，则需要以插入方式来移动数据。

当在数据区域中进行行、列移动时，如果不采用正确的方法，就会使工作量翻倍。有的人调整某列在数据区域中的位置，常常先在目标位置插入一个空行，然后剪切待调整的行，将其粘贴在新插入的空白行处，最后还要删除剪切后留下的空白行。其实，有更简单的方法来移动行或列，具体操作步骤如下：

01 选择需要移动的单元格区域，将鼠标指向选择区域的边框上。

02 按住Shift键，然后按住鼠标左键拖至新位置，鼠标指针变成 I 形时，指针旁边会出现提示，指示被选择区域将插入的位置。

03 释放鼠标后，原位置的数据将向下移动，移动过程如图3-18所示。

3	编号	姓名	职务	基本工资
4	2007101	张天华		4200
5	2007102	黄明文		7200
6	2007103	李斌		5400
7	07104	任敏		3840
8	2007109	李桦		4200
9	2007105	王红霞	销售经理	3360
10	2007106	刘伟		4800
11	2007107	范楠楠		2160
12	2007108	夏爱民		1680
13	2007110	周勇	开发主管	3600
14	2007111	王霜		3840

3	编号	姓名	职务	基本工资
4	2007101	张天华		4200
5	2007102	黄明文		7200
6	2007103	李斌		5400
7	2007104	任敏		3840
8	2007105	王红霞	销售经理	3360
9	2007106	刘伟		4800
10	2007107	范楠楠		2160
11	07108	夏爱民		1680
12	2007109	李桦		4200
13	2007110	周勇	开发主管	3600
14	2007111	王霜		3840

图3-18 以插入方式移动数据

3.3.4 复制表格数据

相同的数据可以通过复制的方式进行输入，从而节省时间，提高效率。下面介绍几种复制表格数据的方法：

- 单击要复制的单元格，切换到功能区中的"开始"选项卡，在"剪贴板"组中单击"复制"按钮。单击要将数据复制到的单元格，然后单击"剪贴板"组中的"粘贴"按钮。
- 将光标移动到要复制数据的单元格边框，当光标形状变为时，同时按住 Ctrl 键与鼠标左键向目标位置拖动，到合适位置后释放鼠标左键即可。
- 鼠标右键单击准备复制数据的单元格，在弹出的快捷菜单中选择"复制"命令，然后鼠标右键单击目标单元格，在弹出的快捷菜单中选择"粘贴"命令，也可以快速复制单元格中的数据。

3.3.5 复制单元格属性

单元格中除了单纯的文字、数字，可能还包含公式、各种样式设置（如字体、底纹、边框等）。在复制单元格数据时，可以仅挑选某种属性进行复制。

01 选择来源数据单元格D2，单击"开始"选项卡的"剪贴板"组中的"复制"按钮，此操作会复制来源单元格的所有属性。

02 选择目标单元格E2，然后单击"粘贴"按钮的向下箭头，即可从中选择要粘贴的单元格属性。当用户选择粘贴不同的单元格属性时，便可以直接在工作表中预览粘贴的结果，如图3-19所示。

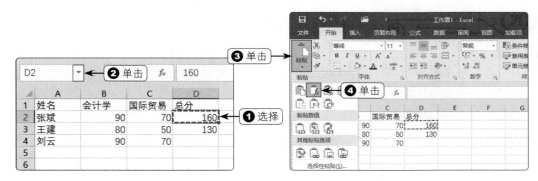

图3-19 选择粘贴单元格属性

03 确认预览结果后，从"粘贴"按钮的下拉菜单中选择"公式"按钮，表示要粘贴单元格上的公式属性，如图3-20所示。

04 接着单击单元格E3，从"粘贴"按钮的下拉菜单中选择"值"按钮，表示要粘贴单元格上的"值"属性，如图3-21所示。

图3-20 粘贴公式　　　　　　　　　　　　图3-21 粘贴值

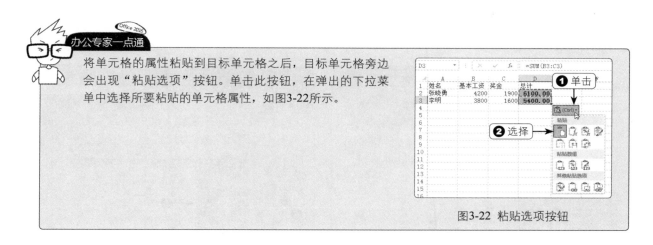

将单元格的属性粘贴到目标单元格之后，目标单元格旁边会出现"粘贴选项"按钮。单击此按钮，在弹出的下拉菜单中选择所要粘贴的单元格属性，如图3-22所示。

图3-22 粘贴选项按钮

3.3.6 交换行列数据

如果要将单元格区域的行、列数据互换，例如，原来的6列×2行的单元格区域，经过互换之后，就变成2列×6行，这个操作在Excel中称为"转置"。具体操作步骤如下：

01 选择单元格区域A1:F2，再单击"开始"选项卡"剪贴板"组中的"复制"按钮，如图3-23所示。

02 选择单元格A4，单击"剪贴板"组中"粘贴"按钮的向下箭头，在下拉菜单中选择"转置"命令，结果如图3-24所示。

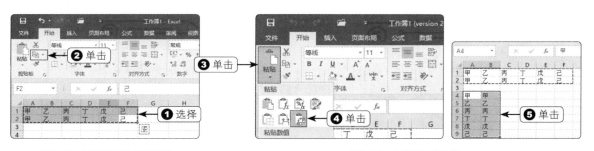

图3-23 选择要复制的区域　　　　图3-24 交换行列数据

3.3.7 复制单元格中的特定内容

 实战练习素材：素材\第3章\原始文件\复制单元格中的特定内容.xlsx

用户可以复制单元格中的特定内容，例如，创建一个工资表时，已经输入每位员工的工资，后来公司决定将每位员工的工资上涨20%，这时，就可以利用"选择性粘贴"命令完成这项工作。具体操作步骤如下：

01 在工作表的一个空白单元格中输入数值1.2。

02 单击"开始"选项卡中的"复制"按钮，将该数据复制到剪贴板中。

03 选定要增加工资的数据区域。

04 单击"开始"选项卡中的"粘贴"按钮的向下箭头，在弹出的下拉菜单中选择"选择性粘贴"命令，整个过程如图3-25所示。

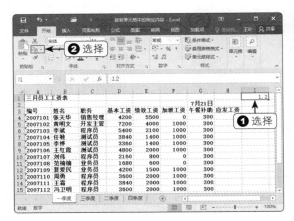 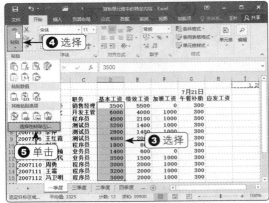

图3-25 复制特定的内容

05 打开"选择性粘贴"对话框，在"粘贴"选项组内选中"数值"单选按钮，在"运算"选项组内选中"乘"单选按钮。

06 单击"确定"按钮，即可使选定的数值增加20%，如图3-26所示。

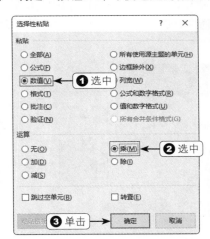 

图3-26 所有的数值增加了20%

3.3.8 在保持表格列宽的前提下复制数据

粘贴数据时，往往会因列宽不足而使数据溢出单元格，这是因为复制位置的列宽与复制来源的单元格列宽不一致所造成的。

为了解决这个问题，在选择表格时必须连工作表的列标一起选择，这样就能在维持表格列宽的前提下复制数据。如果是以单元格为单位复制表格，可以在粘贴数据之后单击"粘贴选项"按钮，从中选择"保留源列宽"选项，也能达到相同的目的。

选择包含整列的数据表格，接着按住Ctrl键再拖动表格边框，就能够复制出相同列宽的表格，如图3-27所示。注意，如果不按住Ctrl键而直接拖动表格边框的话，只会移动表格而已。

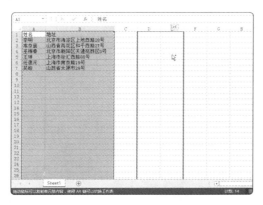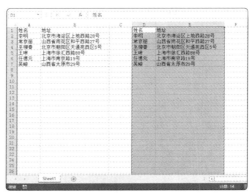

图3-27 在保持表格列宽的前提下复制数据

办公专家一点通

如果仅复制表格的单元格区域的话，会出现"粘贴选项"按钮，单击此按钮，再单击"保留源列宽"选项，如图3-28所示。

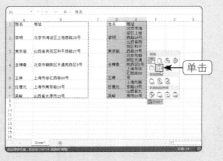

图3-28 选择"保留源列宽"选项

3.3.9 删除单元格数据格式

用户可以删除单元格中的数据格式，而仍然保留内容。单击要删除格式的单元格，切换到功能区中的"开始"选项卡，然后在"编辑"组中单击"清除"按钮，在弹出的菜单中选择"清除格式"命令，即可清除选定单元格中的字体格式，并恢复到Excel的默认格式，如图3-29所示。

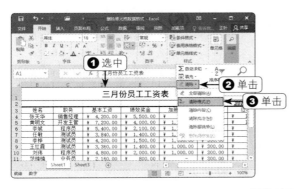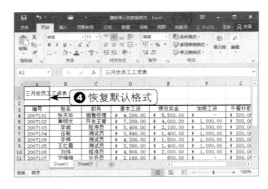

图3-29 删除单元格数据格式

65

3.3.10 删除单元格内容

删除单元格中的内容是指删除单元格中的数据，单元格中设置的数据格式并没有被删除，再次输入数据仍然以设置的数据格式显示输入的数据。如单元格的格式为货币型，清除内容后再次输入数据，数据的格式仍为货币型数据。

单击要删除内容的单元格，切换到功能区中的"开始"选项卡，然后在"编辑"组中单击"清除"按钮，在弹出的菜单中选择"清除内容"命令，将删除单元格中的内容。

 办公专家一点通

如果单击"编辑"组中的"清除"按钮，在弹出的菜单中选择"全部清除"命令，则既可清除单元格中的内容，又可以删除单元格中的数据格式。

3.4
设置工作表中的数据格式

为了使制作的表格更加美观，用户还需要对工作表进行格式化。本节将介绍设置数据格式的各种方法，包括设置字体格式、设置对齐方式、设置数字格式、设置日期和时间、设置表格的边框、添加表格的填充效果、调整列宽与行高、快速套用表格格式以及设置条件格式等。

3.4.1 设置字体格式

实战练习素材：素材\第3章\原始文件\设置字体格式.xlsx
最终结果文件：素材\第3章\结果文件\设置字体格式.xlsx

设置字体格式包括对文字的字体、字号、颜色等进行设置，以符合表格的标准。下面将介绍设置字体格式的具体操作方法：

01 选定要设置字体格式的单元格，切换到功能区中的"开始"选项卡，单击"字体"组中的"字体设置"按钮，打开"设置单元格格式"对话框。

02 设置字体为"隶书"，选择字形为加粗，字号为24，字体颜色为"红色"，单击"确定"按钮，结果如图3-30所示。

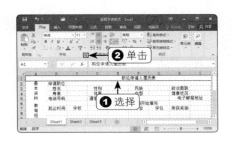  

图3-30 设置字体格式

选定准备设置字体的单元格，切换到功能区中的"开始"选项卡，在"字体"组中单击"字体"下拉列表框右侧的向下箭头，选择所需字体；单击"字号"下拉列表框右侧的向下箭头，即可设置字号等。

3.4.2 更改单元格中个别的文字格式

除了更改整个单元格的文字格式外，同一单元格中的文字还能分别设置不同的格式，设置时先双击单元格进入编辑状态，再选择要设置的文字，然后在"字体"组设置格式。

例如为单元格A1中的"三月份"3个字更换字体和字号，可进行如下设置。

01 双击单元格A1，再选择"三月份"。

02 单击"字体"组中的"字体"列表框的向下箭头，从下拉列表中选择"隶书"；单击"字体"组中的"字号"列表框的向下箭头，从下拉列表中选择"18"。

03 单击任意单元格结束编辑，此时可看到"三月份"改变了字体和字号，如图3-31所示。

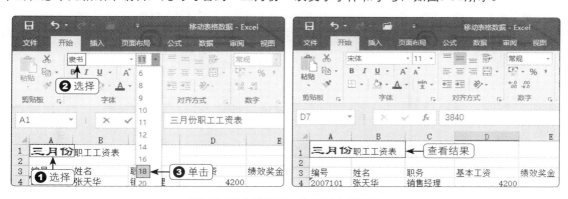

图3-31 更改单元格中个别的文字格式

3.4.3 设置字体对齐方式

输入数据时，文本靠左对齐，数字、日期和时间靠右对齐。为了使表格看起来更加美观，可以改变单元格中数据的对齐方式，但是不会改变数据的类型。

字体对齐方式包括水平对齐和垂直对齐两种，其中水平对齐包括靠左、居中和靠右，垂直对齐方式包括靠上、居中和靠下。

"开始"选项卡的"对齐方式"组中提供了几个设置水平对齐方式的按钮，如图3-32所示。

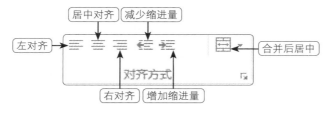

图3-32 设置水平对齐方式的按钮

- 单击"左对齐"按钮，使所选单元格内的数据左对齐。
- 单击"居中对齐"按钮，使所选单元格内的数据居中。
- 单击"右对齐"按钮，使所选单元格内的数据右对齐。
- 单击"减少缩进量"按钮，活动单元格中的数据向左缩进。
- 单击"增加缩进量"按钮，活动单元格中的数据向右缩进。
- 单击"合并后居中"按钮，使所选的单元格合并为一个单元格，并将数据居中。

除了可以设置单元格的水平对齐方式外，还可以设置垂直对齐方式以及数据在单元格中的旋转角度，设置垂直对齐方式的按钮如图3-33所示。

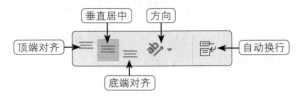

图3-33 设置垂直对齐方式的按钮

如果要详细设置字体对齐方式，可以选择单元格后，切换到功能区中的"开始"选项卡，单击"对齐方式"组右下角的"对齐设置"按钮，打开"设置单元格格式"对话框并选择"对齐"选项卡，可以分别在"水平对齐"和"垂直对齐"下拉列表框中选择所需的对齐方式，如图3-34所示。例如，在"水平对齐"下拉列表框中可以选择"分散对齐"选项，使单元格的内容撑满单元格，在"水平对齐"下拉列表框中可以选择"填充"，使单元格的内容重复复制直至填满单元格等。

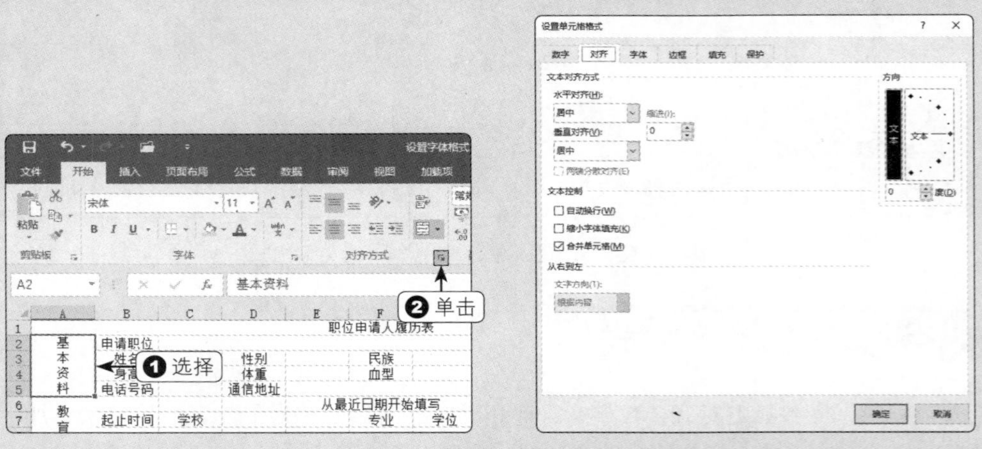

图3-34 "对齐"选项卡

3.4.4 设置数字格式

实战练习素材：素材\第3章\原始文件\快速设置数字格式.xlsx
最终结果文件：素材\第3章\结果文件\快速设置数字格式.xlsx

在工作表的单元格中输入的数字通常按常规格式显示，但是这种格式可能无法满足所有用户的要求，例如，财务报表中的数据常用的是货币格式。

Excel 2016提供了多种数字格式，并且进行了分类，如常规、数字、货币、特殊和自定义等。通过应用不同的数字格式，可以更改数字的外观，而数字格式并不会影响Excel用于执行计算的实际单元格值，实际值显示在编辑栏中。

在"开始"选项卡中，"数字"组内提供了几个快速设置数字格式的按钮，如图3-35所示。

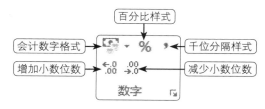

图3-35 设置数字格式的按钮

- 单击"会计数字格式"按钮，可以在原数字前添加货币符号，并且增加两位小数。用户单击"会计数字格式"按钮右侧的向下箭头，可以在下拉列表中选择英镑、欧元等货币格式。
- 单击"百分比样式"按钮，将原数字乘以100，再在数字后加上百分号。
- 单击"千位分隔样式"按钮，在数字中加入千位符，但是不加货币符号。
- 单击"增加小数位数"按钮，使数字的小数位数增加一位。
- 单击"减少小数位数"按钮，使数字以四舍五入的方式，减少一位小数位数。

例如，要为单元格添加货币符号，可以按照下述步骤进行操作：

01 选定要设置格式的单元格或区域，切换到功能区中的"开始"选项卡，单击"数字"组中"会计数字格式"按钮右侧的向下箭头，在下拉列表中选择"中文（中国）"。

02 此时，选定的数字添加了货币符号，同时增加了两位小数，如图3-36所示。

图3-36 添加货币符号的数字格式

用户还可以单击"开始"选项卡的"数字"组中的"数字格式"列表框，在下拉列表中选择合适的数字格式。

办公专家一点通

鼠标右键单击选定要设置数字格式的单元格区域，在弹出的快捷菜单中选择"设置单元格格式"命令，打开"设置单元格格式"对话框，切换到"数字"选项卡，在"分类"列表框中选择"数值"选项，在右侧的"小数位数"微调框中输入小数的位数，还可以进一步设置负数的格式，如图3-37所示。

图3-37 "数字"选项卡

3.4.5 设置日期和时间格式

实战练习素材：素材\第3章\原始文件\设置日期和时间格式.xlsx
最终结果文件：素材\第3章\结果文件\设置日期和时间格式.xlsx

在Excel中输入的日期默认格式为"xxxx-xx-xx"，但是有时需要将日期显示为如"xxxx年xx月xx日"的格式，这时需要对单元格中日期的格式进行设置。具体操作步骤如下：

01 选定要设置数字格式的单元格区域，鼠标右键单击选定的区域，在弹出的快捷菜单中选择"设置单元格格式"命令，打开"设置单元格格式"对话框。

02 切换到"数字"选项卡，在"分类"列表框中选择"日期"选项，在右侧的"类型"列表框中选择"2012年3月14日"选项，单击"确定"按钮，如图3-38所示。

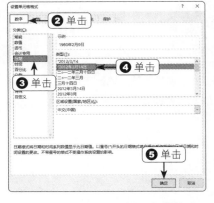

图3-38 设置日期格式

办公专家一点通

用户还可以切换到功能区中的"开始"选项卡，在"数字"组中单击"数字格式"下拉列表框右侧的向下箭头，在弹出的下拉列表中选择"长日期"选项进行设置。

3.4.6 自定义数字格式

如果内置的数字格式不能满足用户的需要，也可以自定义数字格式。具体操作步骤如下：

01 选定要格式化的单元格区域，单击"开始"选项卡的"数字"组右下角的"数字格式"按钮，出现"设置单元格格式"对话框。

02 在"数字"选项卡左侧的"分类"列表框中选择"自定义"选项，在"类型"列表框中选择数字格式，然后单击"确定"按钮，如图3-39所示。

图3-39 自定义数字格式

如果要创建自定义数字格式，首先应该从选择某个内置的数字格式开始，然后更改该格式的任意代码部分，从而创建自己的自定义数字格式。

数字格式最多可以包含4个代码部分，各个部分用分号分隔。这些代码部分按先后顺序定义正数、负数、零值和文本的格式。

<正数>;<负数>;<零>;<文本>

例如，可以使用这些代码部分创建以下自定义格式：

[蓝色]#,##0.00_);[红色](#,##0.00);0.00;"销售额"@

自定义数字格式中无须包含所有代码部分。如果仅为自定义数字格式指定了两个代码部分，则第一部分用于正数和零，第二部分用于负数。如果仅指定一个代码部分，则该部分将用于所有数字。如果要跳过某一代码部分，然后在其后面包含一个代码部分，则必须为要跳过的部分包含结束分号。

在自定义所有数字格式代码部分时，以下准则十分有用。

1. 有关包含文本和添加空格的准则

- 同时显示文本和数字：若要在单元格中同时显示文本和数字，应将文本字符括在双引号（" "）内或在单个字符前面添加一个反斜杠（\），字符应该包含在格式代码的适当部分中。例如，输入格式 "￥0.00" 盈余 "; ￥-0.00" 亏损 "" 可显示正金额 "￥125.74 盈余" 和负金额 "￥-125.74 亏损"。注意，每个代码部分中的 "盈余" 和 "亏损" 前面都有一个空格字符。

- 包含文本输入部分：如果包含文本，则文本部分始终是数字格式中的最后一个部分。如果要显示单元格中所输入的任何文本，则应该在该部分中包含 @ 字符，如果在文本部分中省略 @ 字符，则不会显示输入的文本。如果要始终为输入的文本显示特定的文本字符，应该将附加文本括在双引号（" "）内。例如，" 总收入 "@。

- 如果格式不包含文本部分，则在应用该格式的单元格中所输入的任何非数字值都不会受该格式的影响。此外，整个单元格将转换为文本。

- 添加空格：如果要在数字格式中创建一个字符宽度的空格，则包含一个下划线字符（_），并在后面跟要使用的字符。例如，如果下划线后面带有右括号（如 _)），则正数将与括号中的负数相应地对齐。

- 重复字符：如果要在格式中重复下一个字符以填满列宽，则在数字格式中包含一个星号（*）。例如，输入 "0*-" 可在数字后面包含足够多的连接号以填满单元格，或在任何格式之前输入 "*0" 可包含前导零。

2. 有关使用小数位、空格、颜色和条件的准则

- 包含小数位和有效位：如果要为包含小数点的分数或数字设置格式，应在数字格式部分中包含以下数字占位数、小数点和千位分隔符。

0（零）	如果数字的位数少于格式中的零的个数，则此数字占位符会显示无效零。例如，如果要键入8.9，但希望将其显示为8.90，则使用格式#.00
#	此数字占位符所遵循的规则与0（零）相同。但是，如果所键入数字的小数点任一侧的位数小于格式中#符号的个数，则Excel不会显示多余的零。例如，如果自定义格式为#.##，而在单元格中键入了8.9，则会显示数字8.9
?	此数字占位符所遵循的规则与0（零）相同。但Excel会为小数点任一侧的无效零添加空格，以便使列中的小数点对齐。例如，自定义格式0.0?会使列中的数字8.9与数字88.99的小数点对齐
.（句点）	此数字占位符在数字中显示小数点

- 如果数字的小数点右侧的位数大于格式中的占位符数，则该数字的小数位数会舍入到与占位符数相同。如果小数点左侧的位数大于格式中的占位符数，则会显示多出的位数。如果格式仅在小数点的左侧包含数字记号（#），则小于 1 的数字都以小数点开头；例如 .47。

如果要显示	显示格式	所用代码
1234.59	1234.6	####.#
8.9	8.900	#.000
.631	0.6	0.#

如果要显示	显示格式	所用代码
12 1234.568	12.0 1234.57	#.0#
44.398 102.65 2.8	44.398 102.65 2.8 （小数点对齐）	???.???
5.25 5.3	5 1/4 5 3/10 （分数对齐）	# ???/

- 指定颜色：如果要为格式的某一部分指定颜色，则在该部分中输入以下 8 种颜色之一（[黑色]、[绿色]、[白色]、[蓝色]、[洋红色]、[黄色]、[蓝绿色]、[红色]，用方括号括起）。颜色代码必须是该部分中的第一个项。
- 指定条件：如果要指定仅当数字满足所指定的条件时才应用的数字格式，则用方括号括起该条件。该条件由一个运算符和一个值构成。例如，将小于或等于 100 的数字显示为红色字体，而将大于 100 的数字显示为蓝色字体，其格式如下：

  [红色][<=100];[蓝色][>100]

3. 有关日期和时间格式的准则

- 显示日、月和年：如果要将数字显示为日期格式（如日、月和年），则在数字格式部分中使用以下代码。

m	将月显示为不带前导零的数字
mm	根据需要将月显示为带前导零的数字
mmm	将月显示为缩写形式（Jan到Dec）
mmmm	将月显示为完整名称（January到December）
mmmmm	将月显示为单个字母（J到D）
d	将日显示为不带前导零的数字
dd	根据需要将日显示为带前导零的数字
ddd	将日显示为缩写形式（Sun到Sat）
dddd	将日显示为完整名称（Sunday到Saturday）
yy	将年显示为两位数字
yyyy	将年显示为四位数字

- 显示小时、分钟和秒：如果要显示时间格式（如小时、分钟和秒），则在数字格式部分中使用以下代码。

h	将小时显示为不带前导零的数字
[h]	以小时为单位显示经过的时间。如果使用了公式，该公式返回小时数超过24，则使用类似于[h]:mm:ss的数字格式
hh	根据需要将小时显示为带前导零的数字。如果格式中包含AM或PM，则为12小时制，否则为24小时制
m	将分钟显示为不带前导零的数字（注：m或mm代码必须紧跟在h或hh代码之后或者后面必须紧跟ss代码；否则，Excel会显示月而不是分钟）
[m]	以分钟为单位显示经过的时间。如果所用的公式返回的分钟数超过60，则使用类似于[mm]:ss的数字格式
mm	根据需要将分钟显示为带前导零的数字（注：m或mm代码必须紧跟在h或hh代码之后或者后面必须紧跟ss代码；否则，Excel会显示月而不是分钟）
s	将秒显示为不带前导零的数字
[s]	以秒为单位显示经过的时间。如果所用的公式返回的秒数超过60，则使用类似于[ss]的数字格式
ss	根据需要将秒显示为带前导零的数字。如果要显示秒的小数部分，则使用类似于h:mm:ss.00的数字格式

3.4.7 设置表格的边框

> 实战练习素材：素材\第3章\原始文件\设置表格的边框.xlsx
> 最终结果文件：素材\第3章\结果文件\设置表格的边框.xlsx

为了打印有边框线的表格，可以为表格添加不同线型的边框。具体操作步骤如下：

01 选择要设置边框的单元格区域，切换到功能区中的"开始"选项卡，在"字体"组中单击"边框"按钮，在弹出的菜单中选择"其他边框"命令，打开"设置单元格格式"对话框并切换到"边框"选项卡，如图3-40所示。

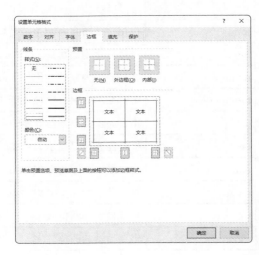

图3-40 "边框"选项卡

02 在该选项卡中可以进行如下设置。

- "样式"列表框：选择边框的线条样式，即线条形状。
- "颜色"下拉列表框：选择边框的颜色。

- "预置"选项组：单击"无"按钮将清除表格线；单击"外边框"按钮为表格添加外边框。
- 单击"内部"按钮为表格添加内部边框。
- "边框"选项组：通过单击该选项组中的8个按钮可以自定义表格的边框位置。

03 设置完毕后单击"确定"按钮，返回Excel工作表窗口即可看到设置效果，如图3-41所示。

04 为了看清添加的边框，单击"视图"选项卡，撤选"显示"组中的"网格线"复选框，即可隐藏网格线，如图3-42所示。

图3-41 设置表格边框　　　　　　　　　　图3-42 隐藏网格线后的效果

办公专家一点通

如果要绘制具有对角线的单元格，单击"边框"按钮的向下箭头，选择"其他边框"命令，打开"设置单元格格式"对话框的"边框"选项卡进行设置。在"样式"列表框中选择边框的线条；在"颜色"下拉列表框中选择一种边框颜色；单击"边框"选项组中的"斜线"按钮，为单元格添加斜线，如图3-43所示。

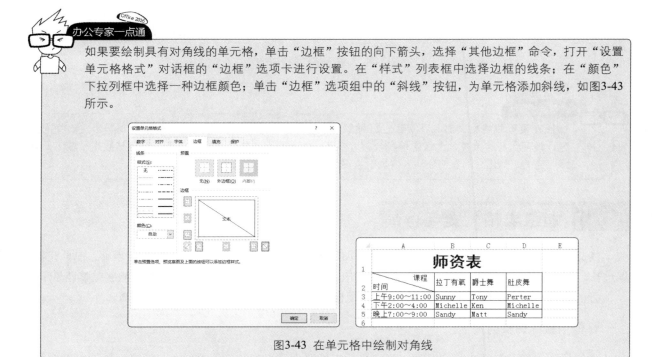

图3-43 在单元格中绘制对角线

3.4.8 设置表格的填充效果

实战练习素材：素材\第3章\原始文件\设置表格的填充效果.xlsx
最终结果文件：素材\第3章\结果文件\设置表格的填充效果.xlsx

Excel默认单元格的颜色是白色，并且没有图案。为了使表格中的重要信息更加醒目，可以为单元格添加填充效果。具体操作步骤如下：

01 选择要设置填充色的单元格区域。

02 切换到功能区中的"开始"选项卡，单击"字体"组中的"填充颜色"按钮右侧的向下箭头，从下拉列表中选择所需的颜色，结果如图3-44所示。

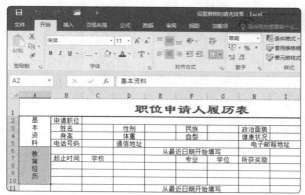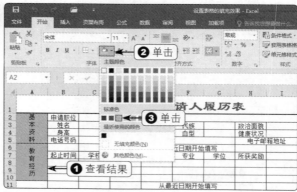

图3-44 设置表格的填充效果

办公专家一点通

一般在设置表格格式时，不宜超过三种颜色，并且要多采用不同层次的同种颜色或同层次的不同颜色，慎用大红、大黄、大绿这种组合。用户可以为标题行的单元格填充颜色，以便与数据区域区分开来。当然，美化后的表格会让人感觉很直观。

3.4.9 调整表格列宽与行高

新建工作簿文件时，工作表中每列的宽度与每行的高度都相同。如果所在列的宽度不够，而单元格数据过长，则部分数据就不能完全显示出来。这时应该对列宽进行调整，使得单元格数据能够完整地显示。

行的高度一般会随着显示字体的大小变化而自动调整，用户也可根据需要调整行高。

1. 使用鼠标调整列宽

如果要利用拖动鼠标来调整列宽，则将鼠标指针移到目标列的右边框线上，待鼠标指针呈双向箭头显示时，拖动鼠标即可改变列宽，如图3-45所示。到达目标位置后，释放鼠标即可设置该列的列宽。

图3-45 改变列宽

2. 使用鼠标调整行高

如果要利用拖动鼠标来调整行高，则将鼠标指针移到目标行的下边框线上，待鼠标指针呈双向箭头显示时，拖动鼠标即可改变行高，如图3-46所示。到达目标位置后，释放鼠标即可设置该行的行高。

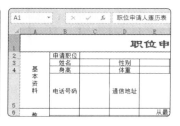

图3-46 改变行高

3. 使用命令精确设置列宽与行高

选择要调整的列或行，切换到功能区中的"开始"选项卡，单击"单元格"组中"格式"按钮右侧的向下箭头，从弹出的下拉菜单中选择"列宽"（"行高"）命令，打开如图3-47所示的"列宽"对话框（"行高"对话框），在文本框中输入具体的列宽值（行高值），然后单击"确定"按钮。

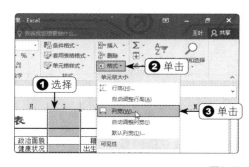

图3-47 调整列宽或行高

3.4.10 套用表格格式

 实战练习素材：素材\第3章\原始文件\套用表格格式.xlsx

Excel 2016中提供了"表"功能，可以将工作表中的数据套用"表"格式，即可实现快速美化表格外观的功能，具体操作步骤如下：

01 打开原始文件，选择要套用"表"样式的区域，然后切换到功能区中的"开始"选项卡，在"样式"组中单击"套用表格格式"按钮，在弹出的菜单中选择一种表格格式。

02 打开"套用表格式"对话框，确认表数据的来源区域正确，如图3-48所示。如果希望标题出现在套用格式后的表中，则选中"表包含标题"复选框。

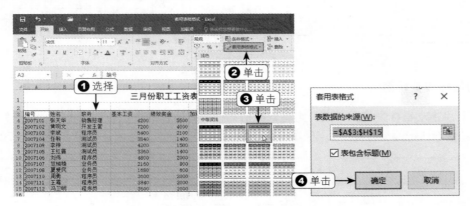

图3-48 "套用表格式"对话框

03 单击"确定"按钮，即可将表格式套用在选择的数据区域中，如图3-49所示。

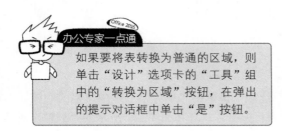

办公专家一点通

如果要将表转换为普通的区域，则单击"设计"选项卡的"工具"组中的"转换为区域"按钮，在弹出的提示对话框中单击"是"按钮。

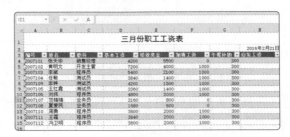

图3-49 "套用表格式"对话框

3.4.11 查找与替换单元格格式

实战练习素材：素材\第3章\原始文件\饮料价格表.xlsx

当用户在工作表中为单元格设置了不同的格式后，可以让Excel来帮助查找符合某个格式设置的单元格。例如，找出使用斜体字的单元格、找出应用某个图形效果的单元格等。

1. 查找单元格格式

首先打开"饮料价格表.xlsx"进行练习，如图3-50所示。

图3-50 练习用的表格

如果要找出所有与单元格A4使用相同格式设置的单元格，具体操作步骤如下：

01 切换到"开始"选项卡，在"编辑"组中单击"查找和选择"按钮，选择"查找"命令，打开"查找和替换"对话框，如图3-51所示。

02 单击"查找和替换"对话框中的"选项"按钮，再单击"格式"按钮，在弹出的下拉列表中选择"从单元格选择格式"选项。

图3-51 "查找和替换"对话框

03 此时鼠标指针变成 ✚🖋 形状，然后在单元格A4中单击，如图3-52所示。

04 自动回到"查找和替换"对话框，可以在此预览要查找的单元格，如图3-53所示。

图3-52 复制包含格式的单元格

图3-53 预览要查找的格式

05 单击"查找下一个"按钮或者"查找全部"按钮，让Excel找出使用相同格式的单元格，如图3-54所示。

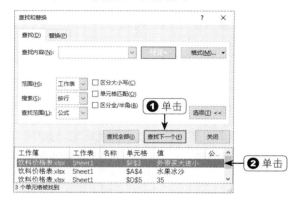

图3-54 查找相同格式的单元格

2. 替换单元格格式

有时我们会为多个单元格设置相同的格式，若想一次性替换为另一种格式，可以利用替换格式的功能来实现。例如，要将示例表格中所有与单元格A2格式相同的单元格替换为与单元格A5相同的格式。具体操作步骤如下：

01 切换到"开始"选项卡，在"编辑"组中单击"查找和选择"按钮，选择"替换"命令，打开"查找和替换"对话框，如图3-55所示。

02 单击"查找内容"文本框右侧"格式"按钮的向下箭头，在下拉列表中选择"从单元格选择格式"选项，然后单击单元格A2。

03 单击"替换为"文本框右侧"格式"按钮的向下箭头，在下拉列表中选择"从单元格选择格式"选项，然后单击单元格A5。

04 单击"全部替换"按钮，结果如图3-56所示。

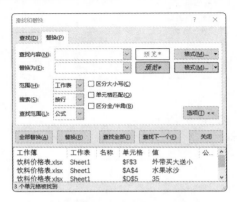

图3-55 设置要查找和替换的格式

图3-56 替换了单元格格式

3.4.12 设置条件格式

为了能够更容易查看表格中符合条件的数据，可以为表格数据设置条件格式。设置完成后，符合条件的数据都将以特定的外观显示，既便于查找，也使表格更加美观。在Excel 2016中，可以使用Excel提供的条件格式设置数值，也可以根据需要自定义条件规则和格式进行设置。

1. 设置默认条件格式

> 实战练习素材：素材\第3章\原始文件\设置条件格式.xlsx
> 最终结果文件：素材\第3章\结果文件\设置条件格式.xlsx

为数据设置默认条件格式的具体操作步骤如下：

01 选择要设置条件格式的数据区域，如D4:G21，然后切换到功能区的"开始"选项卡，在"样式"组中单击"条件格式"按钮，在弹出的菜单中选择设置条件的方式。

02 例如，选择"突出显示单元格规则"命令，从其子菜单中选择"介于"命令，打开"介于"对话框。在左侧和中间的文本框中输入条件的界限值，如分别输入"85"和"95"，表示大于85分并小于95分，在"设置为"下拉列表框中选择符合条件时数据显示的外观，如图3-57所示。

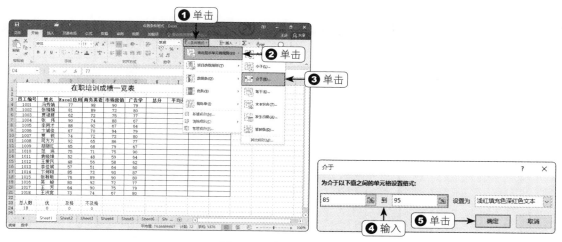

图3-57 "介于"对话框

03 单击"确定"按钮，即可看到应用条件格式后的效果，如图3-58所示。

图3-58 应用条件格式快速设置单元格的格式

2. 设置自定义条件格式

实战练习素材：素材\第3章\原始文件\设置自定义条件格式.xlsx
最终结果文件：素材\第3章\结果文件\设置自定义条件格式.xlsx

除了直接使用默认条件格式外，还可以根据需要对条件格式进行自定义设置。例如，要显示总分前5名的数据，并以红色、加粗与斜体显示，具体操作步骤如下：

01 选择要应用条件格式的单元格区域H4:H21，切换到功能区中的"开始"选项卡，在"样式"组中单击"条件格式"按钮，在弹出的菜单中选择"新建规则"命令。

02 打开"新建格式规则"对话框，在列表框中选择"仅对排名靠前或靠后的数值设置格式"选项，在下方的文本框中输入"5"，然后单击"格式"按钮，如图3-59所示。

03 打开"设置单元格格式"对话框，根据需要设置条件格式，如图3-60所示。单击"确定"按钮，返回"新建格式规则"对话框，可以预览设置效果。

04 单击"确定"按钮，即可在工作表中以特定的格式显示总分在前5名的单元格，如图3-61所示。

81

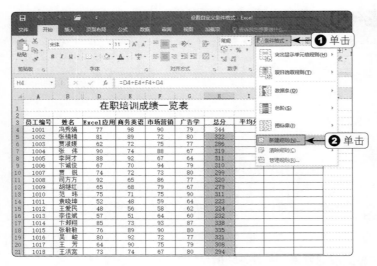
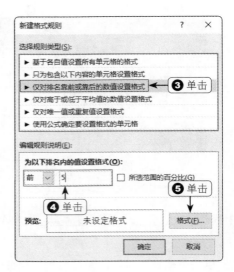

图3-59 "新建格式规则"对话框

图3-60 设置自定义条件格式

图3-61 显示了前5名的格式

3. 使用三色刻度标示单元格数据

三色刻度是使用三种不同颜色的深浅程度来帮助用户比较某个区域的单元格。三种颜色的深浅分别表示值的高、中与低。例如,在绿色、黄色和红色的三色刻度中,可以指定较高值单元格的颜色为绿色,中间值单元格的颜色为黄色,而较低值单元格的颜色为红色。具体操作步骤如下:

01 选定单元格区域,切换到"开始"选项卡,单击"样式"组中的"条件格式"按钮,然后指向"色阶"右侧的箭头。

02 选择一种三色刻度,如图3-62所示是应用"红、黄、绿"色阶的一个示例。在图中,红色值为最大,深绿色值为最小。

82

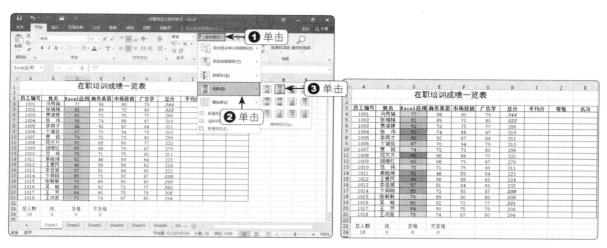

图3-62 利用三色刻度标示单元格数据

3.5

美化工作表的外观

Excel 2016提供了许多用于美化工作表外观的功能，包括为工作表标签设置颜色、使用主题美化表格、在工作表中插入图片和绘制图形、使用SmartArt图形、插入艺术字等。

3.5.1 设置工作表标签颜色

Excel 2016允许为工作表标签添加颜色，不但可以轻松地区分各工作表，也可以使工作表更加美观。例如，将已经制作完成的工作表标签设置为蓝色，将尚未制作完成的工作表标签设置为红色。

为工作表标签添加颜色的具体操作步骤如下：

01 鼠标右键单击需要添加颜色的工作表标签，在弹出的快捷菜单中选择"工作表标签颜色"命令。
02 从其子菜单中选择所需的工作表标签的颜色，改变颜色后的效果如图3-63所示。

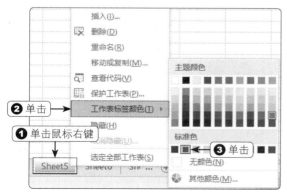

图3-63 更换工作表标签的颜色

3.5.2 绘制自由图形

最终结果文件：素材\第3章\结果文件\面谈记录表.xlsx

01 在Excel工作表中，切换到功能区中的"插入"选项卡，单击"插图"按钮，再单击"形状"按钮，在弹出的菜单中选择要绘制的图形，例如，选择"矩形"组中的"圆角矩形"按钮。

02 选择后光标变为"十"字形，拖动鼠标绘制一个刚好覆盖表格的圆角矩形，如图3-64所示。

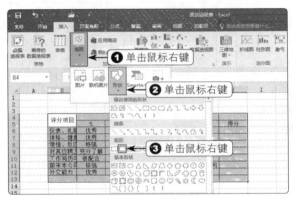
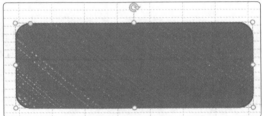

图3-64 绘制圆角矩形

03 切换到功能区中的"格式"选项卡，单击"形状样式"组右下角的"设置形状格式"按钮，在打开的"设置形状格式"窗格中指定线条的线型为3磅的双线。

04 切换到功能区中的"格式"选项卡，单击"形状样式"组中的"形状填充"按钮，在弹出的下拉菜单中选择"纹理"→"水滴"选项，即可为圆角矩形填充特殊效果，如图3-65所示。

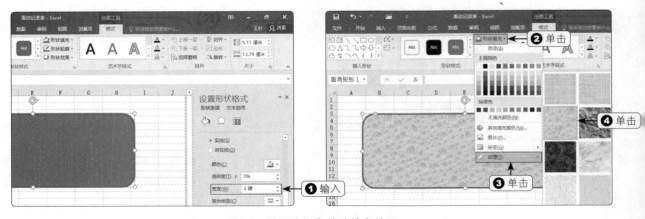

图3-65 设置边框和特殊填充效果

05 切换到"格式"选项卡，单击"图片样式"组右下角的"设置形状格式"按钮，出现"设置图片格式"窗格。单击"形状选项"选项卡，单击"填充"按钮，在"填充"组的"透明度"文本框中输入70%，结果如图3-66所示。

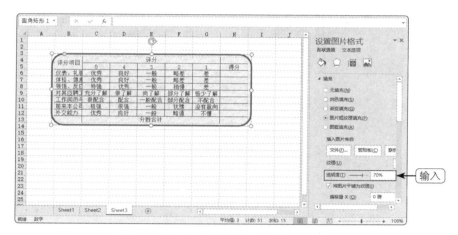

图3-66 利用绘图功能美化后的表格

3.5.3 插入艺术字

最终结果文件：素材\第3章\结果文件\面谈记录表.xlsx

虽然通过对字符进行格式化设置可以在很大程度上改善视觉效果，但不能对这些字符文本随意改变位置或形状。而使用艺术字可以方便地调整它们的大小、位置和形状等。艺术字是一个文字样式库，用户可以将艺术字添加到工作表中以制作出装饰性效果。

在工作表中插入艺术字的具体操作步骤如下：

01 切换到功能区中的"插入"选项卡，在"文本"组中单击"艺术字"按钮，出现"艺术字"样式列表。

02 在样式列表中选择需要的样式，即可在文档中插入示例艺术字，如图3-67所示。

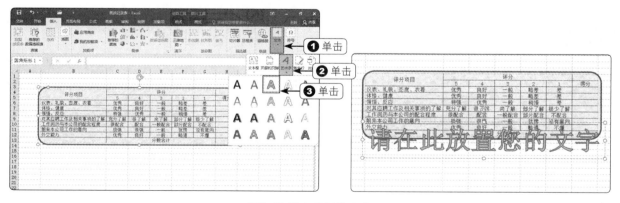

图3-67 插入示例艺术字

03 在"请在此放置您的文字"文本框中输入艺术字文本。拖动艺术字的外框，可以调整艺术字的位置；拖动艺术字四周的句柄，可以调整艺术字的大小，如图3-68所示。

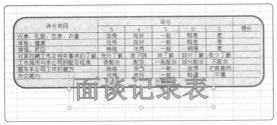

图3-68 调整艺术字的大小与位置

04 要改变艺术字的样式，可以在选定艺术字后，切换到"格式"选项卡，单击"艺术字样式"组中的一种样式，如图3-69所示。

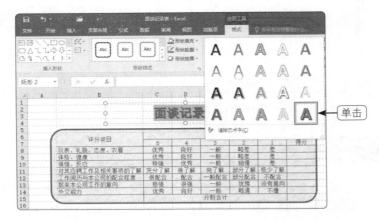

图3-69 选择艺术字样式

05 要改变艺术字的文本填充效果，可以切换到"格式"选项卡，单击"艺术字样式"组中的"文本填充"按钮，在弹出的下拉列表中选择一种填充效果。

06 要改变艺术字的文本轮廓的样式，可以切换到"格式"选项卡，单击"艺术字样式"组中的"文本轮廓"按钮，在弹出的下拉列表中选择文本轮廓的颜色、宽度和线型等。

07 要设置文本效果，可以切换到"格式"选项卡，单击"艺术字样式"组中的"文本效果"按钮，在弹出的下拉列表中选择文本的阴影效果，如阴影、发光、棱台与三维旋转等。

3.5.4 插入与设置文本框

 最终结果文件：素材\第3章\结果文件\面谈记录表.xlsx

要灵活控制文字在工作表中的位置，可以通过插入文本框来实现。对于插入到工作表中的文本框，不仅可以设置其大小、位置和样式等格式，而且还可以设置文本框中文字的样式。插入与设置文本框的具体操作步骤如下：

01 切换到功能区中的"插入"选项卡，在"文本"组中单击"文本框"按钮，在弹出的菜单中选择"横排文本框"类型。

02 在工作表中拖动鼠标绘制一个文本框。释放鼠标左键后，在文本框中输入文字，如图3-70所示。

03 选择文本框中输入的文字，切换到功能区中的"开始"选项卡，在"字体"组的"字体"和"字号"下拉列表中设置文字的字体和字号。如果要调整文本框的位置，可以直接拖动文本框的边框移动到新位置，如图3-71所示。

图3-70 插入文本框

图3-71 设置文本框的文字格式

04 切换到功能区中的"格式"选项卡，在"形状样式"组中单击"形状填充"按钮，在弹出的下拉菜单中选择"无填充颜色"命令，去除文本框的填充颜色。

05 切换到功能区中的"格式"选项卡，在"形状样式"组中单击"形状轮廓"按钮，在弹出的下拉菜单中选择"无轮廓"命令，去除文本框的边框，如图3-72所示。

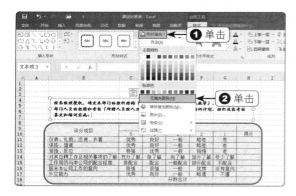

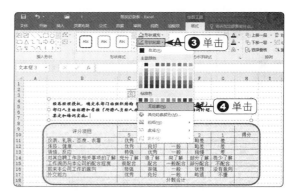

图3-72 设置了无边框和无填充色的文本框

办公专家一点通

除了在绘制的文本框中输入文字外，还可以在绘制的图形中添加文字。例如，在工作表中绘制了一个爆炸型图形，鼠标右键单击该图形，在弹出的快捷菜单中选择"编辑文字"命令，即可在图形内部输入文字，如图3-73所示。

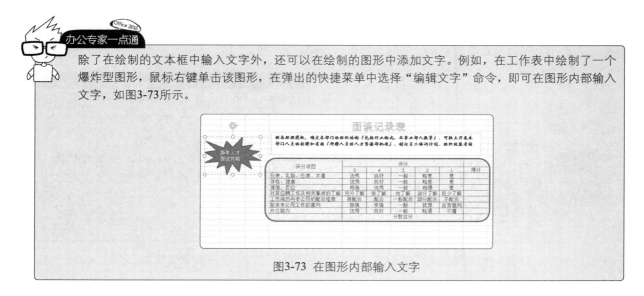

图3-73 在图形内部输入文字

3.5.5　插入与设置图片

 最终结果文件：素材\第3章\结果文件\面谈记录表.xlsx

Excel提供了插入剪贴画和图片的功能，可以将喜欢的图片应用到表格中，使表格更加美观。下面以插入剪贴画为例，具体操作步骤如下：

01 选择准备插入剪贴画的起始位置，切换到功能区中的"插入"选项卡，单击"插图"按钮，在弹出的菜单中选择"联机图片"按钮，打开"插入图片"窗口。

02 在"插入图片"窗口中的"必应图片搜索"文本框中输入要搜索图片的关键字，单击"搜索"按钮进行联机搜索库中的图片。

03 单击所需的剪贴画，然后单击"插入"按钮，如图3-74所示，即可将剪贴画插入工作表中。

图3-74　选择要插入的剪贴画

04 单击要缩放的图片，使其四周出现8个控制点。如果要横向或纵向缩放图片，则将鼠标指针指向图片四边的任意一个控制点上；如果要沿对角线方向缩放图片，则将鼠标指针指向图片四角的任何一个控制点上。按住鼠标左键，沿缩放方向拖动鼠标，Excel会用虚线框表示缩放的大小。

05 选定要复制的图片，切换到功能区中的"开始"选项卡，在"剪贴板"组中单击"复制"按钮。指定复制图片的目标位置，在"剪贴板"组中单击"粘贴"按钮，如图3-75所示。

06 选定要设置图片的图像属性，切换到功能区中的"格式"选项卡，在"调整"组中单击"重新着色"按钮，在弹出的下拉菜单中选择所需的图片颜色，如图3-76所示。

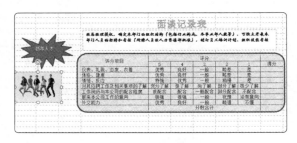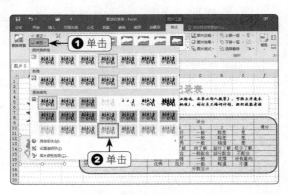

图3-75　复制图片　　　　　　　　　图3-76　设置图片的颜色

88

切换到功能区中的"插入"选项卡,单击"插图"按钮,在弹出的菜单中单击"图片"按钮,在打开的"插入图片"对话框中定位到图片所在的文件夹,选择要插入的图片,然后单击"插入"按钮,即可将其插入工作表中。

3.5.6 插入与设置 SmartArt 图形

Excel 2016中提供了极具专业水准的SmartArt图库,其中包括列表图、流程图、循环图、层次结构图、关系图、矩阵图和棱锥图等。用户可以在工作表中直接插入SmartArt图库中的图示,以便快速创建可视化图形示例,并且在插入SmartArt图示后可以根据需要对其外观及结构进行设置。插入与设置SmartArt图示的具体操作步骤如下:

01 在Excel工作表中,单击"插入"选项卡中的"插图"按钮,在弹出的菜单中单击SmartArt按钮,打开"选择SmartArt图形"对话框。在左侧列表框中选择SmartArt图示类别,然后在中间窗格中选择该类别的布局,将在右侧窗格中显示所选布局的说明信息,如图3-77所示。

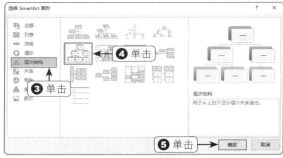

图3-77 "选择SmartArt图形"对话框

02 单击"确定"按钮,将在工作表中插入所选的SmartArt图示。用户可以根据需要调整其结构。例如,单击图示的第2行右侧的图形,切换到功能区中的"设计"选项卡,在"创建图形"组中单击"添加形状"按钮,在弹出的菜单中选择"在下方添加形状"命令,即可在该图形的下方添加一个图形,如图3-78所示。

03 在左侧文本窗格中的"文本"处输入文本,或者直接在图形中相应的文本框处输入文本,如图3-79所示。

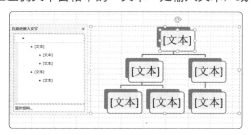
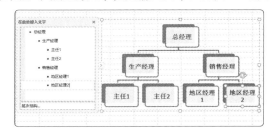

图3-78 在SmartArt图示中添加形状   图3-79 在图示中输入内容

04 要改变SmartArt图示的布局结构,可以单击SmartArt图示内的空白区域,将整个SmartArt图示选中,然后切换到功能区中的"设计"选项卡,在"布局"组中选择新的布局。

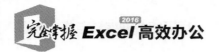

05 要改变SmartArt图示的样式，切换到功能区中的“设计”选项卡，在“SmartArt样式”组中选择一种样式即可。

06 选择SmartArt图示的某个图形，切换到功能区中的“格式”选项卡，在“形状样式”组中选择一种样式。

3.5.7 实例操作指南

实战练习素材：素材\第3章\原始文件\美化员工登记表.xlsx
最终结果文件：素材\第3章\结果文件\美化员工登记表.xlsx

本实例的具体操作步骤如下：

01 打开文件，选择单元格区域E3:E10，切换到功能区中的“开始”选项卡，在“数字”组中单击“数字格式”下拉按钮，在弹出的菜单中选择“长日期”命令，以改变日期格式，如图3-80所示。

02 选择表格的标题栏，设置字体为“楷体”，字形加粗，如图3-81所示。

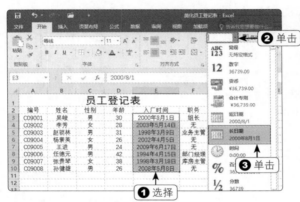

图3-80 设置出生日期的格式

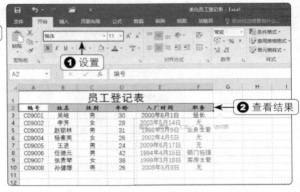

图3-81 设置表格的标题格式

03 选择表格的内容，切换到功能区中的“开始”选项卡，单击“字体”组右下角的“字体设置”按钮，打开“设置单元格格式”对话框，单击“边框”选项卡，选择线条样式，然后单击“外边框”按钮，再次选择线条样式，单击“内部”按钮，分别设置外边框和内边框，如图3-82所示。

04 单击“确定”按钮，即可为表格添加不同的边框，如图3-83所示。

图3-82 “边框”选项卡

员工登记表

编号	姓名	性别	年龄	入厂时间	职务
C09001	吴峻	男	30	2000年8月1日	组长
C09002	李芳	女	28	2003年5月14日	无
C09003	赵锁林	男	31	1998年3月9日	业务主管
C09004	杨素英	女	26	2002年4月5日	无
C09005	王进	男	24	2009年6月17日	无
C09006	任德元	男	42	1994年4月15日	部门经理
C09007	张贵琴	女	38	1998年3月18日	库房主管
C09008	孙健雄	男	26	2008年5月8日	无

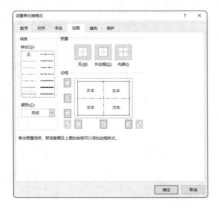

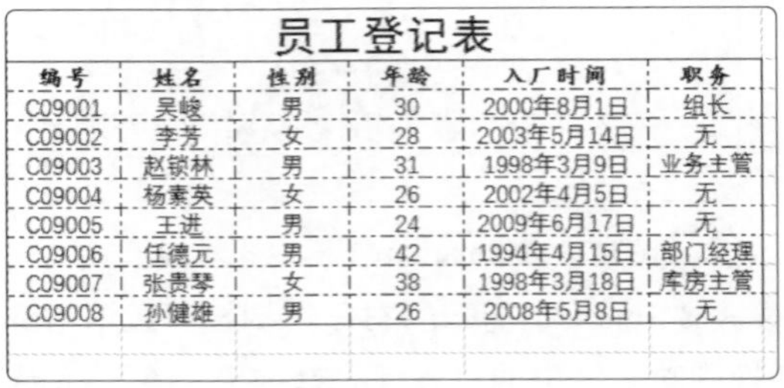

图3-83 添加表格边框

05 选择表格的内容，单击"开始"选项卡的"对齐方式"组中的"居中"按钮，使表格的内容在单元格内居中对齐。

06 选择表格的标题，然后单击"字体"组中的"填充颜色"按钮右侧的向下箭头，在下拉菜单中选择一种颜色，如图3-84所示。

07 切换到功能区中的"插入"选项卡，单击"插图"按钮在弹出的菜单中单击"联机图片"按钮，打开如图3-85所示的"插入图片"窗口，在"必应图片搜索"文本框中输入关键字，然后单击"搜索"按钮。

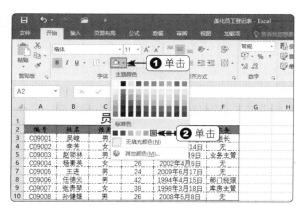

图3-84 设置表格的标题填充颜色

图3-85 "插入图片"窗口

08 单击任务窗格中要插入的图片，然后在工作表中拖动图片四周的控制点，调整图片的大小，如图3-86所示。

09 将图片移到表格中适当的位置，完成美化表格的工作，如图3-87所示。

图3-86 插入图片

图3-87 美化表格

3.6
办公实例——美化员工登记表

本节将通过一个实例——美化员工登记表，来巩固与拓展本章所学的知识，使读者能够真正将知识快速应用到实际工作中。

3.6.1 实例描述

本实例是上一章"员工登记表"的延续，将对员工登记表进行美化，主要涉及以下内容：

- 设置表格标题栏的格式
- 设置员工出生日期的格式
- 设置表格的边框和底纹
- 在表格中插入图片

3.6.2 实例总结

本实例复习了本章中关于表格的数据格式设置、添加表格边框和底纹以及插入图片等方法，主要用到以下知识点：

- 设置日期格式
- 为表格添加边框
- 为单元格添加底纹
- 插入图片与调整图片的大小和位置

3.7
提高办公效率的诀窍

窍门 1：在保持表格形状的前提下，将表格复制到其他工作表

如果重复使用Excel制作的表格，利用"复制/粘贴"的方式将表格复制到其他工作表的话，往往会因为粘贴位置的列宽与原来不一致而破坏表格的形状。

这里要将表格当作"图片"来复制，转换成"图片"的表格就不会受到列宽的限制，而且还能以拖动鼠标的方式来调整图片大小。

01 选择表格之后，单击"开始"选项卡中的"剪贴板"组的"复制"按钮向下箭头，在弹出的下拉列表中选择"复制为图片"选项，打开"复制图片"对话框，如图3-88所示。

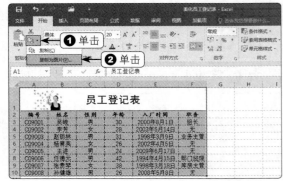
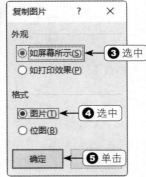

图3-88 "复制图片"对话框

02 将"外观"设置为"如屏幕所示","格式"设置为"图片",然后单击"确定"按钮。

03 单击要粘贴数据的单元格,再单击"剪贴板"组中的"粘贴"按钮,就能以图片的格式粘贴表格。如果需要更改图片的大小,单击图片,拖动图片四周的控点即可。

窍门2:让文本在单元格内自动换行

如果工作表中有大量单元格的文本需要换行,每次都使用Alt+Enter组合键手动进行换行比较麻烦,可以让文本在单元格内自动换行。具体操作步骤如下:

01 选定要自动换行的单元格。

02 切换到功能区中的"开始"选项卡,在"对齐方式"组中单击"自动换行"按钮,即可使单元格内的文字自动换行。

窍门3:倾斜排版单元格数据

单元格中的数据默认是按水平方向排版的,有时为了使表格更美观,需要将数据倾斜排版。具体操作步骤如下:

01 选定需要倾斜排版的单元格。

02 单击"开始"选项卡"对齐方式"组中的"方向"按钮,在弹出的菜单中选择"逆时针角度"按钮或"顺时针角度"命令即可,如图3-89所示。

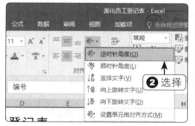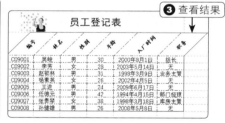

图3-89 倾斜文字

窍门4:巧妙实现欧元与其他货币的转换

Excel具有将欧元转换为如法郎、马克等欧盟货币的功能,在需要时可以按照下述步骤进行操作:

01 单击"文件"选项卡,在弹出的菜单中单击"选项"命令,打开"Excel选项"对话框。

02 单击左侧窗格中的"加载项"选项,然后在右侧窗格中的"管理"下拉列表框中选择"Excel加载项"选项,单击"转到"按钮,如图3-90所示。

03 打开如图3-91所示的"加载宏"对话框,在"可用加载宏"列表框内选中"Euro Currency Tools"复选框,单击"确定"按钮。

04 选定需要转换的单元格,单击"公式"选项卡,然后单击"解决方案"组中的"欧元转换"按钮,打开如图3-92所示的"欧元转换"对话框。

05 根据需要进行设置,完成后单击"确定"按钮即可。

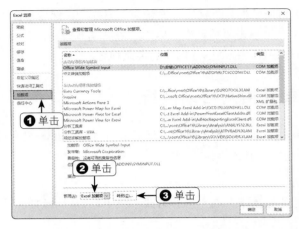

图3-90 "Excel选项"对话框

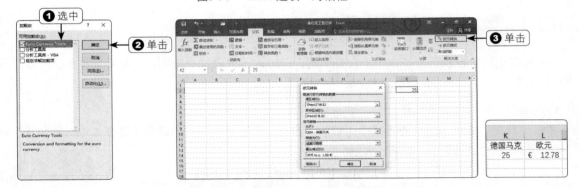

图3-91 "加载宏"对话框　　　　　　　　　　图3-92 "欧元转换"对话框

窍门5：巧妙删除空白列

有些用户在创建表格时，可能会在一些列之间插入了多余的空白列，如何快速删除多个空白列呢？可以采用如下的方法：

01 选定要复制的单元格区域，如图3-93所示，再切换到功能区中的"开始"选项卡，弹出"剪贴板"组中的"复制"按钮。

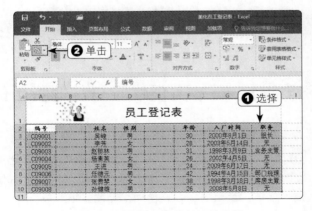

图3-93 选定要复制的单元格区域

02 在待粘贴处（可以切换到另一个空白工作表中）单击鼠标右键，在弹出的快捷菜单中选择"选择性粘贴"命令，如图3-94所示。此时，打开"选择性粘贴"对话框，选中"转置"复选框，然后单击"确定"按钮，如图3-95所示。

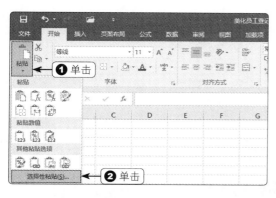

图3-94 选择"选择性粘贴"命令

图3-95 "选择性粘贴"对话框

03 行列转置后，选定数据区域并切换到"数据"选项卡，单击"排序和筛选"组中的"筛选"按钮（有关筛选方面的介绍，本书后面章节会有详细介绍），然后在任意列中筛选空白，如图3-96所示。

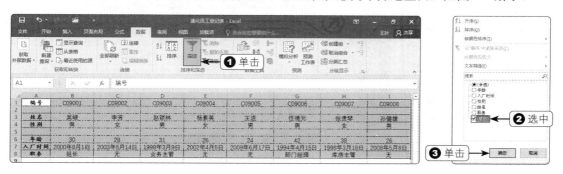

图3-96 筛选空白

04 此时，即显示空白行。将这些空白行删除后，再次单击"筛选"按钮，退出自动筛选，结果如图3-97所示。

A	B	C	D	E	F	G	H	I
编号	C09001	C09002	C09003	C09004	C09005	C09006	C09007	C09008

A	B	C	D	E	F	G	H	I
编号	C09001	C09002	C09003	C09004	C09005	C09006	C09007	C09008
姓名	吴峻	李芳	赵锁林	杨素英	王进	任德元	张贵琴	孙健雄
性别	男	女	男	女	男	男	女	男
年龄	30	28	31	26	24	42	38	26
入厂时间	2000年8月1日	2003年5月14日	1998年3月9日	2002年4月5日	2009年6月17日	1994年4月15日	1998年3月18日	2008年5月8日
职务	组长	无	业务主管	无	无	部门经理	库房主管	无

图3-97 删除空白行并退出自动筛选

05 再次对删除空白行的数据进行转置，结果如图3-98所示。

A	B	C	D	E	F
编号	姓名	性别	年龄	入厂时间	职务
C09001	吴峻	男	30	2000年8月1日	组长
C09002	李芳	女	28	2003年5月14日	无
C09003	赵锁林	男	31	1998年3月9日	业务主管
C09004	杨素英	女	26	2002年4月5日	无
C09005	王进	男	24	2009年6月17日	无
C09006	任德元	男	42	1994年4月15日	部门经理
C09007	张贵琴	女	38	1998年3月18日	库房主管
C09008	孙健雄	男	26	2008年5月8日	无

图3-98 完成了对空白列删除后的效果

04

第 4 章
使用公式与函数
处理表格数据

要想发挥Excel在数据分析与处理方面的优势，公式与函数是必须掌握的重点内容之一。Excel可以对数据资料进行分析和复杂运算，例如，在家庭理财方面，根据家庭支出与收入的状况，可以快速、准确地统计出每月收支汇总数据等。本章将介绍关于公式与函数方面的知识与技巧，最后通过一个综合实例巩固所学的内容。

教学目标 >>>>>>>>>>>>>>>>>>>>>>

通过本章的学习，你能够掌握如下内容：

※ 了解公式的一些基本概念与输入公式的方法
※ 了解单元格的多种引用方式，包括相对引用、
  绝对引用和混合引用等
※ 常用函数的使用
※ 为一些常用的单元格和区域命名

4.1
公式的输入与使用

公式是对单元格中数据进行分析的等式，它可以对数据进行加、减、乘、除或比较等运算，其可以引用同一工作表中的其他单元格、同一工作簿中不同工作表的单元格或者其他工作簿中工作表中的单元格。

Excel 2016中的公式遵循一个特定的语法，即最前面是等号（=），后面是参与计算的元素（运算数）和运算符。每个运算数可以是不改变的数值（常量）、单元格或区域的引用、标志、名称或函数。例如，在"=7+8*9"公式中，结果等于8乘以9再加7。例如，"=SUM(B3:E10)"是一个简单的求和公式，它由函数SUM、单元格区域引用B3:E10以及两个括号运算符"（"和"）"组成。

4.1.1 基本概念

1. 函数

函数是预先编写的公式，可以对一个或多个值执行运算，并返回一个或多个值。函数可以简化和缩短工作表中的公式，尤其是在使用公式执行很长或复杂的计算时。

2. 参数

公式或函数中用于执行操作或计算的数值称为参数。函数中使用的常见参数类型有数值、文本、单元格引用或单元格名称、函数返回值等。

3. 常量

常量是不用计算的值。例如，日期2008-6-16、数字248以及文本"编号"等都是常量。如果公式中使用常量而不是对单元格的引用，则只有在更改公式时其结果才会更改。

4. 运算符

运算符是指一个标记或符号，用来指定表达式内执行的运算的类型。如算术、比较、逻辑和引用运算符等。

4.1.2 公式中的运算符

在输入的公式中，各个参与运算的数字和单元格引用都由代表各种运算方式的符号连接而成，这些符号被称为运算符。常用的运算符有算术运算符、文本运算符、比较运算符和引用运算符。

1. 算术运算符

算术运算符用来完成基本的数学运算，如加法、减法、乘法、除法等。算术运算符如表4-1所示。

表4-1 算术运算符

算术运算符	功能	示例
+	加	10+5
-	减	10-5
-	负数	-5
*	乘	10*5
/	除	10/5
%	百分号	5%
^	乘方	5^2

2. 文本运算符

在Excel中，可以利用文本运算符（&）将文本连接起来。在公式中使用文本运算符时，以"="开始输入文本的第一段（文本或单元格引用），然后加入文本运算符（&）输入下一段（文本或单元格引用）。例如，在单元格A1中输入"一季度"，在A2中输入"销售额"，在C3单元格中输入"=A1&"累计"&A2"，结果为"一季度累计销售额"。

3. 比较运算符

比较运算符可以比较两个数值并产生逻辑值TRUE或FALSE。比较运算符如表4-2所示。

表4-2 比较运算符

比较运算符	功能	示例
=	等于	A1=A2
<	小于	A1<A2
>	大于	A1>A2
<>	不等于	A1<>A2
<=	小于等于	A1<=A2
>=	大于等于	A1>=A2

4. 引用运算符

引用运算符主要用于连接或交叉多个单元格区域，从而生成一个新的单元格区域，各引用运算符的具体功能如表4-3所示。

表4-3 引用运算符

引用运算符	含义	示例
：（冒号）	区域运算符，对两个引用之间、包括两个引用在内的所有单元格进行引用	SUM(A1:A5)
，（逗号）	联合运算符，将多个引用合并为一个引用	SUM(A2:A5,C2:C5)
（空格）	交叉运算符，表示几个单元格区域所重叠的那些单元格	SUM(B2:D3 C1:C4)（这两个单元格区域的共有单元格为C2和C3）

4.1.3 运算符的优先级

当公式中同时用到多个运算符时，首先要了解运算符的运算顺序。例如，公式"=8+12*3"应先做乘法运算，再做加法运算。Excel将按照表4-4所示的优先级顺序进行运算。

表4-4 运算符的运算优先级

运算符	说明	优先级
（和）	括号，可以改变运算的优先级	1
-	负号，使正数变为负数（如-2）	2
%	百分号，将数字变为百分数	3
^	乘方，一个数自乘一次	4
*和/	乘法和除法	5
+和—	加法和减法	6
&	文本运算符	7
=, <, >, >=, <=, <>	比较运算符	8

如果公式中包含了相同优先级的运算符，如公式中同时使用加法和减法运算符，则按照从左到右的原则进行计算。

要更改求值的顺序，则将公式中要先计算的部分用圆括号括起来。例如，公式"=(8+12)*3"就是先用8加12，再用结果乘以3。

4.1.4 输入公式

实战练习素材：素材\第4章\原始文件\输入公式.xlsx
最终结果文件：素材\第4章\结果文件\输入公式.xlsx

公式以等号"="开头，例如，为了在单元格H4中求出第一位员工的应发工资，可以按照下述步骤输入公式：

01 单击要输入公式的单元格H4。

02 输入等号"="。

03 输入公式的表达式，例如，输入"D4+E4+F4+G4"。公式中的单元格引用将以不同的颜色进行区分，在编辑栏中也可以看到输入后的公式。

04 输入完毕后，按Enter键或者单击编辑栏中的"输入"按钮，即可在单元格H4中显示计算结果，而在编辑栏中显示当前单元格的公式，如图4-1所示。

三月份员工工资表							2016年2月21日
编号	姓名	职务	基本工资	绩效奖金	加班工资	午餐补助	应发工资
2007101	张天华	销售经理	¥ 4,200.00	¥ 5,500.00	¥ －	¥ 300.00	=D4+E4+F4+G4
2007102	黄明文	开发主管	¥ 7,200.00	¥ 4,000.00	¥ 1,000.00	¥ 300.00	
2007103	李斌	程序员	¥ 5,400.00	¥ 2,100.00	¥ 1,000.00	¥ 300.00	
2007104	任敏	测试员	¥ 3,840.00	¥ 1,400.00	¥ 1,000.00	¥ 300.00	
2007109	李桦	测试员	¥ 4,200.00	¥ 1,500.00	¥ 1,000.00	¥ 300.00	
2007105	王红霞	测试员	¥ 3,360.00	¥ 1,400.00	¥ 1,000.00	¥ 300.00	
2007106	刘伟	程序员	¥ 4,800.00	¥ 2,000.00	¥ 1,000.00	¥ 300.00	
2007107	范横横	业务员	¥ 2,160.00	¥ 800.00	¥ －	¥ 300.00	
2007108	夏爱民	业务员	¥ 1,680.00	¥ 600.00	¥ －	¥ 300.00	
2007110	周勇	程序员	¥ 3,600.00	¥ 2,000.00	¥ 1,000.00	¥ 300.00	
2007111	王霜	程序员	¥ 3,840.00	¥ 2,000.00	¥ 1,000.00	¥ 300.00	
2007112	冯卫明	程序员	¥ 3,600.00	¥ 2,000.00	¥ 1,000.00	¥ 300.00	

三月份员工工资表							2016年2月21日
编号	姓名	职务	基本工资	绩效奖金	加班工资	午餐补助	应发工资
2007101	张天华	销售经理	¥ 4,200.00	¥ 5,500.00	¥ －	¥ 300.00	¥ 10,000.00
2007102	黄明文	开发主管	¥ 7,200.00	¥ 4,000.00	¥ 1,000.00	¥ 300.00	
2007103	李斌	程序员	¥ 5,400.00	¥ 2,100.00	¥ 1,000.00	¥ 300.00	
2007104	任敏	测试员	¥ 3,840.00	¥ 1,400.00	¥ 1,000.00	¥ 300.00	
2007109	李桦	测试员	¥ 4,200.00	¥ 1,500.00	¥ 1,000.00	¥ 300.00	
2007105	王红霞	测试员	¥ 3,360.00	¥ 1,400.00	¥ 1,000.00	¥ 300.00	
2007106	刘伟	程序员	¥ 4,800.00	¥ 2,000.00	¥ 1,000.00	¥ 300.00	
2007107	范横横	业务员	¥ 2,160.00	¥ 800.00	¥ －	¥ 300.00	
2007108	夏爱民	业务员	¥ 1,680.00	¥ 600.00	¥ －	¥ 300.00	
2007110	周勇	程序员	¥ 3,600.00	¥ 2,000.00	¥ 1,000.00	¥ 300.00	
2007111	王霜	程序员	¥ 3,840.00	¥ 2,000.00	¥ 1,000.00	¥ 300.00	
2007112	冯卫明	程序员	¥ 3,600.00	¥ 2,000.00	¥ 1,000.00	¥ 300.00	

图4-1 输入公式

办公专家一点通

输入公式时，可以使用鼠标直接选中参与计算的单元格，从而提高输入公式的效率。选择准备输入公式的单元格（如H4），输入等号"="，单击准备参与计算的第一个单元格（如D4），输入运算符，如"+"，单击准备参与运算的第二个单元格，如E4等。

4.1.5 编辑公式

编辑公式与编辑正文的方法一样。如果要删除公式中的某些项，则在编辑栏中用鼠标选定要删除的部分，然后按Backspace键或者Delete键。如果要替换公式中的某些部分，则先选定被替换的部分，然后进行修改。

编辑公式时，公式将以彩色方式标识，其颜色与所引用的单元格的标识颜色一致，以便于跟踪公式，帮助用户查询分析公式。

4.2
单元格引用方式

只要在Excel工作表中使用公式，就离不开单元格的引用问题。引用的作用是标识工作表的单元格或单元格区域，并指明公式中使用的数据位置。通过引用，可以在公式中使用工作表不同部分的数据，或者在多个公式中使用同一单元格的数值，还可以引用相同工作簿中不同工作表的单元格。

4.2.1 相对引用单元格

实战练习素材：素材\第4章\原始文件\相对引用单元格.xlsx

公式中的相对单元格引用是基于包含公式和单元格引用的单元格的相对位置。如果公式所在的单元格位置发生改变，则引用也随之改变。在相对引用中，用字母表示单元格的列号，用数字表示单元格的行号，如A1、B2等。

例如，希望将单元格H4的公式复制到H5:H15中，可以按照下述步骤进行操作：

01 选定单元格H4，其中的公式为"=D4+E4+F4+G4"，即求出"张天华"的应发工资，如图4-2所示。

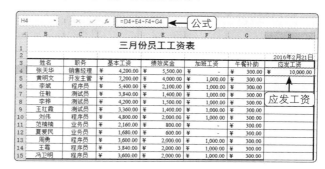

图4-2 计算"张天华"的应发工资

02 将鼠标指针指向单元格H4右下角的填充柄，当其变为"十"字形时，按住鼠标不放向下拖动到要复制公式的区域。

03 释放鼠标后，即可完成复制公式的操作。这些单元格中会显示相应的计算结果，如图4-3所示。此处的参数对应改变，如H15的公式为"=D15+E15+F15+G15"。

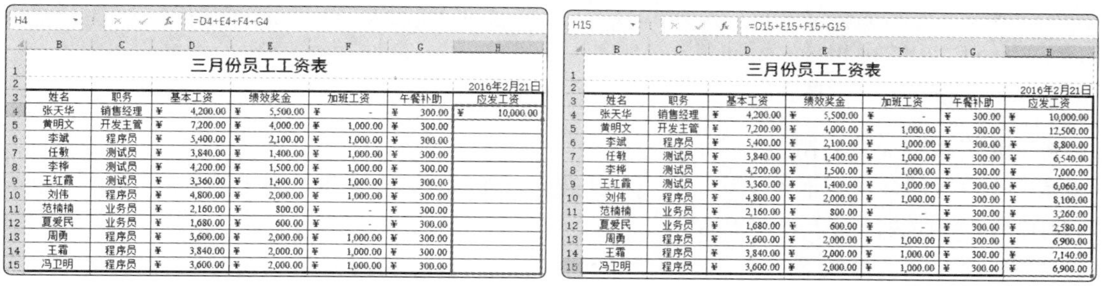

图4-3 复制带相对引用的公式

4.2.2 绝对引用单元格

实战练习素材：素材\第4章\原始文件\绝对引用单元格.xlsx

绝对引用是指工作表中固定位置的单元格，它的位置与包含公式的单元格无关。在Excel中，通过对单元格引用的"冻结"来达到此目的，即在列标和行号前面添加"$"符。例如，用$A$1表示绝对引用。当复制含有该引用的单元格时，$A$1是不会改变的。

例如，希望将单元格C4的公式复制到单元格区域C5:C15中，可以按照下述步骤进行操作：

01 选定单元格C4，其中公式为"=B4*D2"，即求出苹果汁应交纳的税额。

02 为了使单元格D2的位置不随复制公式而改变，将单元格C4中的公式改为"=B4*$D$2"。

03 切换到功能区中的"开始"选项卡，单击"剪贴板"组中的"复制"按钮。

04 选定单元格区域C5:C15。

05 切换到功能区中的"开始"选项卡，单击"剪贴板"组中的"粘贴"按钮，结果如图4-4所示。

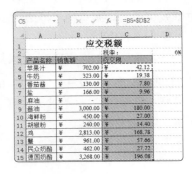

图4-4 复制了带绝对引用的公式

此时，C5中的公式为"=B5*$D$2"，C6中的公式为"=B6*$D$2"，C7中的公式为"=B7*$D$2"。$D$2的位置没有因复制而改变。

4.2.3 混合引用单元格

 实战练习素材：素材\第4章\原始文件\混合引用单元格.xlsx

混合引用是指公式中参数的行采用相对引用，列采用绝对引用；或列采用相对引用、行采用绝对引用，如$A1，A$1。公式中相对引用部分随公式复制而变化，绝对引用部分不随公式复制而变化。

例如，要创建一个九九乘法表，可以按照下述步骤进行操作：

01 准备将单元格B2的公式复制到其他的单元格中。

02 希望第一个乘数的最左列不动（$A）而行随之变动，希望第二个乘数的最上行不动（$1）而列随之变动，因此B2的公式应该改为"=$A2*B$1"。

03 选定包含混合引用的单元格B2，切换到功能区中的"开始"选项卡，在"剪贴板"组中单击"复制"按钮。

04 选定目标区域B2:I9，切换到功能区中的"开始"选项卡，在"剪贴板"组中单击"粘贴"按钮，结果如图4-5所示。

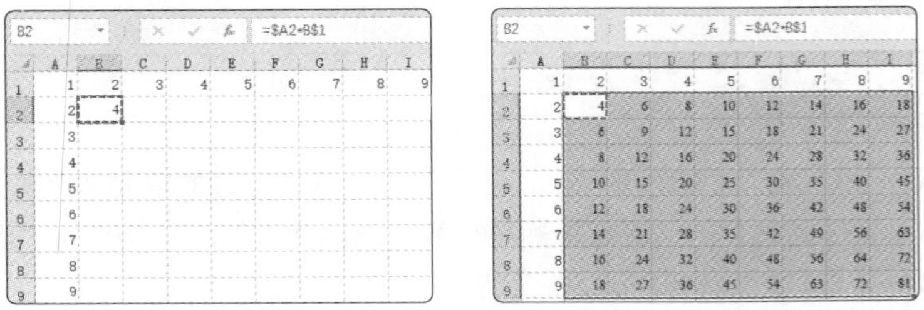

图4-5 混合引用单元格

4.2.4 不同位置上的引用

除了以上引用方式之外，还有一些不同位置上单元格的引用，下面进行统一介绍。

1. 引用同一工作簿中其他工作表中的单元格

如果要引用同一工作簿中其他工作表中的单元格，其表达方式如下：

工作表名称! 单元格地址

例如，在工作表Sheet2的单元格B2中输入公式"=Sheet1!A2*3"，其中A2是指工作表Sheet1中的单元格A2。如果在工作表Sheet1的单元格A2中有数据8，那么在工作表Sheet2的单元格B2中将显示计算结果，结果如图4-6所示。

图4-6 引用工作簿其他工作表中的单元格

2. 引用同一工作簿中多张工作表中的单元格

如果要引用同一工作簿中多张工作表中的单元格或单元格区域，其表达方式如下：

工作表名称:工作表名称!单元格地址

例如，在工作表Sheet2的单元格C2中输入公式"=SUM(Sheet1:Sheet3!B2)"，该公式是计算工作表Sheet1、Sheet2和Sheet3三张工作表中单元格B2的和，然后将计算结果保存到工作表Sheet2的单元格C2中。

3. 引用不同工作簿中的单元格

除了引用同一工作簿中工作表的单元格外，还可以引用其他工作簿中的单元格，其表达方式如下：

'工作簿存储地址[工作簿名称]工作表名称' !单元格地址

例如，在当前工作簿的工作表Sheet2中的单元格B2中的输入公式"='E:\2\[sport.xlsx]Sheet1'!C2*5"，表示在当前工作簿的工作表Sheet2中的单元格B2中，引用工作簿sport的工作表Sheet1中的单元格C2乘以5的积，结果如图4-7所示。

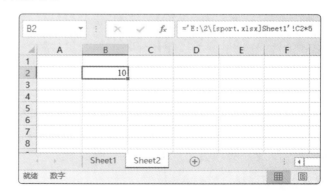

图4-7 未打开要引用工作簿时输入的公式内容

如果已经在Excel中打开了被引用的工作簿，那么其表达式可以写为"=[sport.xlsx]Sheet1! C2*5"，如图4-8所示。

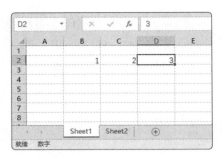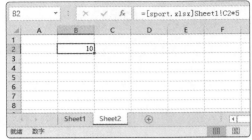

图4-8 已打开要引用工作簿时输入的公式内容

4.3
使用自动求和

实战练习素材：素材\第4章\原始文件\使用自动求和.xlsx

求和计算是一种最常用的公式计算，可以将诸如"=D4+D5+D6+D7+D8+D9+D10+D11+D12+D13+D14+D15"这样的复杂公式转变为更简洁的形式"=SUM(D4:D15)"。

使用自动求和计算的具体操作步骤如下：

01 选定要计算求和结果的单元格H4。

02 切换到功能区中的"开始"选项卡，在"编辑"组中单击"求和"按钮右侧的向下箭头，在弹出的菜单中选择"求和"选项，Excel将自动出现求和函数SUM以及求和数据区域。

03 如果Excel推荐的数据区域并不是想要的，则输入新的数据区域；如果Excel推荐的数据区域正是自己想要的，则按Enter键，结果如图4-9所示。

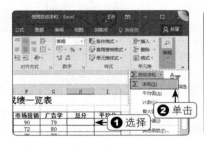

图4-9 显示求和函数的计算结果

除了利用"自动求和"按钮一次求出一组的总和外，还能够利用Excel 2016新增的"快速分析"功能一次输入多个求和公式，具体操作步骤如下：

01 选定要求和的单元格区域。

02 此时，在单元格区域的右下角显示"快速分析"按钮，单击此按钮，在"快速分析"库中选择所需的选项卡，本例选择"汇总"，如图4-10所示。

03 选择一个选项，例如选择"在右侧求和"，则在选定区域右侧的空白单元格中填入相应的求和结果，如图4-11所示。本例就是求出每位员工的总分。

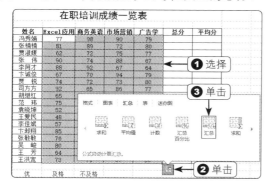

图4-10 "快速分析"库　　　　　　　图4-11 自动求出一组数据的总分

 办公专家一点通

用户还可以选定要求和的一列数据的下方单元格或者一行数据的右侧单元格，然后单击"开始"选项卡的"编辑"组中的"求和"按钮，即可在选定区域下方的空白单元格或右侧的空白单元格中填入相应的求和结果。

4.4
使用函数

函数是按照特定语法进行计算的一种表达式，使用函数进行计算，在简化公式的同时也可提高工作效率。

函数是使用被称为参数的特定数值，按照被称为语法的特定顺序来进行计算的。例如，SUM函数对单元格或单元格区域执行相加运算，PMT函数在给定的利率、贷款期限和本金数额基础上计算偿还额。

参数可以是数字、文本、逻辑值、数组、错误值或者单元格引用，也可以是常量、公式或其他函数。给定的参数必须能够产生有效的值。

函数的语法以函数名称开始，后面分别是左圆括号、以逗号隔开的各个参数和右圆括号。如果函数以公式的形式出现，则在函数名称前面输入等号"＝"。

 **常用函数的说明**

在提供的众多函数中有些是经常使用的，下面介绍几个常用函数。

● 求和函数：一般格式为 SUM（计算区域），功能是求出指定区域中所有数的和。

● 求平均值函数：一般格式为 AVERAGE（计算区域），功能是求出指定区域中所有数的平均值。

● 求个数函数：一般格式为 COUNT（计算区域），功能是求出指定区域中数据个数。

105

- 条件函数：一般格式为 IF（条件表达式，值1，值2），功能是当条件表达式为真时，返回值1；当条件表达式为假时，返回值2。
- 求最大值函数：一般格式为 MAX（计算区域），功能是求出指定区域中最大的数。
- 求最小值函数：一般格式为 MIN（计算区域），功能是求出指定区域中最小的数。
- 求四舍五入值函数：一般格式为 ROUND（单元格，保留小数位数），功能是对该单元格中的数按要求保留位数，进行四舍五入。
- 还贷款额函数：一般格式为 PMT（月利率，偿还期限，货款总额），功能是根据给定的参数，求出每月的还款额。
- 排位：一般格式为 RANK（查找值，参照的区域），功能是返回一个数字在数字列表中的排位。

4.4.2 使用函数向导输入函数

实战练习素材：素材\第4章\原始文件\使用函数向导输入函数.xlsx
最终结果文件：素材\第4章\结果文件\使用函数向导输入函数.xlsx

Excel 2016提供了几百个函数，想熟练掌握所有的函数难度很大，可以使用函数向导来输入函数。例如，要求出每位员工的平均分，可以按照下述步骤进行操作：

01 选定要插入函数的单元格，单击编辑栏上的"插入函数"按钮，打开如图4-12所示的"插入函数"对话框。还可以单击"公式"选项卡的"函数库"组中的"插入函数"按钮。

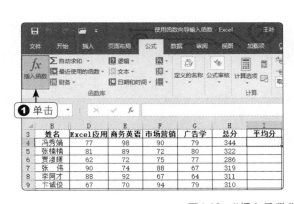

图4-12 "插入函数"对话框

02 在"或选择类别"下拉列表中选择要插入的函数类型，然后从"选择函数"列表框中选择要使用的函数。单击"确定"按钮，打开如图4-13所示的"函数参数"对话框。

03 在参数框中输入数值、单元格引用或区域。在Excel 2016中，所有要求用户输入单元格引用的编辑框都可以使用这样的方法输入，首先用鼠标单击编辑框，然后使用鼠标选定要引用的单元格区域（选定单元格区域时，对话框会自动缩小）。如果对话框挡住了要选定的单元格，则单击编辑框右边的缩小按钮将对话框缩小，如图4-14所示。选择结束时，再次单击该按钮恢复对话框。

图4-13 "函数参数"对话框

图4-14 缩小对话框

04 单击"确定"按钮，在单元格中显示公式的结果。拖动该单元格右下角的填充柄，可以求出其他员工的平均分，如图4-15所示。

姓名	Excel应用	商务英语	市场营销	广告学	总分	平均分
冯秀娟	77	98	90	79	344	86
张楠楠	81	89	72	80	322	80.5
贾淑媛	62	72	75	77	286	71.5
张伟	90	74	88	67	319	79.75
李阿才	88	92	67	64	311	77.75
卞诚俊	67	70	94	79	310	77.5
贾锐	74	72	73	80	299	74.75
司方方	92	65	86	77	320	80
胡继红	65	68	79	67	279	69.75
范玮	75	71	75	90	311	77.75
袁晓坤	52	48	59	64	223	55.75
王爱民	48	56	58	62	224	56
李佳斌	57	51	64	60	232	58
卞邺翔	85	73	93	87	338	84.5
张敏敏	76	89	90	80	335	83.75
吴峻	80	92	72	77	321	80.25
王芳	64	90	75	79	308	77
王洪宽	73	74	67	80	294	73.5

图4-15 求出每位学员的平均分

如果小数位数太多，可以切换到功能区中的"开始"选项卡，在"数字"组中单击"减少小数位数"按钮。

4.4.3 手动输入函数

实战练习素材：素材\第4章\原始文件\手动输入函数.xlsx
最终结果文件：素材\第4章\结果文件\手动输入函数.xlsx

如果用户对某些常用的函数及其语法比较熟悉，则可以直接在单元格中输入公式，具体操作步骤如下：

01 选定要输入函数的单元格，输入等号"="。
02 输入函数名的第一个字母时，Excel会自动列出以该字母开头的函数名，如图4-16所示。
03 按Tab键选择所需的函数名，例如MAX，在其右侧会自动输入一个"("。Excel会出现一个带有语法和参数的工具提示，如图4-17所示。
04 选定要引用的单元格或区域，输入右括号，然后按Enter键。Excel将在函数所在的单元格中显示公式的结果。

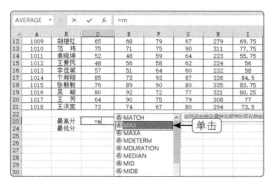

图4-16 函数自动匹配功能

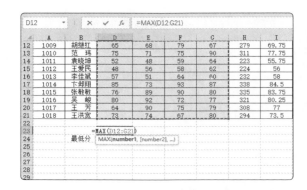

图4-17 显示函数的语法和参数提示

如果要求出"Excel应用"成绩的最低分，可使用MIN函数。

4.4.4 使用嵌套函数

> 实战练习素材：素材\第4章\原始文件\使用嵌套函数.xlsx
> 最终结果文件：素材\第4章\结果文件\使用嵌套函数.xlsx

一个函数表达式中包括一个或多个函数，函数与函数之间可以层层相套，括号内的函数作为括号外函数的一个参数，称为嵌套函数。例如，要根据学生各科的平均分统计"等级"情况，其中平均分80以上（含80分）为"优"，其余评为"良"，具体操作步骤如下：

01 单击单元格F2并输入"="，输入公式"=IF(AVERAGE(C2:E2)>=80,"优","良")"。

02 输入公式后按Enter键，即可得出计算结果，如图4-18所示。

03 使用填充的方法将单元格F2的公式拖动到单元格F3:F8，即可得出所有结果，如图4-19所示。

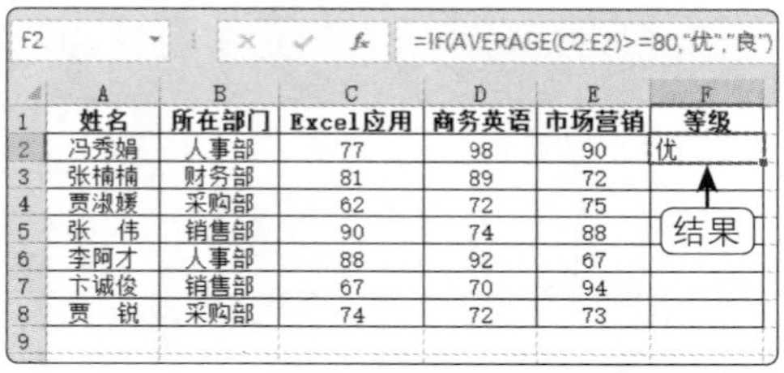

图4-18 嵌套函数的使用

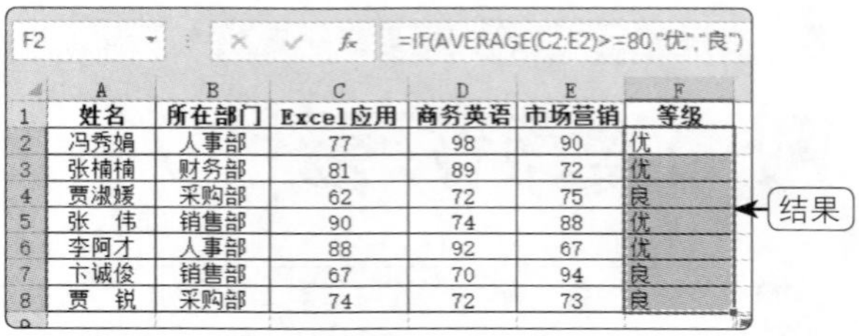

图4-19 复制计算的结果

4.5

使用单元格名称

经常使用某些区域的数据时，可以为该区域定义一个名称，以后直接用定义的名称代表该区域的单元格即可。例如，工作表中单元格区域C2:C8是"Excel应用"的成绩，可以把它定义为"Excel应用"，想求出"Excel应用"的最高分时，输入公式"=MAX(Excel应用)"要比公式"=MAX(C2:C8)"更容易理解。

4.5.1 命名单元格或区域

> 实战练习素材：素材\第4章\原始文件\定义单元格名称.xlsx

在Excel 2016中对单元格命名有以下几种方法：

- 选择要命名的单元格或区域，单击编辑栏左侧的名称框，输入所需的名称后，按 Enter 键。
- 选择要命名的单元格或区域，切换到功能区中的"公式"选项卡，在"定义的名称"组中单击"定义名称"按钮，打开"新建名称"对话框，输入名称并指定名称的有效范围，然后单击"确定"按钮，如图 4-20 所示。
- 选择要命名的单元格或区域，切换到功能区中的"公式"选项卡，在"定义的名称"组中单击"名称管理器"按钮，打开"名称管理器"对话框并单击"新建"按钮，然后打开"新建名称"对话框进行命名，如图 4-21 所示。

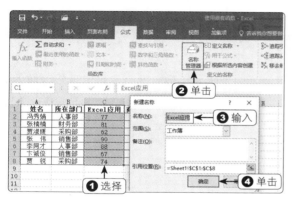

图4-20 "新建名称"对话框

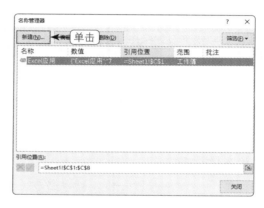

图4-21 "名称管理器"对话框

- 选择要命名的区域，包括每行的标题和每列的标题，切换到功能区中的"公式"选项卡，在"定义的名称"组中单击"根据所选内容创建"按钮，打开"以选定区域创建名称"对话框，根据标题名称所在的位置选择相应的复选框即可，如图 4-22 所示。

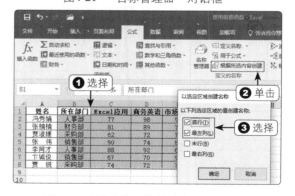

图4-22 "以选定区域创建名称"对话框

4.5.2 定义常量和公式的名称

定义常量名称就是为常数命名，例如圆周率为3.14159265，由于数值位数较多，每次在公式中输入该数值不是很方便，此时可以为其定义一个名称来解决。用户只需打开"新建名称"对话框，在"名称"文本框中输入要定义的常量名称，在"引用位置"文本框中输入常量值，如图4-23所示。

除了为常量定义名称外，还可以为常用公式定义名称，打开"新建名称"对话框，在"名称"文本框中输入要定义的公式名称"平均值"，在"引用位置"文本框中输入"=AVERAGE("，然后单击"引用位置"文本框右侧的按钮，选择单元格区域C2:E2，再单击按钮返回"新建名称"对话框，最后输入")"，如图4-24所示。

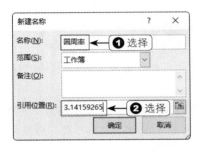

图4-23 定义常量名称

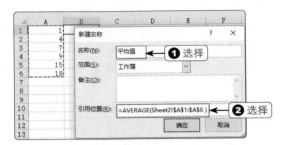

图4-24 定义公式名称

4.5.3 在公式和函数中使用命名区域

使用公式和函数时，如果选定了已经命名的数据区域，则公式和函数内就会自动出现该区域的名称。这时，只要按Enter键就可以完成公式和函数的输入。

例如，单击单元格B1，切换到功能区中的"公式"选项卡，在"定义的公式"选项组中单击"用于公式"按钮，在弹出的菜单中选择定义的公式名称"平均值"，如图4-25所示。按Enter键即可得到计算结果，如图4-26所示。

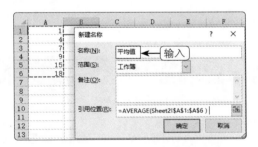

图4-25 利用公式名称输入公式

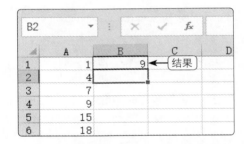

图4-26 显示计算结果

4.6
使用数组公式

对于数组概念，大家应该都不会陌生。数组按其维度不同可分为一维数组和二维数组。巧妙地使用数组处理数据，比使用公式处理数据更简便。Excel支持公式中使用数组，这是其强大的功能之一。下面将介绍数组公式的概念及应用实例，帮助读者理解数组公式。

4.6.1 数组公式入门

在Excel中，凡是以半角符号"="开始的单元格内容都被Excel认为是公式，公式只能返回一个结果，而数组公式可以返回一个或者多个结果，并且返回的结果可以是一维的也可以是二维的，也就是说，Excel中的数组公式返回的是一个一维或二维的数组。

数组在内存中直接运算，运算速度会比其他公式快许多，所以在处理大量的数据时一般采用数组运算而非公式直接运算。数组内容一般用"｛｝"括起来表示，如一维数组和二维数组都使用这种方法进行表示。

数组的内容不允许单独修改，这样会破坏数组的完整性，如果不知道这一点会误以为出了问题，不懂数组的人就不会轻易操作，对工作表的安全也是一项防护。输入数组公式首先必须选择用来存放结果的单元格区域（可以是一个单元格），在编辑栏输入公式，然后按Ctrl+Shift+Enter组合键锁定数组公式，Excel将在公式两边自动加上花括号"｛｝"。

4.6.2 利用公式完成多项运算

> 实战练习素材：素材\第4章\原始文件\利用公式完成多项运算.xlsx
> 最终结果文件：素材\第4章\结果文件\利用公式完成多项运算.xlsx

使用数组公式可以一次完成多项运算操作，这也是数组的优点之一。利用公式完成多项运算的具体操作步骤如下：

01 选择单元格区域H2:H11，输入"="，如图4-27所示。

02 拖动鼠标选择单元格区域G2:G11，如图4-28所示。

图4-27 选择单元格区域   图4-28 在公式中选择单元格区域G2:G11

03 继续在编辑栏中输入"*0.06"，按Ctrl+Shift+Enter组合键，即可完成数组公式的输入，如图4-29所示。此时，已经计算出每天对销售额的提成。

图4-29 利用数组公式完成多项计算

4.6.3　公司员工考勤处理

 实战练习素材：素材\第4章\原始文件\公司员工考勤处理.xlsx
最终结果文件：素材\第4章\结果文件\公司员工考勤处理.xlsx

日常工作中经常处理的数据操作在使用数组后就会变得很简便，例如对业绩的考核、对出勤的考核等，灵活运用数组能够高效快捷地完成。

考核员工出勤的具体操作步骤如下：

01 选择单元格AI4，输入公式 "=COUNTIF(C4:AG4,"=√")"，如图4-30所示。

02 按Ctrl+Shift+Enter组合键结束数组公式的输入，然后将单元格AI4中的公式复制至单元格AI9，如图4-31所示。

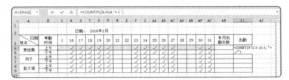
图4-30　在单元格AI4中输入公式

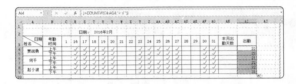
图4-31　将公式复制到其他单元格

03 现在对每位员工的"上午"和"下午"的"本月出勤天数"进行合并，只需选择单元格AH4和AH5，然后单击"开始"选项卡的"对齐方式"组中的"合并后居中"按钮。用同样的方法，对其他员工的"上午"和"下午"进行合并。

04 在单元格AH4中输入 "=（AI4+AI5/2）"，如图4-32所示。

05 按Enter键确认输入，单元格AH4自动计算结果，如图4-33所示。

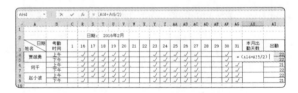
图4-32　输入公式

图4-33　计算考勤结果

4.6.4　快速计算特定范围数据之和

此类数组公式通过用一个数组公式代替多个公式的方式来简化工作表模式。例如，要计算所有产品的总订单金额，可以按照下述步骤进行操作：

01 选定单元格D16。

02 输入数组公式 "=SUM(E2:E11*F2:F11)"。此公式表示F4:F13区域内各个单元格与G4:G13内相对应的单元格相乘，也就是把每个产品订货数量与单价相乘，然后用SUM函数将这些相乘后的结果相加，就得到了总订单金额，如图4-34所示。

03 按Ctrl+Shift+Enter组合键，结果如图4-35所示。在输入数组公式时，Excel自动在大括号"{ }"之间插入公式。

图4-34 输入数组公式　　　　　　　　　　　图4-35 利用数组公式求得结果

4.7
办公实例 1：统计员工在职培训成绩

本节将通过制作一个实例——统计员工在职培训成绩，从而巩固本章所学的知识，并应用到实际的工作中。

4.7.1 实例描述

本例将通过"平均分"求出相应的等级，即">=80"时为"优"，">=70"时为"良"，">=60"时为"及格"，"<60"时为"不及格"，需要使用IF函数。为了计算员工的总人数，利用COUNT函数计算出指定单元格区域内包括的数值型数据的个数。

在制作过程中主要包括以下内容：

- 使用 IF 函数计算考试成绩等级
- 使用 COUNT 计算总人数和相应等级的人数

4.7.2 操作步骤

实例练习素材：光盘\第4章\原始文件\在职培训成绩一览表.xlsx
最终结果文件：光盘\第4章\结果文件\在职培训成绩一览表.xlsx

本实例的具体操作步骤如下：

01 打开文件，单击要计算等级的单元格J4。

02 输入公式"=IF(I4>=80,"优",IF(I4>=70,"良",IF(I4>=60,"及格",IF(I4<60,"不及格"))))"，如图4-36所示。

03 按Enter键确认。拖动该单元格右下角的填充柄，分别计算出其他员工的成绩等级，如图4-37所示。

图4-36 输入IF函数

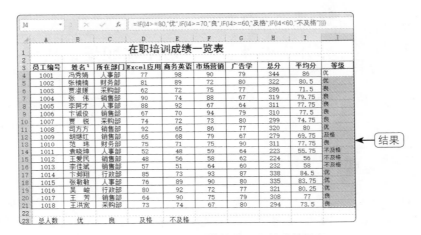

图4-37 利用复制公式的方式计算其他员工的成绩等级

04 选定单元格A24，单击"公式"选项卡的"其他函数"按钮，选择"统计"→"COUNT"选项，出现"函数参数"对话框，选择要计算的单元格区域，如图4-38所示。最后单击"确定"按钮。

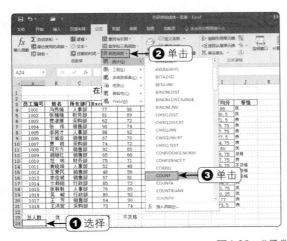

图4-38 "函数参数"对话框

05 为了计算"等级"成绩为"优"的人数，可以利用COUNTIF函数。先单击单元格B24，再单击"公式"选项卡的"其他函数"按钮，选择"统计"→"COUNTIF"选项，出现如图4-39所示的"函数参数"对话框，在Range框中输入单元格区域J4:J21，在Criteria框中输入"优"。最后单击"确定"按钮。

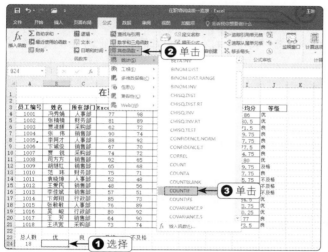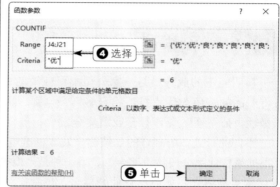

图4-39 "函数参数"对话框

06 为了计算"等级"成绩为"良"的人数，可以在单元格C24中直接输入公式"=COUNTIF(J4:J21,"良")"。

07 为了计算"等级"成绩为"及格"的人数，可以在单元格D24中直接输入公式"=COUNTIF(J4:J21,"及格")"。

08 为了计算"等级"成绩为"不及格"的人数，可以在单元格E24中直接输入公式"=COUNTIF(J4:J21,"不及格")"，最后结果如图4-40所示。

图4-40 计算总人数和相应等级的人数

4.7.3 实例总结

本实例复习了本章中所讲的关于单元格引用、公式与函数的使用、嵌套函数的使用和操作，主要用到以下知识点：

- 了解单元格的引用方式
- 输入公式
- 复制公式
- 输入函数

4.8

办公实例 2：计算业绩奖金

本节将通过一个实例——计算业绩奖金，来巩固本章所学的知识，使读者能够真正将知识应用到实际工作中。

4.8.1 实例描述

精明能干的业务员是一家公司不可或缺的重要角色，尽管公司生产出品质优良的产品，若没有业务员将产品的特色与优点推广给众多客户，那么再优良的产品也只能存放在库房中。为了激发业务人员的积极性，公司通常会订一套业绩奖金发放标准，以鼓励表现杰出的业务员。

不同的行业，所制订的业绩奖金发放标准也不尽相同，本例将探讨两种业绩奖金发放的案例：一种是"根据销售业绩分段核算奖金"、另一种是"根据业绩表现分两个阶段计算奖金"。

本实例将介绍如何计算业绩奖金，在制作过程中主要包括以下内容：

- 输入日期与更改日期显示格式
- 使用 HLOOKUP 函数与 LOOKUP 函数进行查表
- 使用 TODAY 函数计算年薪并搭配 ROUND 函数进行四舍五入

4.8.2 实例操作指南

实战练习素材：素材\第4章\原始文件\计算业绩奖金.xlsx
最终结果文件：素材\第4章\结果文件\计算业绩奖金.xlsx

1. 根据销售业绩分段核算奖金

企业为了有效激励业务员冲刺业绩，时常采取高业绩伴随高比例奖金的制度，也就是说业绩越高，就可以获得越高比例的奖金。本节要介绍的是根据销售业绩高低，分段给予不同比例奖金的计算技巧，如图4-41所示是"奖金标准"工作表。

A	B	C	D	E	F
		业绩奖金发放标准			
	第一段	第二段	第三段	第四段	第五段
	100000以下	100000-149999	150000-2490000	250000-3490000	350000以上
销售业绩	0	100000	150000	250000	350000
奖金比例	10%	12%	15%	20%	30%
累进差额	0				

图4-41 "奖金标准"工作表

116

本例中业绩奖金采用分段计算的方式：当销售业绩在10万元以下，只可获得业绩的10%作为奖金；如果业绩介于10～15万之间，则10万以下的部分可获得10%的奖金，超过10万未满15万的部分则可得到12%的奖金，以此类推。

举例来说，甲业务员的业绩是220000元，那么他可获得的奖金是：

（100000*10%）+（50000*12%）+（70000*15%）=26500

（1）计算累进差额

从刚才示范的例子可以发现，分段累计奖金的计算公式有点复杂。为了简化奖金的计算工作，采用"累进差额"来设计奖金的公式：也就是直接将业绩奖金额乘以应得的最高比例，然后减去其中多算的部分，就可得到实际的奖金，而这个"多算的部分"就是所谓的"累进差额"。

销售业绩×奖金比例－累进差额=业绩奖金

以上例220000的销售业绩来看，将220000乘以第三段的奖金比例15%，再减去前面两段多算的累进差额6500，同样可以得到26500的奖金。因此，在继续之前，先说明如何计算各阶段奖金的累进差额。如图4-42所示是"奖金标准"工作表中单元格区域B6:F6的公式。

图4-42 累进差额的计算公式

当销售业绩达到第一段奖金比例时，并不会产生累进差额，所以其累进差额为0。其余各段的累进差额可用以下公式来计算，以第二段累进差额进行说明：

=B6+C4*(C5-B5)

当销售业绩达到第二段奖金比例时，如果直接将销售业绩乘以12%，则其中属于第一段的部分（也就是100000以下的部分）会多算2%（12%-10%），也就是100000*2%=2000。由于第二段之前累计的累进差额为0，所以第二段累进差额为0+2000=2000。

当销售业绩达到第三段奖金比例时，则原属于第二段的部分（150000以下）会多算3%（15%-12%），也就是150000*3%=4500，再加上之前累计的累进差额2000，所以结果为2000+4500=6500。

（2）查询奖金比例

接下来，在"奖金计算"工作表中的B列为每个业务员输入了销售业绩，现在要参照"奖金标准"工作表，将对应的奖金比例填入"奖金计算"工作表的C列，然后利用HLOOKUP函数来输入公式。

在单元格C3中输入公式，结果如图4-43所示。

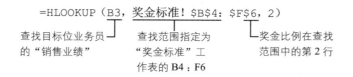

117

图4-43 根据销售业绩计算奖金比例

由于每个业务员的奖金比例计算方式都相同，只需将单元格C3的公式复制到单元格区域C4:C39中即可，结果如图4-44所示。

图4-44 复制公式

切换到"开始"选项卡，单击"数字"组中的"百分比样式"按钮，让单元格区域C3:C39的数值改以百分比的样式显示。

（3）查询累进差额

累进差额的查询方式与奖金比例相同，都是使用HLOOKUP函数到"奖金标准"工作表中进行查找。为了让公式看起来更易懂，要在公式中使用名称。

01 切换到"奖金标准"工作表，选定单元格区域A4:F6，然后单击名称框，输入"查表范围"作为此单元格区域的名称，按Enter键确认，如图4-45所示。

图4-45 定义单元格区域名称

02 切换到"奖金计算"工作表，单击单元格D3，开始输入查询"累进差额"的公式，如图4-46所示。

=HLOOKUP（B3，查表范围，3）

查找范围可输入刚定义好的名称┘

"累进差额"在第3行

查找目标为业务员的"销售业绩"

图4-46 查询累进差额

03 拖动单元格D3的填充柄至单元格D39，计算每个业务员的奖金累进差额，如图4-47所示。

	A	B	C	D	E
1	业务员业绩奖金一览表				
2	姓名	销售业绩	奖金比例	累进差额	业绩奖金
3	施妍然	420000	30%	54000	
4	王国春	95000	10%	0	
5	王正明	596000	30%	54000	
6	李才应	136000	12%	2000	
7	范蕾	263000	20%	19000	
8	周霜	184000	15%	6500	← 结果
9	朱小丽	365000	30%	54000	
10	王子阳	26500	10%	0	
11	刘春燕	637000	30%	54000	
12	关红英	184000	15%	6500	
13	卞迎春	120000	12%	2000	

图4-47 复制公式

（4）计算业绩奖金

知道各业务员可得的"奖金比例"以及"累进差额"之后，就可以计算"业绩奖金"了。单击单元格E3，输入公式"=B3*C3-D3"（销售业绩×奖金比例－累进差额），然后将单元格E3的公式复制到单元格区域E4:E39中，便可算出全部业务员的"业绩奖金"，如图4-48所示。

图4-48 计算业绩奖金

2. 根据业绩表现分两阶段计算奖金

实战练习素材：素材\第4章\原始文件\两阶段计算奖金.xlsx
最终结果文件：素材\第4章\结果文件\两阶段计算奖金.xlsx

本节的范例要求计算推广健身中心会员的业务员奖金。"业绩标准"工作表存放招募会员业绩奖金的发放标准，一共分为两个阶段来计算业绩奖金：第一阶段采用论件计酬的方式，也就是说只要成功推广一人成为终身会员，就可得500元奖金；之后按照第一阶段所得到的奖金金额来核发第二阶段的累进奖金。另外，"计算奖金"工作表已经创建好各区业务员的各项数据，如图4-49所示。

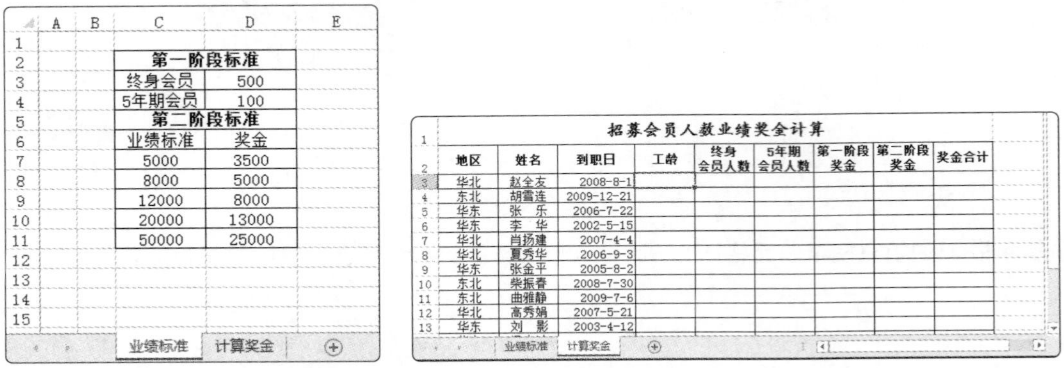

图4-49 "业绩标准"和"计算奖金"工作表

（1）计算工龄

工龄的计算就是将目前的日期减去到职日期，然后将这段日期的天数再除以一年365天，即可求出。以计算第一位业务员的工龄为例，在单元格D3中输入公式，如图4-50所示。

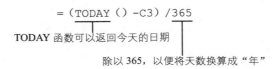

$$=（TODAY（）-C3）/365$$

TODAY 函数可以返回今天的日期

除以 365，以便将天数换算成"年"

图4-50 计算工龄

接下来，利用ROUND函数对工龄进行四舍五入，以增强报表的美观与易懂性。只需在原先的公式中加上ROUND函数，结果如图4-51所示。

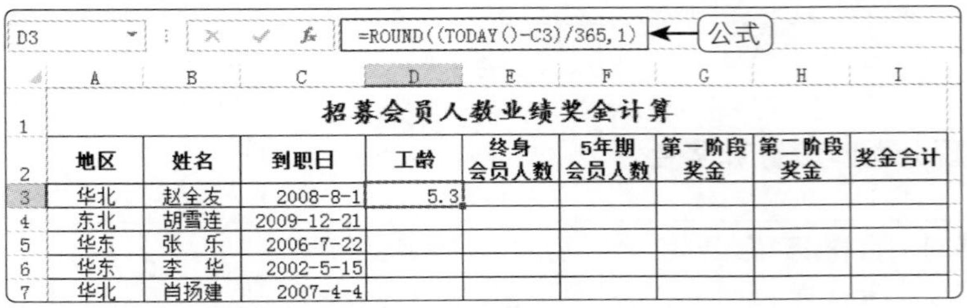

图4-51 对工龄进行四舍五入

将单元格D3的公式复制到单元格D14中，以计算每个人的工龄，如图4-52所示。

D3 =ROUND((TODAY()-C3)/365,1)

招募会员人数业绩奖金计算

地区	姓名	到职日	工龄	终身会员人数	5年期会员人数	第一阶段奖金	第二阶段奖金	奖金合计
华北	赵全友	2008-8-1	5.3					
东北	胡雪连	2009-12-21	4					
华东	张　乐	2006-7-22	7.4					
华东	李　华	2002-5-15	11.6					
华北	肖扬建	2007-4-4	6.7					
华北	夏秀华	2006-9-3	7.3					
华东	张金平	2005-8-2	8.3					
东北	柴振春	2008-7-30	5.3					
东北	曲雅静	2009-7-6	4.4					
华北	高秀娟	2007-5-21	6.5					
华东	刘　影	2003-4-12	10.7					
华东	冯忠波	2004-6-15	9.5					

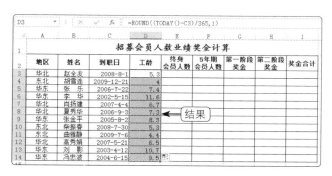

图4-52 复制单元格中的公式

（2）计算第一阶段奖金

现在要开始计算业绩奖金。首先将每个业务员招募了几位终身会员、几位5年期会员的数据输入“计算奖金”工作表的E列和F列中，就可以计算出第一阶段的奖金，如图4-53所示。

招募会员人数业绩奖金计算

地区	姓名	到职日	工龄	终身会员人数	5年期会员人数	第一阶段奖金	第二阶段奖金	奖金合计
华北	赵全友	2008-8-1	5.3	12	34			
东北	胡雪连	2009-12-21	4	18	27			
华东	张　乐	2006-7-22	7.4	6	49			
华东	李　华	2002-5-15	11.6	26	18			
华北	肖扬建	2007-4-4	6.7	13	29			
华北	夏秀华	2006-9-3	7.3	4	18			
华东	张金平	2005-8-2	8.3	42	83			

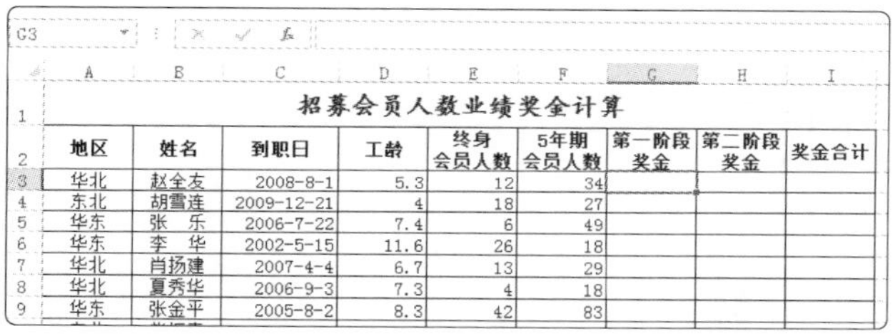

图4-53 输入会员的人数

第一阶段奖金必须参照“业绩标准”工作表中的内容，在单元格G3中输入公式“=E3*业绩标准！$D$3+F3*业绩标准！$D$4”，如图4-54所示。

G3 =E3*业绩标准!$D$3+F3*业绩标准!$D$4

招募会员人数业绩奖金计算

地区	姓名	到职日	工龄	终身会员人数	5年期会员人数	第一阶段奖金	第二阶段奖金	奖金合计
华北	赵全友	2008-8-1	5.3	12	34	9400		
东北	胡雪连	2009-12-21	4	18	27			
华东	张　乐	2006-7-22	7.4	6	49			
华东	李　华	2002-5-15	11.6	26	18			
华北	肖扬建	2007-4-4	6.7	13	29			
华北	夏秀华	2006-9-3	7.3	4	18			

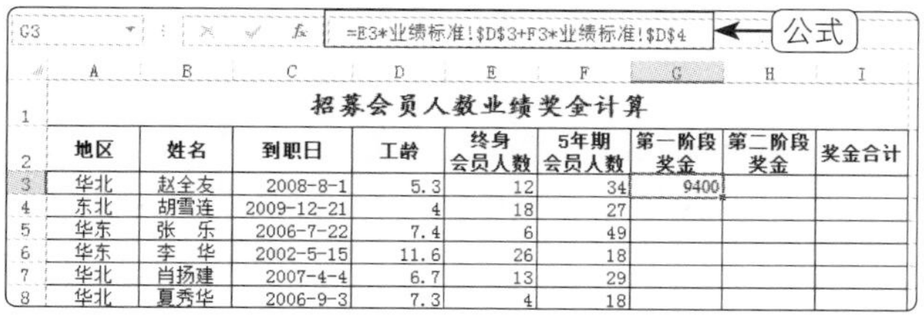

图4-54 计算第一阶段奖金

然后，将单元格G3的公式复制到其他单元格，即可完成第一阶段奖金的计算工作。

（3）计算第二阶段奖金

刚才已根据业务员的终身会员、5年期会员人数算出第一阶段的奖金，接下来，根据第一阶段的奖金来加发第二阶段的累进奖金，如图4-55所示。

招募会员人数业绩奖金计算

地区	姓名	到职日	工龄	终身会员人数	5年期会员人数	第一阶段奖金	第二阶段奖金	奖金合计
华北	赵全友	2008-8-1	5.3	12	34	9400		
东北	胡雪连	2009-12-21	4	18	27	11700		
华东	张　乐	2006-7-22	7.4	6	49	7900		
华东	李　华	2002-5-15	11.6	26	18	14800		
华北	肖扬建	2007-4-4	6.7	13	29	9400		
华北	夏秀华	2006-9-3	7.3	4	18	3800		

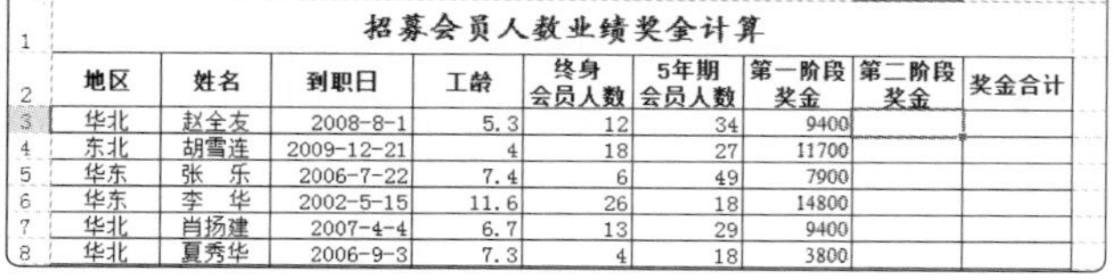

图4-55 准备计算第二阶段的奖金

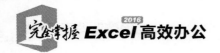

在单元格H3中输入如下的公 式“=LOOKUP(G3,业绩标准!$C$7:$C$11,业绩标准!$D$7:$D$11)”。

此时，结果如图4-56所示。当LOOKUP函数无法在查询范围中找到完全符合的值时，会找出最接近但不超过的值。

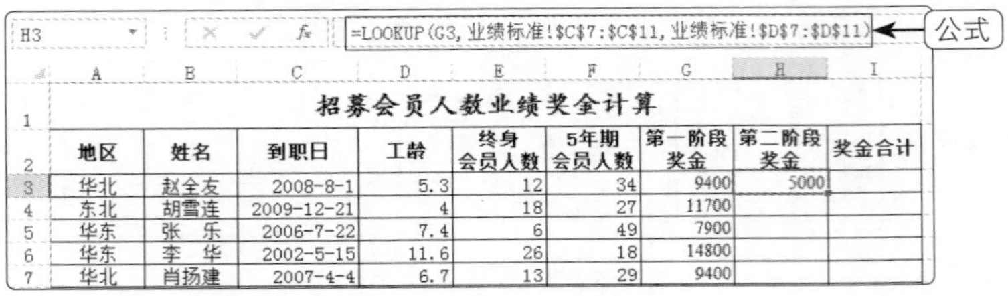

地区	姓名	到职日	工龄	终身会员人数	5年期会员人数	第一阶段奖金	第二阶段奖金	奖金合计
华北	赵全友	2008-8-1	5.3	12	34	9400	5000	
东北	胡雪连	2009-12-21	4	18	27	11700		
华东	张　乐	2006-7-22	7.4	6	49	7900		
华东	李　华	2002-5-15	11.6	26	18	14800		
华北	肖扬建	2007-4-4	6.7	13	29	9400		

图4-56 查出该业务员可得到的第二阶段奖金

接着，将单元格H3的公式复制到单元格区域H4:H14中，如图4-57所示。

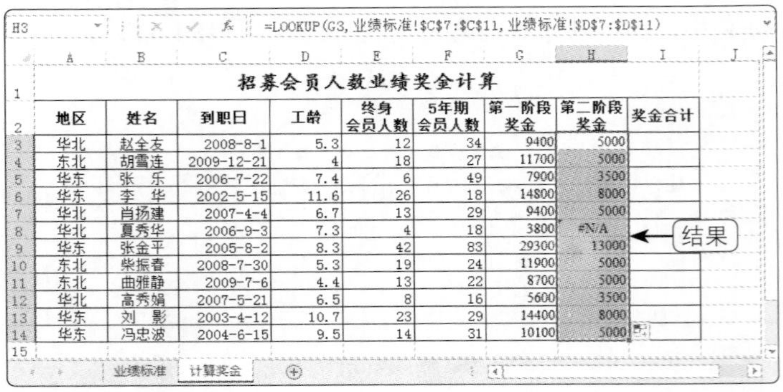

地区	姓名	到职日	工龄	终身会员人数	5年期会员人数	第一阶段奖金	第二阶段奖金	奖金合计
华北	赵全友	2008-8-1	5.3	12	34	9400	5000	
东北	胡雪连	2009-12-21	4	18	27	11700	5000	
华东	张　乐	2006-7-22	7.4	6	49	7900	3500	
华东	李　华	2002-5-15	11.6	26	18	14800	8000	
华北	肖扬建	2007-4-4	6.7	13	29	9400	5000	
华北	夏秀华	2006-9-3	7.3	4	18	3800	#N/A	
华东	张金平	2005-8-2	8.3	42	83	29300	13000	
东北	柴振春	2008-7-30	5.3	19	24	11900	5000	
东北	曲雅静	2009-7-6	4.4	13	22	8700	5000	
华北	高秀娟	2007-5-21	6.5	8	16	5600	3500	
华东	刘　影	2003-4-12	10.7	23	29	14400	8000	
华东	冯忠波	2004-6-15	9.5	14	31	10100	5000	

图4-57 复制公式

在复制的公式中发生“#N/A”错误，是因为当搜索值小于查找范围中的最小值时，LOOKUP函数就会返回错误值。例如，“夏秀华”第一阶段奖金为3800元，少于第二阶段最低业绩标准5000元，此时就会返回“#N/A”错误信息。

要避免“#N/A”错误信息，可在第二阶段奖金的计算公式中加入IF函数来判断：若低于最低业绩标准，奖金直接填0，其公式为“=IF(G3<业绩标准!$C$7,0,LOOKUP(G3,业绩标准!$C$7:$C$11,业绩标准!$D$7:$D$11))”。

（4）合计奖金

第一阶段的奖金和第二阶段的奖金都算出来了，接下来算出总的奖金合计就很容易了。只需在单元格I3中输入公式“=G3+H3”，然后复制公式到单元格区域I4:I14中，即可完成操作，如图4-58所示。

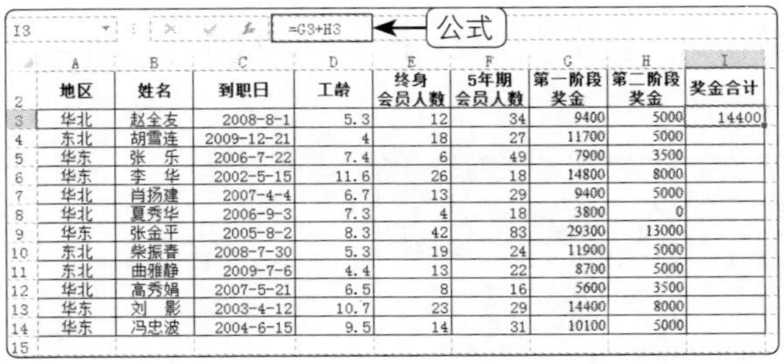

地区	姓名	到职日	工龄	终身会员人数	5年期会员人数	第一阶段奖金	第二阶段奖金	奖金合计
华北	赵全友	2008-8-1	5.3	12	34	9400	5000	14400
东北	胡雪连	2009-12-21	4	18	27	11700	5000	
华东	张　乐	2006-7-22	7.4	6	49	7900	3500	
华东	李　华	2002-5-15	11.6	26	18	14800	8000	
华北	肖扬建	2007-4-4	6.7	13	29	9400	5000	
华北	夏秀华	2006-9-3	7.3	4	18	3800	0	
华东	张金平	2005-8-2	8.3	42	83	29300	13000	
东北	柴振春	2008-7-30	5.3	19	24	11900	5000	
东北	曲雅静	2009-7-6	4.4	13	22	8700	5000	
华北	高秀娟	2007-5-21	6.5	8	16	5600	3500	
华东	刘　影	2003-4-12	10.7	23	29	14400	8000	
华东	冯忠波	2004-6-15	9.5	14	31	10100	5000	

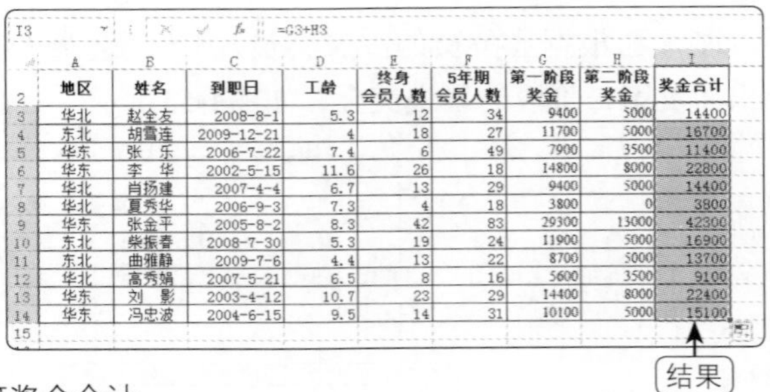

地区	姓名	到职日	工龄	终身会员人数	5年期会员人数	第一阶段奖金	第二阶段奖金	奖金合计
华北	赵全友	2008-8-1	5.3	12	34	9400	5000	14400
东北	胡雪连	2009-12-21	4	18	27	11700	5000	16700
华东	张　乐	2006-7-22	7.4	6	49	7900	3500	11400
华东	李　华	2002-5-15	11.6	26	18	14800	8000	22800
华北	肖扬建	2007-4-4	6.7	13	29	9400	5000	14400
华北	夏秀华	2006-9-3	7.3	4	18	3800	0	3800
华东	张金平	2005-8-2	8.3	42	83	29300	13000	42300
东北	柴振春	2008-7-30	5.3	19	24	11900	5000	16900
东北	曲雅静	2009-7-6	4.4	13	22	8700	5000	13700
华北	高秀娟	2007-5-21	6.5	8	16	5600	3500	9100
华东	刘　影	2003-4-12	10.7	23	29	14400	8000	22400
华东	冯忠波	2004-6-15	9.5	14	31	10100	5000	15100

图4-58 计算奖金合计

4.8.3 实例总结

发放业绩奖金的方式有很多种，例如，从业绩金额当中提取固定的百分比当作奖金，或者规定每达到一个业绩水准，就可以领取对应额度的奖金等。本实例介绍了两种业绩奖金发放的案例：一种是"根据销售业绩分段核算奖金"，另一种是"根据业绩表现分两个阶段计算奖金"，看完这两个案例之后，相信能够帮助用户将这些技巧应用到实际的情况中。

4.9
提高办公效率的诀窍

窍门 1：快速定位所有包含公式的单元格

如果用户需要确定哪些单元格中包含了计算公式，可以通过"定位条件"命令来快速定位包含公式的单元格，具体操作步骤如下：

01 打开要查看包含公式的工作表，切换到功能区中的"开始"选项卡，在"编辑"组中单击"查看和选择"按钮，在弹出的菜单中选择"定位条件"命令。

02 打开"定位条件"对话框，选中"公式"单选按钮，然后可以根据需要选择包含公式的类型。

03 设置好后单击"确定"按钮，即可在当前工作表中自动选中所有包含公式的单元格。

窍门 2：将公式结果转化成数值

在Excel中，当单击输入了公式的单元格时，将自动在编辑栏中显示相应的公式。如果用户不希望在编辑栏中显示公式，可以将其转换为计算结果，具体操作步骤如下：

01 鼠标右键单击要将公式转换为计算结果的单元格，在弹出的快捷菜单中选择"复制"命令复制该数据，然后再次鼠标右键单击该单元格，在弹出的快捷菜单中选择"选择性粘贴"命令。

02 打开"选择性粘贴"对话框，在"粘贴"选项组内选中"数值"单选按钮。单击"确定"按钮，当再次选择包含公式的单元格时，编辑栏中将只显示计算结果，而不显示公式了。

窍门 3：使用 ROUND 函数进行四舍五入

用户可能经常遇到除不尽的余数或者小数点后的位数不统一的情况，可以利用ROUND函数进行四舍五入运算。

例如，已知某绳子精确长度为17.62637cm，若用直尺来测量这根绳子，求读出的绳子长度（即保留两位小数）。具体操作步骤如下：

01 单击单元格B2，单击编辑栏上的"插入函数"按钮，出现"插入函数"对话框。在"或选择类别"下拉列表框中选择"数学与三角函数"，并从下方的"选择函数"列表框中选择ROUND函数，单击"确定"按钮。

02 出现"函数参数"对话框，在Number框中输入"A2"，在Num_digits框中输入"2"，即可预览结果为"17.63"。

03 单击"确定"按钮，完成计算，结果如图4-59所示。用户也可以直接输入公式"=ROUND(A2,2)"得到结果。

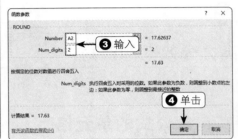

图4-59 使用ROUND函数四舍五入运算

窍门4：使用 INT 函数向下取整为最接近整数

INT函数用于将任意实数向下取整为最接近的整数。例如，已知6个月内某市的人口出生数，计算这6个月的平均出生人数。人口数不能为小数，应该对其进行取整处理。具体操作步骤如下：

01 在单元格区域A1:A6中输入人口出生数。

02 单击B1作为输出单元格，在编辑栏中输入公式"=INT(AVERAGE(A1:A6))"，按Enter键确认，返回值为594，如图4-60所示。

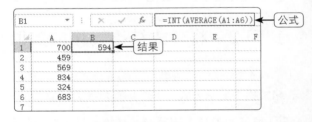

图4-60 计算结果

窍门5：使用 ABS 函数求绝对值

ABS函数用于返回某一参数的绝对值。例如，已知A、B两地的纬度，计算这两地纬度相差多少。具体操作步骤如下：

01 在单元格A2、B2中分别输入A、B两地的纬度。

02 单击C2作为输出单元格，在编辑栏中输入公式"=ABS(A2-B2)"，按Enter键确定，返回值为28.2，如图4-61所示。

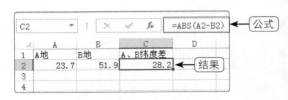

图4-61 利用ABS函数求绝对值

窍门 6：使用 MOD 函数返回余数

　　MOD函数返回两数相除的余数，其结果的正负号与除数相同。具体操作步骤如下：

01 在单元格A2、B2中分别输入被除数与除数。

02 单击C2作为输出单元格，在编辑栏中输入公式
"=MOD(A2,B2)"，按Enter键确认，返回值为4，
如图4-62所示。

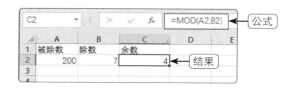

图4-62 利用MOD函数求返回余数

窍门 7：使用 RAND 函数返回随机数

　　RAND函数将生成一个大于等于0小于1的均匀分布的随机数。例如，分别在10~20、20~30、30~40三个数值区间中各取得一个数字。具体操作步骤如下：

01 单击单元格A2，在编辑栏中输入公式"=RAND()*(20-10)+10"，系统将自动在数字10~20区间中随机取得一个数值。

02 在编辑栏的公式前方，输入"INT("，在公式的末端输入")"，即可取得该单元格内的整数部分，如图4-63所示。

图4-63 利用RAND函数返回随机数

03 单击单元格B2，在编辑栏中输入公式"=INT(RAND()*(30-20)+20)"，系统将自动在数字20~30区间随机产生一个数值。

04 单击单元格C2，在编辑栏中输入公式"=INT(RAND()*(40-30)+30)"，系统将自动在数字30~40区间随机产生一个数值，如图4-64所示。

图4-64 利用RAND函数返回随机数

窍门 8：使用 DAYS360 函数返回两日期间相差的天数

　　按照一年360天的算法（每个月30天，一年共计12个月），返回两日期间相差的天数。具体操作步骤如下：

01 在单元格A1中输入一个起始日期"9/9"，在单元格A2中输入结束日期"12/31"，并选取单元格A3。

02 单击编辑栏上的"插入函数"按钮，出现"插入函数"对话框。在"或选择类别"下拉列表框中选择"日期与时间"，并从下方的"选择函数"列表框中选择DAYS360函数，单击"确定"按钮。

03 出现"函数参数"对话框，在Start_date框中输入"A1"，在End_date框中输入"A2"，即可预览结果为"112"。

04 单击"确定"按钮，完成计算，如图4-65所示。

图4-65 返回两日期间相差的天数

窍门9：使用 WEEKDAY 函数判断星期几

判断某日是星期几，可以使用WEEKDAY函数。下面以计算2009年12月9日是星期几为例，具体操作步骤如下：

01 选定一个用来存放统计结果的单元格。

02 在编辑栏中输入公式"=WEEKDAY(DATE(2009,12,9))"。

03 按Enter键确认，会在单元格中得到返回值4，表示星期三。

窍门10：设置单元格以星期名称的形式显示日期

如果需要计算某日期所对应的星期名称，并且以英文显示是星期几，可通过TEXT函数来实现。

01 计算2016/7/6这天是星期几，并返回这个星期几的全称。公式为"=TEXT(A2,"dddd")"。

02 计算2016/7/19这天是星期几，并返回这个星期几的简称。公式为"=TEXT(A3,"ddd")"。

其结果如图4-66所示。

图4-66 显示当前日期是星期几

窍门11：计算日期对应的中文星期数

有时用户希望求出日期所对应的星期数，以便分析星期对相关数据的影响。在单元格区域A2:A10中输入日期，然后在单元格B2中输入公式"=CHOOSE(WEEKDAY(A2,2),"星期一","星期二","星期三","星期四","星期五","星期六","星期日")"。

按Enter键确认，即可得到单元格A2中日期对应的星期数，然后利用公式填充柄，复制公式到单元格区域B3:B10，如图4-67所示。

图4-67 计算日期对应的星期数

窍门 12：将单列竖排表格转换成三行的横排表格

用户希望将单列竖排的姓名列转换成三行的横排表格，此时只需使用INDEX函数就能完成。这个函数能从特定的单元格区域中取出指定单元格编号。

首先准备一张表格，在表格中填入姓名列的人数连续编号，接着在这张表格下方绘制一张座位表，再利用INDEX函数从姓名列中依次序取出姓名。此例的操作重点在于将上方表格的连续编号指定后给INDEX函数的参数。使用这个函数可以省去复制、粘贴数据的麻烦。

01 为了指定姓名的排列顺序，首先制作一张3×4的表格，并且从1开始填入连续编号。这里的重点在于：填充与左侧姓名列一样人数的连续编号。填充连续编号后，在下方拖动鼠标形成3×4的选择区域，然后单击"字体"组中的"所有框线"按钮，如图4-68所示。

02 接着在座位表的开头单元格C8中输入INDEX函数。此时，为了让姓名列成为固定的参考区域，应以绝对引用的方式指定范围，而列编号使用上方表格中的连续编号，最后只需复制公式即可，如图4-69所示。

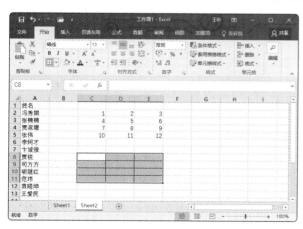

图4-68 制作表格

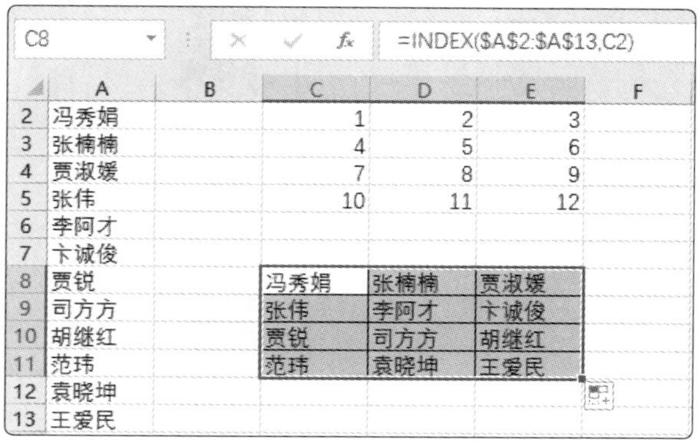

图4-69 将单列表格改为三列的横排表格

05

第 5 章
公式审核与高级函数应用

要想灵活应用Excel,函数的重要性自是不言而喻的。使用函数就能通过统计与分析数值,查看及取出数据或者操作日期、时间、字符串对象的功能,拓展Excel应用的范围。如果是经常使用Excel的用户,在实际工作中应该会依照不同的目的,使用必要的函数。前一章介绍了公式与函数的基本操作,本章将以具体的实例介绍函数的高级应用以及如何快速审核公式。

教学目标 》》》》》》》》》》》》》》》》》》》

通过本章的学习,你能够掌握如下内容:

※ 了解公式的错误信息以及审核公式的技巧
※ 几个常用条件式判断函数的使用
※ 理财函数的使用

5.1
公式审核

为了确保数据和公式的正确性，审核是至关重要的。审核公式包括检查并校对数据、查找选定公式引用的单元格、查找引用选定单元格的公式和查找错误等。

5.1.1 公式自动更正

在创建公式或函数时，可能会因为不小心或不熟悉而造成输入错误，例如，多了运算符、误将冒号（：）输入为分号（；）等。遇到这类情况时，Excel会自动在工作表中出现建议修改公式的信息。如图5-1所示在公式中输入两个"="时会弹出错误提示。

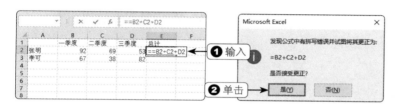 

图5-1 公式自动更正功能

表5-1列出了公式自动更正功能会帮助用户更正的选项。

表5-1 自动更正公式选项

常犯的错误	范例	建议更正为
括号不对称	=(A1+A2)*(A3+A4)	=(A1+A2)*(A3+A4)
引号不对称	=IF(A1=1,"a",b")	=IF(A1=1,"a","b")
单元格地址颠倒	=1A	=A1
在公式开头多了运算符	==A1+A2、=*A1+A2	=A1+A2
在公式结尾多了运算符	=A1+	=A1
运算符重复	=A2**A3、 =A2//A3	=A2*A3、 =A2/A3
漏掉乘号	=A1(A2+A3)	=A1*(A2+A3)
多出小数点	=2.34.56	=2.3456
多出千位分隔符	=1,000	=1000
运算符的顺序不对	=A1=>A2、 =A1><A2	=A1>=A2、 =A1<>A2
单元格区域多出冒号	=SUM(A:1:A3)	=SUM(A1:A3)
误将分号当作冒号	=SUM(A1;A3)	=SUM(A1:A3)
单元格地址多出空格	=SUM(A 1:A3)	=SUM(A1:A3)
在数字之间多出空格	=2 5	=25

5.1.2 公式中的错误信息

输入计算公式时，经常因为输入错误，使系统看不懂该公式，并在单元格中显示错误信息。例如，在需要数字的公式中使用了文本、删除了被公式引用的单元格等。下面列出了一些常见的错误信息以及可能产生的原因和解决的方法。

1.

错误原因：输入单元格中的数值太长或公式产生的结果太长，单元格内容纳不下。
解决方法：适当增加列的宽度。

2. #DIV/0!

错误原因：除数为0。在公式中，除数使用了指向空白单元格或者包含零值的单元格引用。
解决方法：修改单元格引用，或者在用作除数的单元格中输入不为零的值。
在Excel 2016中，当单元格中出现错误信息时，会在单元格左侧显示一个"智能标记"按钮，单击该按钮，出现如图5-2所示的下拉菜单，从中获得错误的帮助信息。

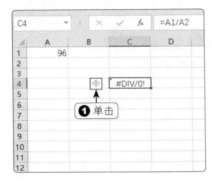
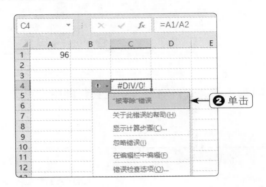

图5-2 错误信息的智能标记菜单

3. #N/A

错误原因：在函数和公式中没有可用的数值可以引用。当公式中引用某个单元格时，如果该单元格暂时没有数值，可能会造成计算错误。因此，可以在该单元格中输入"#N/A"，所有引用该单元格的公式均会出现"#N/A"，避免让用户误认为已经算出正确答案。
解决方法：检查公式中引用的单元格的数据，并正确输入。

4. #NAME?

错误原因：删除了公式中使用名称或者使用了不存在的名称以及拼写错误。在公式中输入错误单元格或尚未命名过的区域名称，例如，本来要输入"=SUM(A2:A3)"，结果输入"=SUM(A2A3)"，系统将A2A3当作一个已命名的区域名称，可是用户并未对该区域命名，系统并不认识A2A3名称，因此会出现错误信息。

解决方法：确认使用的名称是否存在。如果还没有定义所需的名称，则添加相应的名称。如果名称存在拼写错误，则修改拼写错误。

5. #NULL!

错误原因：使用了不正确的区域运算或者不正确的单元格引用。当公式中指定以数字区域间互相交叉的部分进行计算时，所指定的各个区域间并不相交。例如，"=SUM(A2:A4 C2:C5)"，两个区域间没有相交的单元格。

解决方法：如果要引用两个不相交的区域，则要使用联合运算符（逗号）。例如，要对两个区域的数据进行求和，应确认在引用这两个区域时是否使用了逗号。例如，"=SUM(A2:A4,C2:C5)"。如果没有使用逗号，应重新选定两个相交的区域。

6. #NUM!

错误原因：在需要数字参数的函数中使用了不能接受的参数或公式产生的数字太大或者太小，Excel不能表示。例如，"=SQRT(-2)"，即计算-2的平方根，因为负数无法开方，因此会出现"#NUM!"的错误信息。另外，如果要使用迭代计算的工作表函数，如IRR或RATE，有时也会出现错误。

解决方法：检查数字是否超出限定区域，函数内的参数是否正确。

7. #REF!

错误原因：删除了由其他公式引用的单元格或者将移动单元格粘贴到由其他公式引用的单元格中。
解决方法：检查引用单元格是否被删除。

8. #VALUE!

错误原因：需要数字或逻辑值时输入了文本，Excel不能将文本转换为正确的数据类型。例如，"=2+"3+4""，而系统会将"3+4"视为文字，与数字2相加时，就会出现"#VALUE!"的错误信息。

解决方法：确认公式、函数所需的运算符或参数是否正确，并且公式引用的单元格中应包含有效的数值。

5.1.3 使用公式审核工具

使用"公式审核"组中提供的工具，可以检查工作表公式与单元格之间的相互关系，并指定错误。在使用审核工具时，追踪箭头将指明哪些单元格为公式提供了数据，哪些单元格包含相关的公式。

1. 追踪引用单元格

如果要观察在公式中使用了哪些单元格，可以选定包含公式的单元格，然后切换到功能区中的"公式"选项卡，在"公式审核"选项组中单击"追踪引用单元格"按钮，如图5-3所示。Excel 2016用追踪线连接活动单元格与有关单元格。

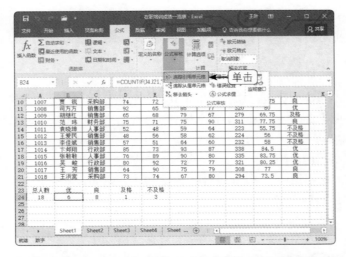

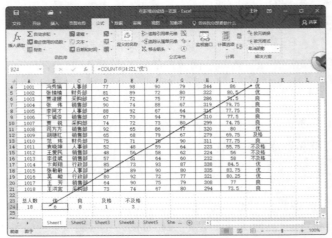

图5-3 追踪引用单元格

2. 追踪从属单元格

在工作表中选定任意一个单元格，然后切换到功能区中的"公式"选项卡，在"公式审核"组中单击"追踪从属单元格"按钮，如果该单元格被某个公式所引用，就会出现指向该公式单元格的追踪箭头；要标识从属单元格的下一级单元格，应再次单击"追踪从属单元格"按钮，屏幕画面如图5-4所示。

如果要消除添加的箭头，则切换到功能区中的"公式"选项卡，在"公式审核"组中单击"移去箭头"按钮。

3. 错误检查

假设工作表中含有错误值，为挽回追踪出错误的单元格，必须选定包含有错误的单元格，然后切换到功能区中的"公式"选项卡，在"公式审核"组中单击"错误检查"按钮，弹出如图5-5所示的"错误检查"对话框，其中显示单元格内公式或函数的错误提示。用户可以单击"关于此错误的帮助"按钮，了解此错误的帮助信息；单击"显示计算步骤"按钮，会显示此公式的详细计算步骤；单击"上一个"按钮或"下一个"按钮，可以快速查找工作表中其他错误的公式。

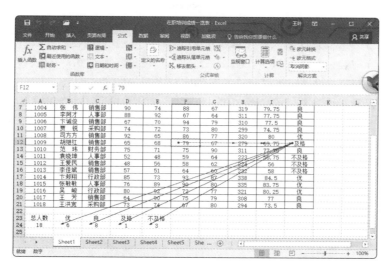

图5-4 追踪从属单元格

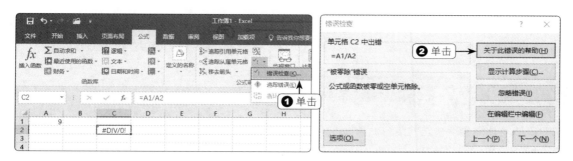

图5-5 "错误检查"对话框

5.2
统计函数的应用

统计函数是用于对数据区域进行统计分析的函数,使用这类函数可以计算所有的标准统计值,如最大值、最小值、平均值等,方便在实际工作中解决一些需要进行统计分析的问题。

5.2.1 MEDIAN 函数——计算中值

MEDIAN是计算中值的函数,用于将参数经过排序并找出数值的中间值。当一组数据包含几个特别大或特别小的数值时,计算中值就会比计算平均值还要来得客观一些。如果有偶数个参数,则MEDIAN函数会计算中间两个数字的平均值,例如,MEDIAN(9,0,3)=3、MEDIAN(1,2,3,4)=2.5。

MEDIAN函数的表达式为:

MEDIAN(Number1,Number2,…)

MEDIAN函数最多可接受30个参数,并且输入参数时,不需要排列大小顺序。

【实例1】评估投篮成绩

某运动员想了解自己在一分钟内大约可以投进几个篮球，所以他做了10次测试，并把每次一分钟投进的球数记录下来，分别是：4、6、5、6、0、3、5、15、9、7球。这10次中最多可投入15球，最少是0球，因此，决定应用MEDIAN函数来计算，以便得到比较客观的结果。

直接输入等号和函数的首字母，从列表中选择函数，如图5-6所示。接着输入函数的参数，按Enter键确认即求出一分钟约可投进多少球，如图5-7所示。

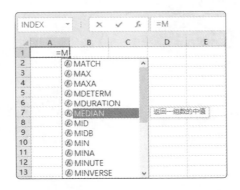

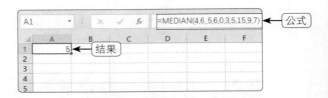

图5-6 直接输入函数　　　　　　　　　　图5-7 一分钟约可投进的球数

5.2.2 STDEV.S 函数——计算标准偏差

STDEV.S是计算标准偏差的函数，当标准偏差越小时，代表一组数值越集中于平均值附近。

STDEV.S函数的表达式为：

```
STDEV.S(Number1, Number2,…)
```

【实例2】学生身高标准偏差

假设有两组学生，他们测量身高的结果记录如下，甲组：160cm、155cm、155cm、165cm、170cm、162cm、158cm、148cm；乙组：172cm、151cm、153cm、164cm、175cm、148cm、156cm。若想了解哪一组学生身高分布比较平均，可以使用STDEV.S函数来计算：

输入如图5-8所示的函数，求出甲组学生身高的标准偏差。

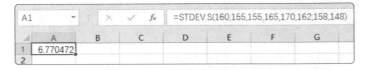

图5-8 甲组学生身高的标准偏差

输入如图5-9所示的函数，求出乙组学生身高的标准偏差。

图5-9 乙组学生身高的标准偏差

根据上面的计算结果，可以判断甲组学生的身高分布比乙组要平均。

5.2.3 VAR.S 函数——计算方差

VAR.S为计算方差的函数。方差在统计学中是相当重要的信息，它其实是标准方差的平方，可以用来观察数据的离散程度。

【实例3】学生身高方差

以上述的甲、乙组学生身高数据为例，来计算两组学生身高的方差，如图5-10所示。

甲组学生身高的方差 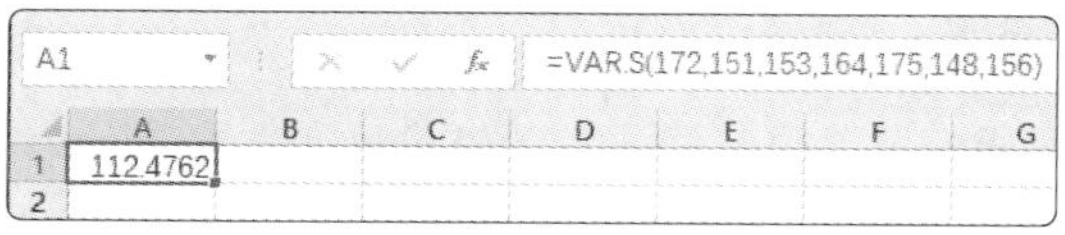   乙组学生身高的方差

图5-10 甲、乙两组学生的方差

5.2.4 COUNTA 函数——计算非空白单元格个数

 实战练习素材：素材\第5章\原始文件\函数练习.xlsx

COUNTA函数可以用来计算参数区域中含有"非空白"（包括文字或数字）数据的单元格个数，如图5-11所示可以统计非空白单元格个数。

图5-11 利用COUNTA函数统计非空白单元格个数

【实例4】比较产品得分

本例是一张各品牌学习机的功能对比表，单元格区域B2:E2是学习机的厂牌名称，单元格区域A3:A13列出各项学习机的功能。如果某个学习机拥有该项功能，则在对应的单元格内填入"★"符号。

现在就利用COUNTA函数计算出每台学习机具有几项功能，以便作为购买时的参考。具体操作步骤如下：

01 选择单元格B14，在此输入公式"=COUNTA(B3:B13)"，求出"哈雷族"的得分情况，如图5-12所示。

02 接着拖动单元格B14的填充柄至单元格E14，求出其他学习机的计算结果，如图5-13所示。

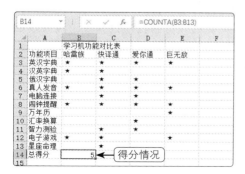

图5-12 "哈雷族"的得分情况

图5-13 求出其他学习机的计算结果

5.2.5 COUNTIF 函数——计算符合条件的个数

 实战练习素材：素材\第5章\原始文件\函数练习.xlsx

COUNTIF函数可以计算指定范围内符合特定条件的单元格数目。

COUNTIF函数的表达式为：

```
COUNTIF（Range,Criteria）
```

- Range：为计算、筛选条件的单元格区域。
- Criteria：为筛选的规则或条件。

【实例5】统计及格和不及格人数

切换到COUNTIF工作表，假设想要知道本次入学成绩中笔试及格和不及格人数各有多少人，选择单元格G2，输入公式"=COUNTIF(C2:C11,">=60")"，其中条件是以""""来包住字符串的部分（>=60）。

计算"笔试及格人数"，只需输入公式"=COUNTIF(C2:C11,">=60")"，如图5-14所示。

计算"笔试不及格人数"，只需输入公式"=COUNTIF(C2:C11,"<60")"，如图5-15所示。

图5-14 计算"笔试及格人数"　　　　图5-15 计算"笔试不及格人数"

5.2.6 FREQUENCY 函数——计算符合区间的函数

 实战练习素材：素材\第5章\原始文件\函数练习.xlsx

FREQUENCY函数可用来计算一个单元格区域内，各区间数值所出现的次数。例如，找出学生平均成绩在60分以下、60～80分以及80分以上的人数。使用此函数时，必须分别指定数据来源区域以及区间分组范围，再以Ctrl+Shift+Enter组合键完成数组公式的输入。

FREQENCY函数的表达式为：

```
FREQENCY(Data_array,Bins_array)
```

- Data_array：要计算出现次数的数据来源范围。
- Bins_array：数据区间分组的范围。

【实例6】统计成绩区间人数

切换到FREQUENCY工作表，假设想从员工培训成绩单里分别找出会计测试成绩为70分以下、介于70～79之间、介于80～89之间以及成绩90分以上的人数。首先将要找的数据分组，例如单元格区域E3:E6的分组数组代表0～69分、70～79分、80～89分以及90分以上的4组，如图5-16所示。

接着选择单元格区域F3:F6，输入公式"=FREQUENCY(C2:C13,E3:E6)"，然后按Ctrl+Shift+Enter组合键，如图5-17所示。

图5-16 想对不同的成绩进行分组　　　　　　　　图5-17 计算出各成绩区域的人数

当公式完成时，注意观察此公式和一般输入的公式略有不同，公式左右被一对大括号包围，表示这是一组数组公式。而数组公式必须要一起修改或删除，否则会出现如图5-18所示的提示信息。如果要删除此公式，应先选择整个数组公式的范围，再按Delete键。

图5-18 无法更改部分数组

5.3
财务函数

Excel为用户提供了许多理财方面的函数，可以帮助我们分析财务状况、计算银行贷款等，本节要介绍几个实用的财务函数组以供用户参考。

5.3.1 PV 函数——计算现值

PV函数是用来计算现值的函数。通过此函数，可以反推在某种获利条件下所需要的本金，以便评估某项投资是否值得。

PV函数的表达式为：

```
PV(Rate,Nper,Pmt,Pv,Type)
```

- Rate：为各期的利率。
- Nper：为付款的总期数。
- Pmt：为各期所应给付的固定金额。
- Pv：为年金净现值。如果省略，则假设其值为 0。
- Type：为逻辑值，当为 1 时，代表每期期初付款；当为 0 时，代表每期期末付款。如果省略，则假设其值为 0。

【实例7】评估投资报酬现值

假设邮局推出一种储蓄理财方案：年利率为2.5%，只要现在先缴120000元，就可在未来的10年内，每年领回13500元，这时就可以利用PV函数来评估此项方案是否值得投资，如图5-19所示。

图5-19 利用PV函数评估投资报酬现值

带入函数计算：PV(2.5%,10,13500)=-118,152.86，由于是反推成本，所以会出现负数，表示大概只需缴118153元，即可享有此投资报酬表，并不需要缴到120000元这么多，因此评估结果为不值得投资。

5.3.2 FV 函数——计算未来值

FV函数是用来计算未来值的函数，通过它可评估参与某种投资时最后可获得的净值。

FV函数的表达式为：

FV(Rate,Nper,Pmt,Pv,Type)

- Rate：为各期的利率。
- Nper：为付款的总期数。
- Pmt：为各期所应给付的固定金额。
- Pv：为年金净现值。如果省略，则假设其值为 0。
- Type：为逻辑值，当为 1 时，代表每期期初付款；当为 0 时，代表每期期末付款。如果省略，则假设其值为 0。

【实例8】计算定期定额存款总和

假设银行年利率为1%，从现在开始，每月固定存款8000元，那么到5年后，一共存了多少钱？

由上述说明可知，Rate为1%/12（1%是年利率，每月存款需要除以12），Nper为5*12（一年12期，持续5年），Pmt为-8000（由于是付款，因此代入负数）。

函数的计算结果为：FV（1%/12,5*12,-8000）=¥491,992.39，代表5年后将会有这么多的存款，如图5-20所示。

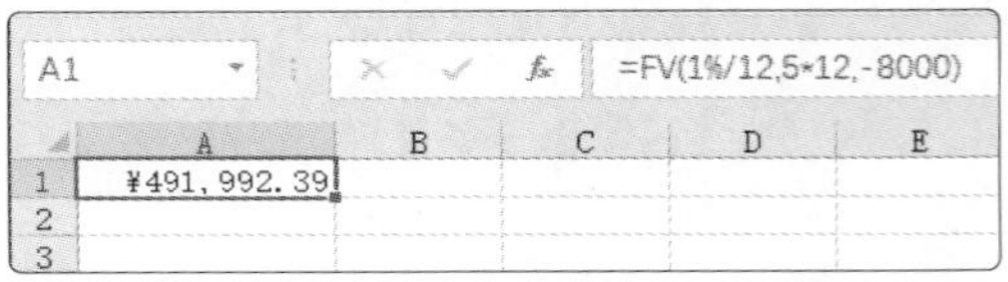

图5-20 利用零存整取的结果

5.3.3 PMT 函数——计算每期的数值

PMT函数可以帮助用户计算在固定期数、固定利率的情况下，每期要偿还的金额，对于想向银行贷款的购房或购车族来说，是相当实用的一个函数。

PMT函数的表达式为：

`PMT(Rate,Nper,Pv,Fv,Type)`

- Rate：为各期的利率。
- Nper：为付款的总期数。
- Pv：为未来各期年金的总净值，即贷款总金额。
- Fv：为最后一次付款以后，所能获得的现金余额。如果省略，则假设其值为 0。
- Type：为逻辑值，当为 1 时，代表每期期初付款；当为 0 时，代表每期期末付款。如果省略，则假设其值为 0。

【实例9】计算每月房贷金额

假设甲银行提供申请购房贷款的优惠方案，贷款年利率为2.5%，可借得3000000元，期限为20年，这时就可以通过PMT函数，计算每月必须负担多少贷款？

代入函数求解，PMT(2.5%/12,20*12,3000000)= ¥-15,897.09，如图5-21所示。现在知道如果申请此购房贷款，每月必须支付约16000元，可以根据这个结果来衡量自己的购房能力。

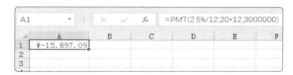

图5-21 计算每月房贷金额

【实例10】计算每月储蓄目标

假设银行利率为1%，你想在4年后存满800000元作为外出旅游费用，从现在起每月应存多少钱才能达到这个目标呢？

代入函数求解：PMT(1%/12,4*12%,0,-800000)= ¥16,342.50，如图5-22所示。也就是说，只要每个月固定存入16,342.50元，4年后就可以顺利外出旅游了。

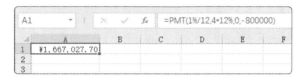

图5-22 计算每个储蓄目标

5.3.4 RATE 函数——计算利率

RATE函数可以帮助用户计算借了一笔钱，在固定期数、每期要偿还固定金额的条件下的利率如何，RATE函数的表达式为：

`RATE(Nper,Pmt,Pv,Fv,Type)`

- Nper：为付款的总期数。
- Pmt：为各期所应给付的固定金额。
- Pv：为未来各期年金现值的总和。
- Fv：为最后一次付款后，所能获得的现金余额。如果省略 Fv，则假设其值为 0。
- Type：为逻辑值，当值为 1 时，代表每期期初付款；当值为 0 时，代表每期期末付款。

【实例11】计算储蓄方案利率

假设乙银行推出全新的百万储蓄计划，强调每月只要储蓄7800元，10年后保证领回100万元，那么到底这个百万储蓄计划的年利率是多少呢？此时，计算结果为1%，如图5-23所示。

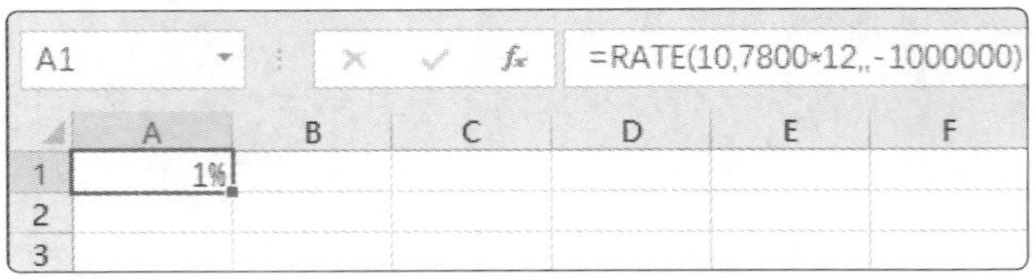

图5-23 计算储蓄方案利率

一般利率会精确到小数点之后的2或3位数，为了确认小数点之后是否还有数字，切换到"开始"选项卡，再连续单击三次"增加小数位数"按钮，就会看到计算结果，如图5-24所示。此时，比起定存约1%的利率还高一些，是一个值得考虑的储蓄计划。

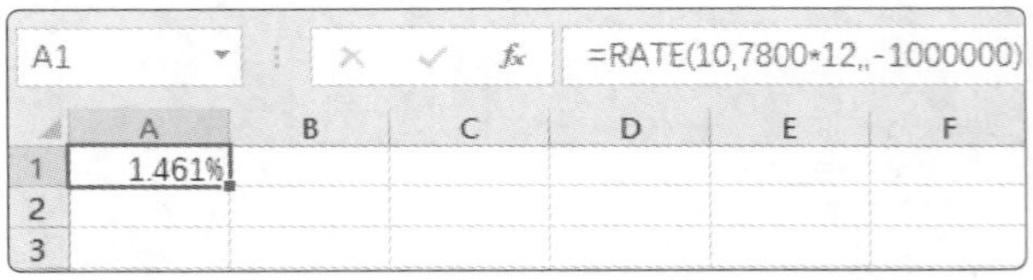

图5-24 增加了小数位数

【实例12】计算小额信贷利率

假设乙银行提出个人小额信用贷款方案，借款30万，每月只要还款16000元，两年即可还清。现在不知贷款利率，要自行计算此贷款的利率是多少。

带入函数：RATE（2,16000*12,-300000）=18.163%，看来利率比较高，不太适合贷款，如图5-25所示。

图5-25 计算小额信贷利率

5.3.5 NPER 函数——计算期数

NPER函数是指每期投入相同金额，在固定利率的情况下，计算要达到某一投资金额的期数。

NPER函数的表达式为：

```
NPER(Rate,Pmt,Pv,Fv,Type)
```

- Rate：为各期的利率。
- Pmt：为各期所应给付的固定金额。
- Pv：为未来各期年金现值的总和。
- Fv：为最后一次付款后，所能获得的现金余额。如果省略Fv，则假设其值为0。
- Type：为逻辑值，当值为1时，代表每期期初付款；当值为0时，代表每期期末付款。

【实例13】购房自筹款存款期数

小王想买一间需要自筹款80万元的房子，目前小王每月可以存17000元，而定存年利率为1.05%，小王需要存多久才能存够房子的预付款呢？

代入函数计算结果：NPER（1.05%/12,17000,-800000,1）= 48.07608934，表示小王得存49个月才能凑足房子的预付款，如图5-26所示。

图5-26 计算存款期数

5.3.6 折旧函数

 实战练习素材：素材\第5章\原始文件\设备折旧.xlsx

一般来说，公司的资产，如电脑、车辆、各种设备等都会损毁或贬值，而在会计原则中，可以将这些设备的耗损视为公司支出以达到减税的目的。这些设备的损毁或贬值有一定的计算方法，称为折旧。

计算折旧的方法有很多种，通常会根据公司习惯的方式来处理。由于使用不同的折旧函数，所用到的参数也有些差异，下面先介绍共通的部分。

SLN函数的表达式为：

```
SLN(Cost,Salvage,Life)
```

- Cost：采购设备或资产所花费的成本。
- Salvage：残值，也就是此设备或资产过了使用年限时可回收的价值。
- Life：使用年限，也就是此设备或资产的可用年限或生产数量。

【实例14】摊提生财设备折旧（直线法）

图新公司采购生财设备花了60万元，预估可以使用5年，残值余4500元。如果以直线法来摊提费用，则可使用直线法折旧函数SLN。

选择单元格B4，输入如图5-27所示的公式"=SLN($B$1,$D$1,$F$1)"。

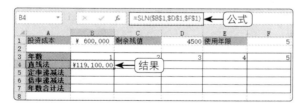

图5-27 使用年限期间提列的费用

【实例15】摊提生财设备折旧（固定递减法）

还是采用上面的例子，假设图新公司想要以固定递减法（DB）来计算每年需摊提的费用，则必须采用DB函数，其表达式为：

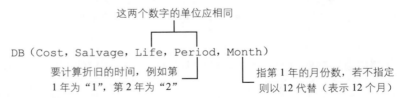

在单元格B5中输入如图5-28所示的公式后，拖动其填充柄至F5，即可求得"固定递减法"各年度的折旧费用。这是初期折旧的费用比较高，然后逐年递减的一种加速折旧法。

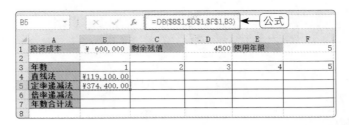

图5-28 固定递减法

【实例16】摊提生财设备折旧（双倍余额递减法）

还是采用上面的例子，假设图新公司想要以"双倍余额递减法"来计算每年需摊提的费用，则可使用DDB函数，其表达式为：

DDB（Cost，Salvage，Life，Period，Factor）

指定余额递减的倍数，若不指定则以2计算（表示2倍）

在单元格B6中输入如图5-29所示的公式，拖动其填充柄至F6，即可求得各年度的折旧费用。

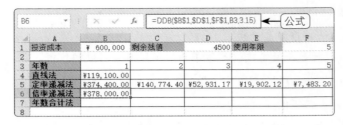

图5-29 双倍余额递减法

【实例17】摊提生财设备折旧（年限总和法）

还是采用上面的例子，假设图新公司想要以年限总和法（SYD）来计算每年需要摊提的费用，则可用SYD函数来计算。其表达式如下：

SYD（Cost，Salvage，Life，Per）

要计算折旧的时间，例如第1年为"1"，第2年为"2"

在单元格B7中输入如图5-30所示的公式，拖动其填充柄至F7，即可求得折旧费用。

	A	B	C	D	E	F
1	投资成本	￥ 600,000	剩余残值	4500	使用年限	5
2						
3	年数	1	2	3	4	5
4	直线法	￥119,100.00				
5	定率递减法	￥374,400.00	￥140,774.40	￥52,931.17	￥19,902.12	￥7,483.20
6	倍率递减法	￥378,000.00	￥139,860.00	￥51,748.20	￥19,146.83	￥6,744.97
7	年数合计法	￥198,500.00				
8						

图5-30 年限总和法

5.4
数学和三角函数

接着以实例介绍一些常用的数学与三角函数公式，可以快速取得绝对值、平方根等，解决平时算起来很伤脑筋的数学问题。

5.4.1 ABS 函数——计算绝对值

ABS是用来计算绝对值的函数，此函数只能有一个参数，并且参数必须是数值或者一个含有数值的单元格，也可以是一个可返回数值的函数，例如：ABS(SUM(1,2,3))。

【实例18】让报表显示正值

前面利用PMT函数计算每个月必须负担的贷款金额，由于求出的数值代表每期的支出，所以PMT返回负值。为了美化报表，可以配合使用ABS函数。

假设甲银行提供申请购房贷款的优惠方案，贷款年利率为2.5%，可借得3000000元，期限为20年，计算每月必须负担多少贷款，其结果如图5-31所示。

图5-31 将计算结果显示为正值

5.4.2 SQRT 函数——计算平方根

实战练习素材：素材\第5章\原始文件\求平方根.xlsx

SQRT是用来计算平方根的函数，例如SQRT(25)=5、SQRT(49)=7。需要特别注意的是，SQRT的参数必须是一个正数或是一个含有正值的单元格，或者是一个可返回正值的函数，否则会出现错误信息。

【实例19】利用方差计算标准偏差

前面介绍过用来计算"方差"的VAR.S函数以及"标准偏差"函数STDEV.S，并且我们知道标准偏差就是方差的平方根，因此当我们算出方差的时候，便可直接利用SQRT函数来求出标准偏差，如图5-32所示。

图5-32 利用SQRT函数来求出标准偏差

5.4.3 RANDBETWEEN 函数——求随机数

 实战练习素材：素材\第5章\原始文件\求随机数.xlsx

RANDBETWEEN函数用来返回指定数字范围间的任意一个整数，并且每次计算工作表时，都会返回一个新的随机数。

RANDBETWEEN函数的表达式为：

```
RANDBETWEEN(Bottom,Top)
```

- Bottom：为 RANDBETWEEN 返回的最小整数。
- Top：为 RANDBETWEEN 返回的最大整数。

【实例20】抽出得奖人

假设学校合作社每学年提拨款项，购买精美文具组回馈给各班学生，但每班只有一位幸运得主，这时可以使用RANDBETWEEN函数抽出每班的得奖人座号。具体操作步骤如下：

01 在单元格C2中输入公式"=RANDBETWEEN（1,B2）"。

02 将单元格C2填充柄拖到单元格C9，结果如图5-33所示。

图5-33 随机数计算中奖名单

5.4.4 SUMIF 函数——计算符合条件的总和

 实战练习素材：素材\第5章\原始文件\SUMIF函数.xlsx

SUMIF函数可以用来汇总符合某个搜索条件的单元格。

SUMIF函数的表达式为：

```
SUMIF(Range,Criteria,Sum_range)
```

- Range：要搜索的单元格区域。
- Criteria：判断是否进行求和的搜索条件，它可以是数字、表达式或文字。例如，30、"60"、"Hello" 或 " >70"。
- Sum_range：实际要总和的单元格。Sum_range 和 Range 是相对应的，当区域中的单元格符合搜索条件时，其对应的 Sum_range 单元格就会被加入总数。

【实例21】计算销售量

本例是一张图新公司在3大书局的图书销售统计表（见图5-34），现在要利用SUMIF函数，帮图新公司计算在这一季中，每本书共卖出多少本？

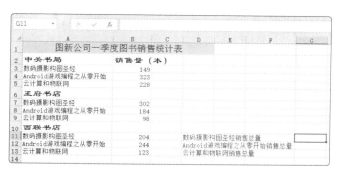

图5-34 准备计算销售量

选择单元格G11，输入公式"=SUMIF(A2:A13,"数码摄影构图圣经",B2:B13)"，以便算出"数码摄影构图圣经"一共卖了多少本，其结果如图5-35所示。

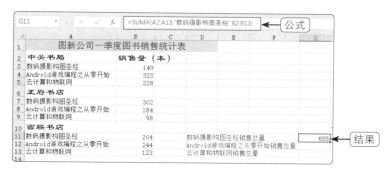

图5-35 求出"数码摄影构图圣经"的销量

自行输入单元格G12、G13所需的公式，完成销售量统计的计算。

5.4.5 ROUND 函数——将数字四舍五入

实战练习素材：素材\第5章\原始文件\ROUND函数.xlsx

ROUND函数可以根据指定的位置，将数字四舍五入，其表达式如下：

$$ROUND（Number, Num\_digite）$$

要执行四舍五入的数字　　指定四舍五入的位数

- 当 Num_digits 大于 0 时，数字会被四舍五入到指定的小数位数，例如，ROUND(35.32,1)=35.3。
- 当 Num_digits 等于 0 时，数字会被四舍五入到指定的小数位数，例如，ROUND(76.82,0)=77。
- 当 Num_digits 小于 0 时，数字将被四舍五入到小数点左边的指定位数，例如，ROUND(22.5,-1)= 20。

【实例22】将平均值四舍五入到整数

计算每一本书在3家书局内，平均卖出多少本，如图5-36所示。

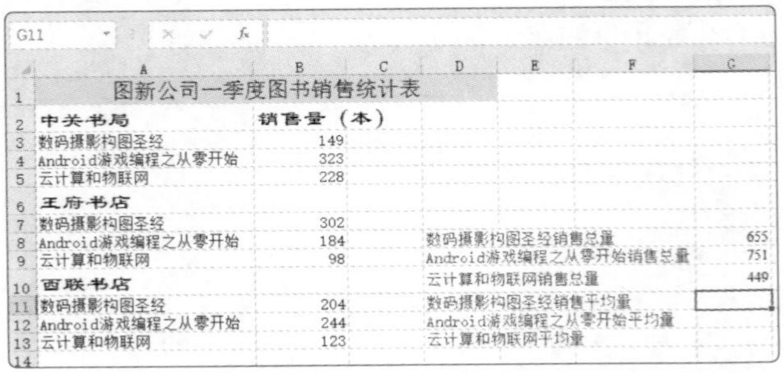

图5-36　准备计算平均值

要计算每本书平均卖出多少本，可以利用之前求出来的总销售量除以3，然后搭配ROUND函数将数值四舍五入到整数，如图5-37所示。

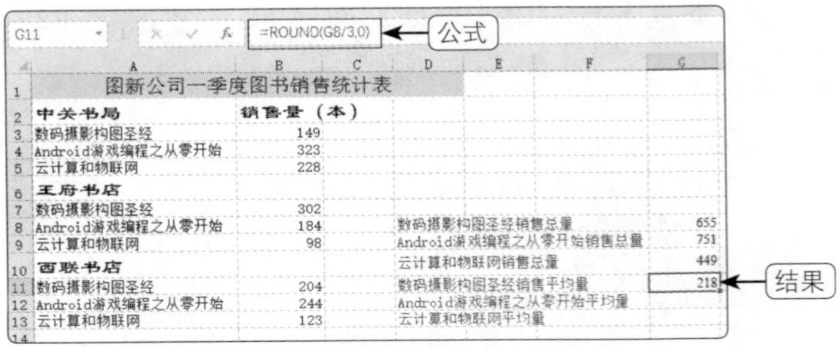

图5-37　求出平均销售量四舍五入到整数

另外两本书自行输入公式求出结果，如图5-38所示。

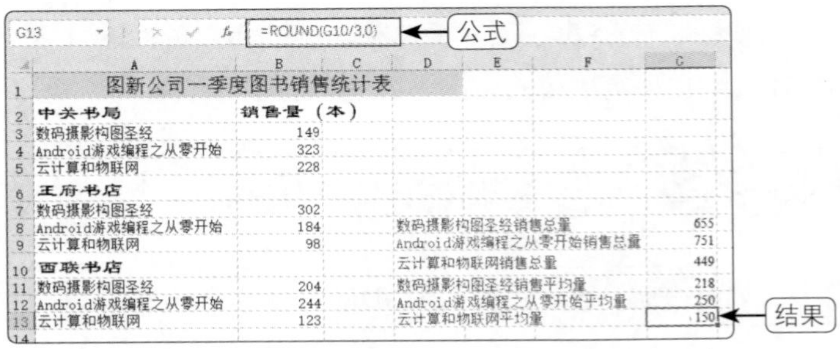

图5-38　求出其他两本书的平均值

5.5
逻辑函数

　　Excel的逻辑类别函数可用来设计判断式，帮助用户判断某个条件是否成立；也可以控制当符合某种条件时，要执行哪些运算或操作。本节要为用户介绍的逻辑函数有：IF函数、AND函数和OR函数。

5.5.1 IF 函数——判断条件

　　实战练习素材：素材\第5章\原始文件\逻辑函数.xlsx

　　IF函数用来判断测试条件是否成立，如果所返回的值为TRUE，就执行条件成立时的操作，反之则执行不成立时的操作。IF函数的表达式为：

$$IF(Logical\_test, Value\_if\_true, Value\_if\_false)$$

　　条件式　　　　条件成立时的操作　　　条件不成立时的操作

【实例23】判断是否重修

　　如图5-39所示是一张员工培训成绩表，现在要使用IF函数进行判断，如果平均成绩大于或等于60分，则在"总评"列中填入"通过"；如果平均成绩低于60分，就填入"重修"。

员工编号	姓名	所在部门	Excel应用	商务英语	市场营销	平均分	总评
1001	冯秀娟	人事部	62	98	90	83.3	
1002	张楠楠	财务部	81	89	72	80.7	
1003	贾淑媛	采购部	52	48	75	58.3	
1004	张 伟	销售部	78	74	88	80.0	
1005	李阿才	人事部	54	47	67	56.0	
1006	卞诚俊	销售部	67	70	94	77.0	
1007	贾 锐	采购部	74	72	73	73.0	
1008	司方方	销售部	48	51	63	54.0	
1009	胡继红	销售部	65	68	79	70.7	

图5-39 员工培训成绩表

　　具体操作步骤如下：

01 单击单元格H2，输入公式"=IF(G2>=60,"通过","重修")"，按Enter键确认，如图5-40所示。

公式 =IF(G2>=60,"通过","重修")

员工编号	姓名	所在部门	Excel应用	商务英语	市场营销	平均分	总评
1001	冯秀娟	人事部	62	98	90	83.3	通过
1002	张楠楠	财务部	81	89	72	80.7	
1003	贾淑媛	采购部	52	48	75	58.3	
1004	张 伟	销售部	78	74	88	80.0	
1005	李阿才	人事部	54	47	67	56.0	
1006	卞诚俊	销售部	67	70	94	77.0	
1007	贾 锐	采购部	74	72	73	73.0	
1008	司方方	销售部	48	51	63	54.0	
1009	胡继红	销售部	65	68	79	70.7	

结果

图5-40 利用IF函数求结果

02 拖动单元格H2的填充柄到单元格H10，便可得到每位员工培训成绩的总评结果，如图5-41所示。

图5-41 得到每位员工的总评结果

【实例24】根据成绩表现填入评级

IF函数不仅可以判断条件成立与不成立的两种情况，还可以写成嵌套IF函数，以判断更多的状况并给予不同的处理操作。

例如，如果平均分低于60分，填入"重修"；平均分介于60～80之间，填入"及格"；平均分大于80则填入"优"，按照如图5-42所示修改公式。

图5-42 利用IF函数求出等级

简单来说，可以把第2个IF函数作为第1个IF函数的Value_if_false参数。

5.5.2 AND 函数——条件全部成立

实战练习素材：素材\第5章\原始文件\逻辑函数.xlsx

AND函数的所有参数都必须是逻辑判断式（可得到TRUE或FALSE的结果）或者包含逻辑值的数组、相对地址，并且当所有的参数都成立时才返回TRUE，它的表达式为：

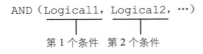

AND（Logical1, Logical2，…）

　　　　　　第1个条件　第2个条件

【实例25】判断是否符合多项资格

本例是某公司的员工培训成绩表，如图5-43所示。

图5-43 员工培训成绩表

假设有一项测试考试，必须要"Excel应用"和"商务英语"两科的成绩都高于70分才能报名参加，这时可以搭配前面的IF函数来找出符合报考资格的员工，如图5-44所示。

員工編號	姓名	所在部門	Excel应用	商务英语	市场营销	报考资格
1001	冯秀娟	人事部	62	98	90	不合格
1002	张楠楠	财务部	81	89	72	
1003	贾淑媛	采购部	52	48	75	
1004	张 伟	销售部	78	74	88	
1005	李阿才	人事部	54	47	67	
1006	卞诚俊	销售部	67	70	94	
1007	贾 锐	采购部	74	72	73	
1008	司方方	销售部	48	51	63	
1009	胡继红	销售部	65	68	79	

公式 =IF(AND(D2>70,E2>70),"合格","不合格")

图5-44 使用IF和AND函数求出结果

接着拖动单元格G2的填充柄至单元格G10，即可知道哪些员工能参加测试考试，如图5-45所示。

員工編號	姓名	所在部門	Excel应用	商务英语	市场营销	报考资格
1001	冯秀娟	人事部	62	98	90	不合格
1002	张楠楠	财务部	81	89	72	合格
1003	贾淑媛	采购部	52	48	75	不合格
1004	张 伟	销售部	78	74	88	合格
1005	李阿才	人事部	54	47	67	不合格
1006	卞诚俊	销售部	67	70	94	不合格
1007	贾 锐	采购部	74	72	73	合格
1008	司方方	销售部	48	51	63	不合格
1009	胡继红	销售部	65	68	79	不合格

公式 =IF(AND(D2>70,E2>70),"合格","不合格")

图5-45 求出符合条件的员工

5.5.3 OR 函数——条件之一成立

实战练习素材：素材\第5章\原始文件\逻辑函数.xlsx

OR函数和AND函数一样，所有参数都必须是逻辑条件，不同的是，OR函数的参数中只要有一个成立就返回TRUE。

OR函数的表达式为：

```
OR(Logical1,Logical2,…)
```

【实例26】判断是否有任一科不及格

假设有一项测试考试，只要其中一科成绩低于60分就不予合格证明，可以使用OR函数搭配IF函数来找出合格的员工，如图5-46所示。

員工編號	姓名	所在部門	Excel应用	商务英语	市场营销	合格/不合格
1001	冯秀娟	人事部	62	98	90	合格
1002	张楠楠	财务部	81	89	72	
1003	贾淑媛	采购部	52	48	75	
1004	张 伟	销售部	78	74	88	
1005	李阿才	人事部	54	47	67	
1006	卞诚俊	销售部	67	70	94	
1007	贾 锐	采购部	74	72	73	
1008	司方方	销售部	48	51	63	
1009	胡继红	销售部	65	68	79	

公式 =IF(OR(D2<60,E2<60,F2<60),"不合格","合格")

图5-46 判断只要其中一科不及格

接着拖动单元格G2的填充柄至单元格G10，即可知道员工的合格情况，如图5-47所示。

图5-47 求出合格的情况

5.6
查找与引用函数

用户可能经常会需要用查找的方式来找到需要的数据，这时会用到一些查找与引用函数。本节就介绍这些好用的函数。

5.6.1 VLOOKUP 函数——自动查找填充数据

 实战练习素材：素材\第5章\原始文件\VLOOKUP.xlsx

当员工的培训成绩计算好后，开始将数据汇总到员工的个人成绩单中。倘若要逐一输入每位员工的数据，可得花费不少的时间。这时，就可以套用VLOOKUP函数：在输入员工姓名后，让函数自动填充该员工的各科成绩资料，帮助用户快速完成所有员工的个人成绩单。

VLOOKUP函数可以查找指定列表范围中第1列的特定值，找到时，就返回该值所在列中指定单元格的值。参考下列公式：

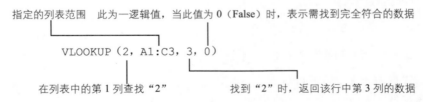

如图5-48所示，输入公式求得结果。

图5-48 利用VLOOKUP求得结果

因此，以上函数VLOOKUP(2,A1:C3,3,0)所得到的结果就是"5元"。

【实例27】制作个人成绩单

了解VLOOKUP函数的用法之后，就可以开始制作员工的个人成绩单。如图5-49所示，切换到"VLOOKUP"工作表，这是一张设计好的个人成绩单，接着开始填入每位员工的成绩（此成绩列在"员工成绩"工作表中）。

图5-49 个人成绩单

01 选择单元格C4，然后单击编辑栏中的"插入函数"按钮，打开"插入函数"对话框，选择"查找与引用"函数类别的VLOOKUP函数，如图5-50所示。

02 接着在"函数参数"对话框中进行如下设置，如图5-51所示。先在Lookup_valse框中输入C3，表示将在单元格C3中输入要查找的学生姓名；在Table_array框中输入"员工成绩！B2:G10"，也可以单击右侧的"折叠对话框"按钮，从工作表中进行选择；在Col_index_num框中输入3，表示求出"Excel应用"成绩位于列表范围中第3列；在Range_lookup框中输入0。

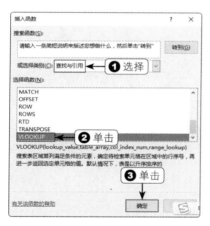

图5-50 "插入函数"对话框

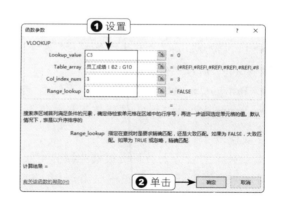

图5-51 "函数参数"对话框

03 单击"确定"按钮，此时在单元格C4中得到设置好的VLOOKUP函数，如图5-52所示。

04 由于尚未在单元格C3中输入要查询的员工姓名，因此单元格C4目前显示信息为"#N/A"。在单元格C3中输入员工姓名即可查看结果，如图5-53所示。

图5-52 VLOOKUP函数

图5-53 输入姓名求出结果

151

接下来，分别采用同样的方法输入公式，不同的是要改变"函数参数"对话框中Col_index_num框的值，例如，本例的"商务英语"位于第4列，需要输入"4"；"市场营销"位于第5列，需要输入"5"；"广告学"位于第6列，需要输入"6"；然后求出这些成绩的平均值，结果如图5-54所示。

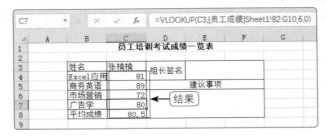

图5-54 显示其他各科的成绩

5.6.2 HLOOKUP 函数——在列表中查找特定值

 实战练习素材：素材\第5章\原始文件\查询底薪与奖金.xlsx

HLOOKUP函数的功能就是在列表的第一行中查找特定值，如果找到就返回所找那一行中某个单元格的值。

HLOOKUP函数的表达式为：

HLOOKUP(Lookup_value,Table_array,Row_index_num,[Range_lookup])

- Lookup_value：在列表中第一行所要查找的值。
- Table_array：列表的范围。
- Row_index_num：找到值时，要返回该行中第几列的数据。
- Range_lookup：此为逻辑值，当此值为 0 时，表示需找到完全符合的数据。

【实例28】查询底薪与奖金

图新公司的业务人员薪资根据业绩的高低而有所不同，并且已经建立好一份业务人员薪资绩效对照表，可用来查询不同业绩的底薪与奖金，如图5-55所示。

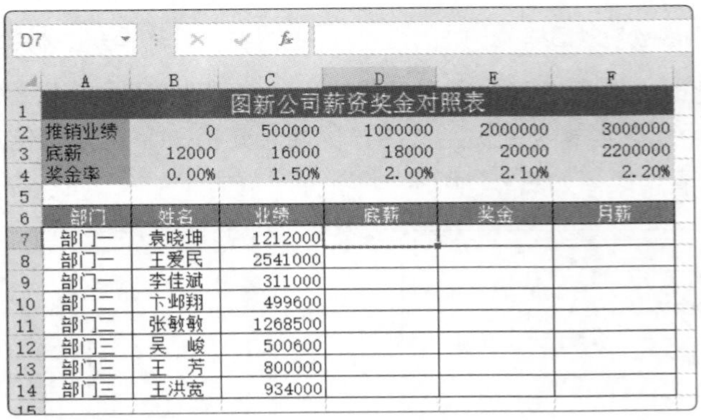

图5-55 查询底薪与奖金

01 将插入点移到单元格D7中，输入公式"=HLOOKUP(C7,$B$2:$F$4,2)"，如图5-56所示。

02 接着拖动填充柄至单元格D14，就可以完成所有业务人员的底薪计算。另外，奖金的部分也是类似的做法，以单元格E7为例，在单元格内输入公式"=C7*HLOOKUP(C7,$B$2:$F$4,3)"，如图5-57所示。

图5-56 求出对应的底薪　　　　　　　　　　图5-57 求出奖金

03 拖动单元格E7的填充柄至单元格E14，完成奖金的计算，如图5-58所示。

图5-58 完成奖金的计算

5.6.3　INDEX 函数——返回指定行列交叉值

实战练习素材：素材\第5章\原始文件\根据起止站查出票价.xlsx

INDEX函数会在数组中找到指定的行列交叉处的单元格内容。

INDEX函数的表达式为：

```
INDEX(Array,Row_num,[Column_num])
```

- Array：单元格区域或数组常量。
- Row_num：选择数组中的某行，函数从该行返回数值。
- Column_num：选择数组中的某列，函数从该列返回数值。

【实例29】根据起止站查出票价

假设想要在票价表中查询沧州到新沂的票价，就可以利用INDEX函数来找到结果。在单元格B11中输入公式"=INDEX(A1:I9,4,7)"，即可查出票价，如图5-59所示。

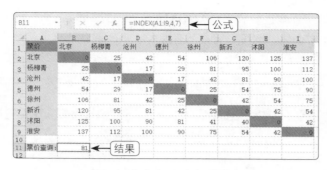

图5-59 根据起止站查出票价

5.6.4 MATCH 函数——返回数值中符合条件的单元格内容

实战练习素材：素材\第5章\原始文件\查询邮资.xlsx

MATCH函数用来对比一个数组中内容相符的单元格位置，其表达式为：

MATCH(Lookup_value, Lookup_array, [Match_type])

　　　　　在列表中要找的值　　列表的区域　　指定对比的方式

当Match_type设为0时，表示数组不用排序就可找到完全相符的值；若设为1或省略，表示数组会先递增排序，再找等于或仅次于Lookup_value的值；若设为-1，则表示数组会先递减排序，再找等于或大于Lookup_value的最小值。

【实例30】查询邮资

当用户到邮局寄送快递时，为了要快速查询寄送地点到目的地的邮资，可以利用MATCH和INDEX函数设计简便的查询公式。

01 选择单元格B10，输入公式"=MATCH(A10,A1:A7,0)"，如图5-60所示。

信函/计费标准	>20	21-50	51-100	101-250	251-500	501-1000	1001-2000
普通	5	10	15	25	45	80	120
限时	12	17	22	32	52	87	137
挂号	25	30	35	45	65	100	150
限挂	32	37	42	52	72	107	157
挂号附回执	34	39	44	54	74	107	159
限挂附回执	41	46	51	61	81	116	166
限挂	5						
21-50							
邮资							

图5-60 查出"限挂"在单元格区域A1:A7中的第几个位置

02 选择单元格B11，输入公式"=MATCH(A11,A1:H1,0)"，如图5-61所示。

03 选择单元格B12，输入公式"=INDEX(A1:H7,B10,B11)"，如图5-62所示。

以后只要在A10和A11中输入邮件类别的重量，就可以在单元格B12得到邮资的对照金额。

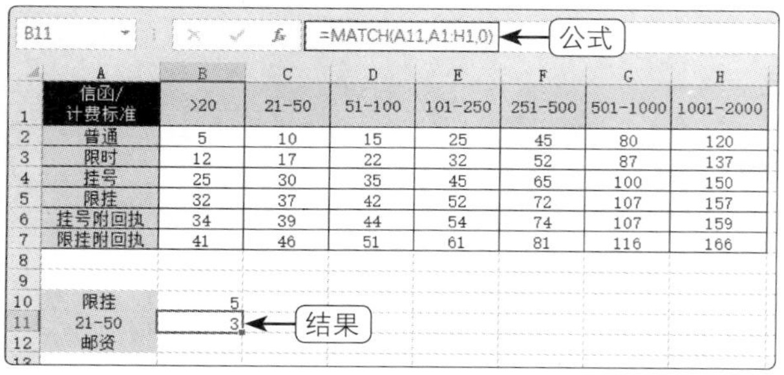

图5-61 查出"21-50"在A1:H1区域中的第几个位置

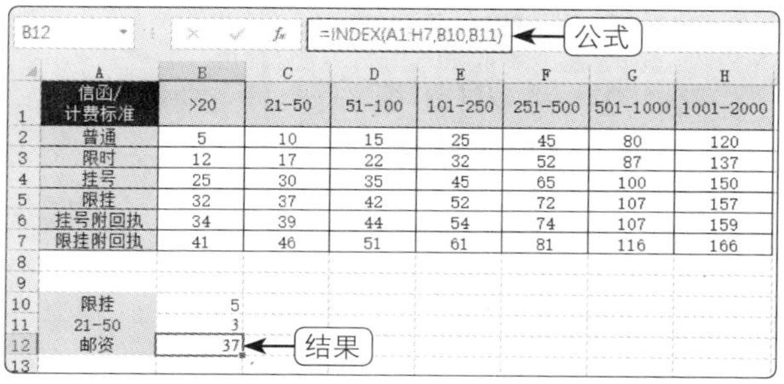

图5-62 求出"邮资"值

5.7
日期及时间函数

如果是公司的人事部门,可能需要计算员工的年资,Excel函数中也提供了许多可以计算日期与时间的函数,通过这些函数,可以在公式中分析和处理时间值。

5.7.1 TODAY 函数——返回当前系统的日期

 实战练习素材:素材\第5章\原始文件\计算工龄.xlsx

TODAY函数会返回当前系统的日期,可以应用于输入报告完成时间或者用来计算年资和年龄。

【实例31】计算工龄

图新公司想要在年终奖金的部分,针对在公司服务满10年的员工发放工龄奖金。下面用TODAY函数和到职日相减,所减的数字表示天数,再除以365.25(每4年闰1天)即可算出工龄,如图5-63所示。

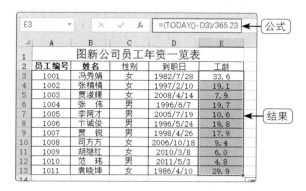

图5-63 计算工龄

5.7.2 DATEDIF 函数——计算日期间隔

 实战练习素材:素材\第5章\原始文件\计算日期间隔.xlsx

DATEDIF函数可以帮用户计算两个日期之间的年数、月数或天数,这是Excel 2003之前版本中的一个函数版本。

DATEDIF函数的表达式如下：

DATEDIF(开始日期,结束日期,差距单位参数)

【实例32】计算工龄

如果图新公司想计算员工从到职日至2016年10月31日为止的服务工龄，就可以按如图5-64所示的公式进行计算。

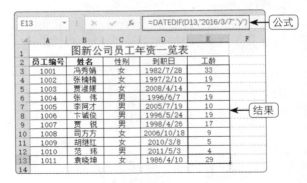

图5-64 利用DATEDIF计算工龄

DATEDIF的差距单位参数

在DATEDIF函数中，可以根据要求计算结果，搭配使用各种差距单位参数，如表5-2所示。

表5-2 各种差距单位参数

参数	返回的值
"Y"	两日期差距的整年数，也就是"满几年"
"M"	两日期差距的整月数，也就是"满几个月"
"D"	两日期差距的整日数，也就是"满几天"
"YM"	两日期之间的月数差距，忽略日期中的年和日
"YD"	两日期之间的天数差距，忽略日期中的年
"MD"	两日期之间的天数差距，忽略日期中的年和月

5.8
文本函数

文本函数用于处理公式的文本字符串，如复制指定的文本、改变英文大小写状态等，掌握此类函数的使用技巧，能够满足从事不同类型工作的各类用户的需要。

5.8.1 LEFT 函数——提取前几个字符串

实战练习素材：素材\第5章\原始文件\提取时间中的开始时间.xlsx

LEFT函数可以帮助用户从字符串的最左边开始提取指定长度的字符串，其表达式为：

```
LEFT(text, [num_chars])
```

文本或字符串的单元格　要从最左边提取的字数

【实例33】提取时间中的开始时间

图新公司的全年度培训课程已经公告出来，原始数据是直接输入课程的起止时间，若想要让课程的起止时间分开保存在不同的单元格中，便可利用LEFT函数提取课程开始时间，如图5-65所示。

	A	B	C	D	E
	编号	日期	时间	课程名称	开始时间
1					
2	1	4月2日	08:30～11:30	简报技巧	08:30
3	2	4月10日	09:30～12:30	时间管理技巧	09:30
4	3	4月11日	14:00～18:00	文件管理技巧	14:00
5	4	5月20日	11:20～14:20	项目管理	11:20
6	5	6月18日	13:00～15:00	行销技巧	13:00
7	6	7月9日	18:00～22:00	设计与用人管理	18:00
8	7	8月10日	08:00～11:00	法律常识	08:00
9	8	9月12日	09:20～12:20	自我管理	09:20
10	9	10月14日	14:30～18:00	客户管理	14:30
11	10	11月16日	13:00～15:00	市场竞争	13:00
12					

E11　=LEFT(C11,5)　公式　　　结果

图5-65 提取时间中的开始时间

5.8.2 RIGHT 函数——提取最后的字符串

实战练习素材：素材\第5章\原始文件\提取时间中的结束时间.xlsx

RIGHT函数可以帮助用户从字符串的最右边开始提取指定长度的字符串。其表达式为：

```
RIGHT（Text，Num_chars）
```

文字或字符串的单元格　要从最右边取出来的字数

【实例34】提取时间中的结束时间

前面已经利用LEFT函数取出课程的开始时间，接着利用RIGHT函数来提取出课程的结束时间，如图5-66所示。

	A	B	C	D	E	F
	编号	日期	时间	课程名称	开始时间	结束时间
1						
2	1	4月2日	08:30～11:30	简报技巧	08:30	11:30
3	2	4月10日	09:30～12:30	时间管理技巧	09:30	12:30
4	3	4月11日	14:00～18:00	文件管理技巧	14:00	18:00
5	4	5月20日	11:20～14:20	项目管理	11:20	14:20
6	5	6月18日	13:00～15:00	行销技巧	13:00	15:00
7	6	7月9日	18:00～22:00	设计与用人管理	18:00	22:00
8	7	8月10日	08:00～11:00	法律常识	08:00	11:00
9	8	9月12日	09:20～12:20	自我管理	09:20	12:20
10	9	10月14日	14:30～18:00	客户管理	14:30	18:00
11	10	11月16日	13:00～15:00	市场竞争	13:00	15:00

F11　=RIGHT(C11,5)　公式　　　结果

图5-66 取单元格C2最右边的5个字

将课程的开始与结束时间分开保存在不同的单元格后，就可以计算出课程的时长了，如图5-67所示。

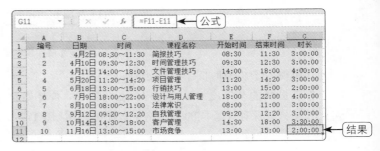

图5-67 计算课程的时长

5.8.3　MID 函数——提取指定位置、字数的字符串

> 实战练习素材：素材\第5章\原始文件\改变手机号码格式.xlsx

MID函数可以让用户在字符串中返回指定起始位置到指定长度的字符串，其表达式为：

【实例35】改变手机号码格式

如图5-68所示B列中的手机号码的数据，其格式在输入时以xxxx-xxxxxxx为格式，但现在要改成xxxx-xxx-xxxx的格式。此时就可以利用MID函数将所要的数据取出，再为其添加格式。

接着，拖动单元格C2的填充柄至单元格C9，即可将手机号码转换为新格式，如图5-69所示。

图5-68 改变手机号码的格式　　　　　　　　　图5-69 将手机号码转换为新格式

5.8.4　CONCATENATE 函数——组合字符串

> 实战练习素材：素材\第5章\原始文件\组合名字与姓氏.xlsx

CONCATENATE函数可以让用户将多组字符串组合成单一字符串。

CONCATENATE函数的表达式为：

```
CONCATENATE(Text1,Text2,…)
```

【实例36】组合名字与姓氏

小张将邮件收发软件Windows Mail中的朋友通讯簿导入Excel中使用，却发现名字和姓氏分别在不同列中存放。此时，可以利用CONCATENATE函数快速将两个字符串组合起来。

在单元格C2中输入公式"=CONCATENATE(B2,A2)"，结果如图5-70所示。

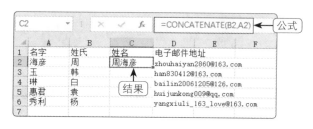

图5-70 组合名字与姓氏

5.9

办公实例1：计算银行贷款管理表

本节将通过制作一个实例——计算银行贷款管理表，从而巩固本章所学的高级函数知识，使读者将知识快速应用到实际工作中。如图5-71所示，本例中实现了对银行所贷款项的支付情况的管理表格。

图5-71 公司贷款管理表

5.9.1 实例描述

本实例将计算银行贷款管理表，在制作过程中主要包括以下内容：

- 利用公式计算还清日期
- 利用公式判断是否到期
- 计算本月需要还款额
- 计算已还本金总额
- 计算已还利息总额

5.9.2 计算还清日期

功能：根据贷款的贷款日期和期限，计算还清日期。

实现过程：利用YEAR函数实现年份的计算，再用DATE返回日期，如图5-72所示。

图5-72 计算还清日期

函数实现：DATE(YEAR(E4)+F4,MONTH(E4),DAY(E4))。公式中单元格E4、F4代表贷款日期和期限。

5.9.3 判断是否到期

功能：判断所贷款项到期时是否已经还清。

实现过程：利用IF函数判断，如果还清日期比当前日期小，则返回"是"，反之则返回"否"，如图5-73所示。

图5-73 判断是否到期

函数实现：IF(TODAY()>=G4,"是","否")。公式中单元格G4代表还清日期。

5.9.4 计算本月需要还款额

功能：计算各项贷款的本月还款额。

实现过程：利用PMT函数即可实现。本例的计算是基于固定利率及等额分期付款方式，需要用IF函数做出判断，如果已到期，则还款金额为0，否则用上述函数计算。计算时应注意将寿命单位转化为月，如图5-74所示。

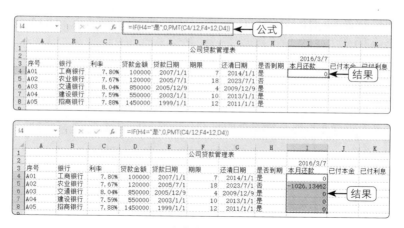

图5-74 计算本月需要还款额

函数实现：IF(H4="是",0,PMT(C4/12,F4*12,D4))。

5.9.5 计算已还本金总额

功能：计算所贷款项从开始还款到本月所还的本金总额。

实现过程：利用CUMPRINC函数即可实现。本例的计算是基于固定利率及等额分期付款方式。

其中，起始期间的计算采用了YEAR和MONTH函数，利用YEAR和MONTH函数返回贷款日期和当今日期之间的年份数和月数，用年数之差乘以12再加上月数之差即可得，但要注意减数与被减数的顺序不能颠倒，必须是后一个日期减去前一个日期，如图5-75所示。

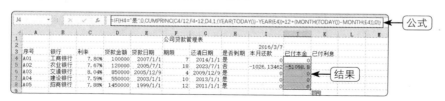

图5-75 计算已付本金总额

函数实现：IF(H4="是",0,CUMPRINC(C4/12,F4*12,D4,1,(YEAR(TODAY())-YEAR(E4))*12+(MONTH(TODAY())-MONTH(E4)),0))。

5.9.6 计算已还利息总额

功能：计算所贷款项从开始还款到本月所还的利息总额。

实现过程：利用CUMIPMT函数即可实现。本例的计算是基于固定利率及等额分期付款方式。其中起始时间的计算采用了YEAR和MONTH函数，如图5-76所示。

图5-76 计算已还利息总额

函数实现：IF(H4="是",0,CUMIPMT(C4/12,F4*12,D4,1,(YEAR(TODAY())-YEAR(E4))*12 +(MONTH(TODAY())-MONTH(E4)),0))。

5.9.7 实例总结

本实例复习了本章中所讲的关于几种复杂函数的使用方法，主要用到以下知识点：

- 输入公式
- 输入函数
- 复杂嵌套函数的应用

5.10

办公实例2：员工档案管理

本节将通过制作一个实例——员工档案管理，从而巩固本章所学的高级函数知识，使读者将知识快速应用到实际工作中。

5.10.1 实例描述

如果用户负责公司的人事，每天都要面对公司员工的流动和相关信息管理，这样会很麻烦。使用Excel来管理员工档案，可以方便地计算出员工的年龄、工龄以及提取员工的性别和出生日期，还可以快速地统计出员工的性别、年龄分段等。

5.10.2 利用身份证号码提取员工性别信息

 实战练习素材：素材\原始文件\员工档案管理.xlsx
最终结果文件：素材\结果文件\员工档案管理.xlsx

根据现行的居民身份证号码编码规律，如果使用的是18位的身份证编码，它的第17位为性别（奇数为男，偶数为女），第18位为效验位。而早期使用的15位的身份证编码，它的第15位是性别（奇数为男，偶数为女）。

使用LEN、MOD和MID函数可以很方便地提取员工的性别，其具体操作步骤如下：

01 在单元格C2中输入公式"=IF(LEN(E2)=15,IF(MOD(MID(E2,15,1),2)=1,"男","女"), IF(MOD(MID(E2,17,1),2)=1,"男","女"))"，如图5-77所示。

02 按Enter键确认输入，在单元格C2中显示该员工的性别，如图5-78所示。选择单元格C2并拖动右下角的填充柄，将其公式复制到其他单元格中。

03 选择单元格区域C2:C14，单击"开始"选项卡的"对齐方式"组中的"居中"按钮，使单元格的内容居中对齐，如图5-79所示。

图5-77 输入公式

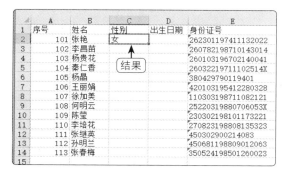

图5-78 提取员工的性别

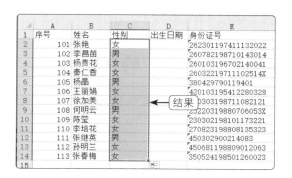

图5-79 使性别内容居中对齐

5.10.3 利用身份证号提取员工出生日期信息

现行的居民身份证号码中包含出生日期信息，可以使用CONCATENATE函数从身份证号码中提取出生日期信息。具体操作步骤如下：

01 选择单元格D2，输入公式 "=IF(LEN(E2)=15,CONCATENATE("19",MID(E2,7,2)," 年",MID(E2,9,2),"月",MID(E2,11,2),"日"),CONCATENATE(MID(E2,7,4),"年",MID(E2,11,2),"月",MID(E2,13,2),"日"))"，如图5-80所示。

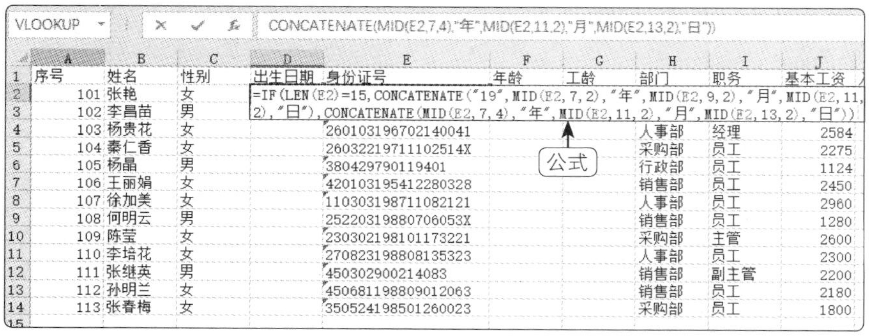

图5-80 输入公式

02 按Enter键确认输入，在单元格D2中即可显示该员工的出生日期，如图5-81所示。选择单元格D2并拖动右下角的填充柄，将其公式复制到其他单元格中。

03 选择单元格区域D2:D14，单击"开始"选项卡的"对齐方式"组中的"居中"按钮，使单元格内容居中对齐，如图5-82所示。

图5-81 提取出生日期 　　　　　　　　　　图5-82 使单元格内容居中对齐

5.10.4 计算员工的年龄

提取员工的出生日期后，可以使用YEAR函数很方便地计算当前员工的年龄。具体操作步骤如下：

01 选择单元格F2，输入公式"=SUM(YEAR(NOW())-YEAR(D2))"，如图5-83所示。

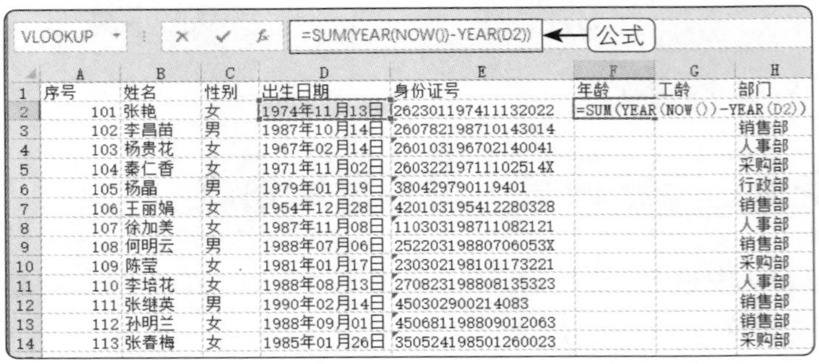

图5-83 输入公式

02 按Enter键确认输入，在单元格F2中即可显示该员工的出生日期，如图5-84所示。选择单元格F2并拖动右下角的填充柄，将其公式复制到其他单元格中。

03 选择单元格区域F2:F14，单击"开始"选项卡的"对齐方式"组中的"居中"按钮，使单元格内容居中对齐，如图5-85所示。

图5-84 显示年龄　　　　　　　　　　图5-85 计算其他员工的年龄

5.10.5 计算员工的工龄

在员工档案管理中，经常需计算员工进入本公司的时间。下面介绍使用YEAR函数计算员工工龄的方法。具体操作步骤如下：

01 选择单元格G2，输入公式"=YEAR(TODAY())-YEAR(K2)"，如图5-86所示。

02 按Enter键确认输入，在单元格G2中即可显示该员工的出生日期，如图5-87所示。

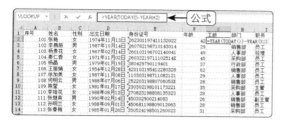
图5-86 输入公式

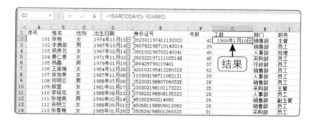
图5-87 求得计算结果

03 显然，单元格G2显示的数字格式不正确。此时，鼠标右键单击单元格G2，在弹出的快捷菜单中选择"设置单元格格式"命令，打开"设置单元格格式"对话框，在"分类"列表框中选择"常规"选项，如图5-88所示。

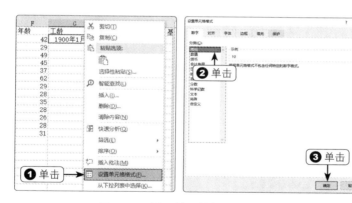
图5-88 "设置单元格格式"对话框

04 单击"确定"按钮，在单元格G2中显示正确的工龄，如图5-89所示。选择单元格G2并拖动右下角的填充柄，将公式复制到其他单元格中。

05 选择单元格区域G2:G14，单击"开始"选项卡的"对齐方式"组中的"居中"按钮，使单元格内容居中对齐，如图5-90所示。

图5-89 显示正确的工龄

图5-90 计算其他员工的工龄

5.10.6 统计员工的性别人数

在员工档案管理的过程中，需要对员工的男女人数进行统计。使用Excel的COUNTIF函数可以快速计算出公司男女员工的人数，具体操作步骤如下：

01 选择单元格M2，输入公式"="男"&COUNTIF(C2:C14,"男")&"人""，如图5-91所示。

02 按Enter键确认输入，即可求出男员工的人数，如图5-92所示。

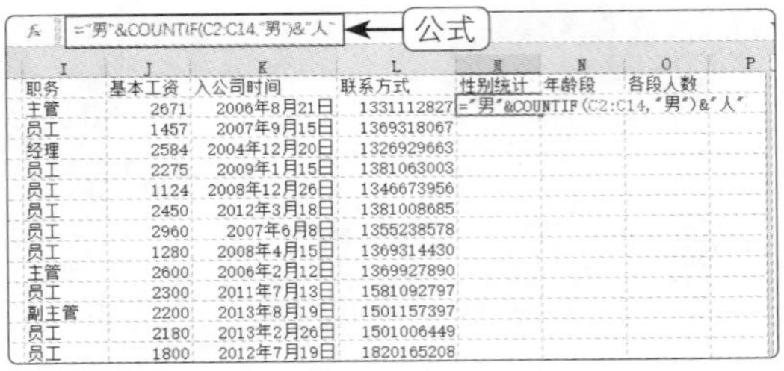

图5-91 输入公式

图5-92 求出男员工的人数

03 选择单元格M3，输入公式"="女"&COUNTIF(C2:C14,"女")&"人""，如图5-93所示。

04 按Enter键确认输入，即可求出女员工的人数，如图5-94所示。

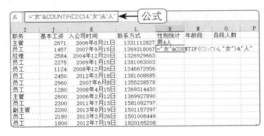

图5-93 输入公式

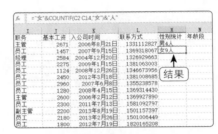

图5-94 求出女员工的人数

5.10.7 员工年龄分段统计

在管理员工档案的过程中，统计分布在各个年龄段中的员工人数也是一项经常性工作。下面介绍统计年龄小于30岁、31~35岁之间、35~60岁之间各年龄的人数的方法，具体操作步骤如下：

01 在单元格区域N2:N8中分别输入30、35、40、45、50、55和60，然后选择单元格区域O2:O8，并输入公式"=FREQUENCY(YEAR(TODAY())-YEAR(D2:D14),N2:N8)"，如图5-95所示。

02 按Ctrl+Shift+Enter组合键，在单元格区域O2:O8中显示计算结果，如图5-96所示。

图5-95 输入公式

图5-96 统计各年龄段的人数

5.10.8 实例总结

使用Excel管理员工档案，可以很方便地计算出员工的年龄、工龄以及提取员工的性别和出生日期，本实例主要使用了LEN和MID函数进行员工档案管理的方法。

- LEN 函数：LEN 函数返回文本字符串中的字符数。
- MID 函数：MID 函数返回文本字符串中从指定位置开始的特定数目的字符。

5.11
提高办公效率的诀窍

窍门 1：显示与隐藏公式

为了不让别人看到数据的计算公式，可以将单元格中的公式隐藏起来，在需要时再将其显示出来，具体操作步骤如下：

01 打开要隐藏公式的工作表，选择要隐藏公式的单元格或区域。鼠标右键单击选择区域，在弹出的快捷菜单中选择"设置单元格格式"命令，打开"设置单元格格式"对话框，切换到"保护"选项卡，选中"隐藏"复选框，如图5-97所示。

02 单击"确定"按钮，切换到功能区中的"审阅"选项卡，在"更改"组中单击"保护工作表"按钮，打开"保护工作表"对话框。在"密码"文本框中输入隐藏公式时需要的密码，如图5-98所示。单击"确定"按钮，重新输入一次密码即可。

图5-97 选中"隐藏"复选框

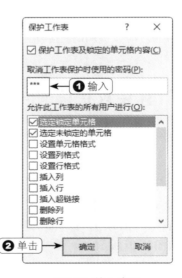

图5-98 输入密码

03 单击"确定"按钮，返回Excel工作表。选择刚才设置了隐藏公式的单元格，在编辑栏中将不显示这些单元格中对应的公式。

如果要重新显示出隐藏的公式，那么在"审阅"选项卡中单击"撤销工作表保护"按钮，在打开的对话框中输入密码保护即可。

窍门2：计算某一年的天数

如果需要知道某一年的天数，可以通过YEAR和DATE函数来实现。

例如：根据给出的2016年的日期计算这一年有多少天。

公式：=DATE(YEAR(A2),12,31)-DATE(YEAR(A2),1,0)

结果为366，表示2016年这一年有366天，如图5-99所示。

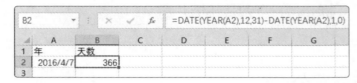

图5-99 计算一年的天数

窍门3：返回日期前后指定工作日的日期

某人与某公司签订了短期实习合同，实习期是从2008年3月31日开始的60个工作日，假日只有五一的3天（1~3号），计算实习期结束的日期。具体操作步骤如下：

01 单击单元格A1输入起始日期，单击单元格A2输入实习天数。

02 在单元格区域B1:B3中依次输入假日的日期。

03 单击C1作为输出单元格，在公式栏中输入公式"=WORKDAY(A1,A2,B1:B3)"，按Enter键确认，返回值为2008年6月25日，如图5-100所示。

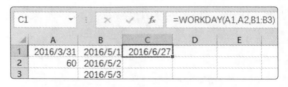

图5-100 返回指定工作日的日期

窍门4：计算会议结束的时间

已知一场会议在下午2点30分开始，会议时间为140分钟，试计算出会议结束的时间。具体操作步骤如下：

01 在单元格A1中输入14:30，在单元格区域B1:B3中，按小时、分钟、秒的顺序分别输入0、140和0。

02 单击C1作为输出单元格，在公式栏中输入公式"=A1+TIME(B1,B2,B3)"，按Enter键确认，返回值为16:50，如图5-101所示。

图5-101 计算会议的结束时间

窍门5：计算还款期最后一天的日期

某人在2016/1/2日用信用卡消费，该卡的还款期限为两个月，计算出这笔消费的还款期最后一天的日期。具体操作步骤如下：

01 单击单元格A1输入日期，单击单元格A2输入还款期限（以月为单位）。

02 单击C1作为输出单元格，在公式栏中输入公式"=EDATE(A1,A2)"，按Enter键确认，并将单元格格式设置为"日期"，返回值为2016/3/2，如图5-102所示。

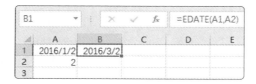

图5-102 计算还款期最后一天的日期

窍门6：计算消费的结算日期

某人在2016/3/12用信用卡消费。该卡规定，每笔消费都于下个月的最后一天结算，计算出这笔消费的结算日期。具体操作步骤如下：

01 单击单元格A1输入消费日期，单击单元格A2输入还款期限（以月为单位）。

02 单击B1作为输出单元格，在公式栏中输入公式"=EOMONTH(A1,A2)"，按Enter键确认，并将单元格格式设置为"长日期"，返回值为2016/4/30，如图5-103所示。

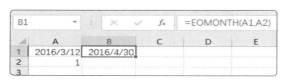

图5-103 计算消费的结算日期

窍门7：返回绝对值增大的一组

假设有一批送检的产品，共287个，每18个分为一组（最后不足18个的也分为一组），计算共有多少组。具体操作步骤如下：

01 在单元格A1中输入需要送检的产品个数。

02 单击B1作为输出单元格，在公式栏中输入公式"=CEILING(A1,18)/18"，按Enter键确认，返回值为16，如图5-104所示。

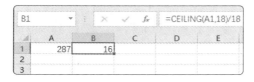

图5-104 返回绝对值增大的一组

窍门 8：计算超几何分布

公司里有20个员工，其中有8个男员工，12个女员工，现从中抽调4个员工，计算其中只有一个是男员工的概率。具体操作步骤如下：

01 在单元格区域A1:A4中依次输入样本中成功的次数1、样本容量4、样本总体中成功的次数8和样本总体的容量20。

02 单击B1作为输出单元格，在公式栏输入公式“=HYPGEOMDIST(A1,A2,A3,A4)”，按Enter键确认，返回值为0.363261，如图5-105所示。

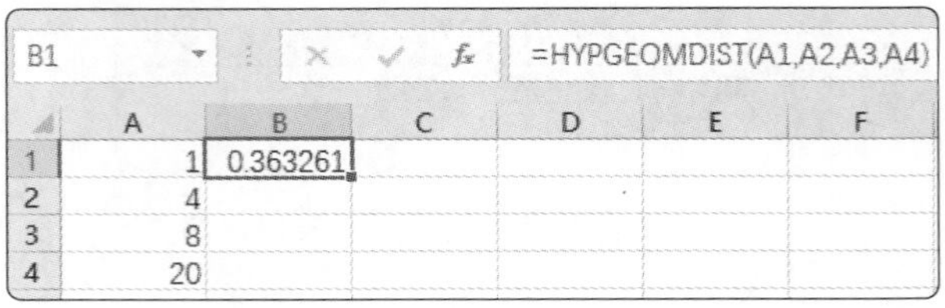

	A	B	C	D	E	F
1	1	0.363261				
2	4					
3	8					
4	20					

图5-105 计算只有一个是男员工的概率

窍门 9：使用 SLN 函数返回折旧值

某公司购入一批电脑，每台价格为12000元，使用寿命为6年，剩余残值为1500元。若购买时间在3月初，用线性折旧法计算第五年期间的折旧值。具体操作步骤如下：

01 在单元格A1、A2、A3中分别输入成本、残值和寿命。

02 单击E1作为输出单元格，在公式栏中输入公式“=SLN(B1,B2,B3)”，按Enter键确认，返回值为¥1750.00，如图5-105所示。

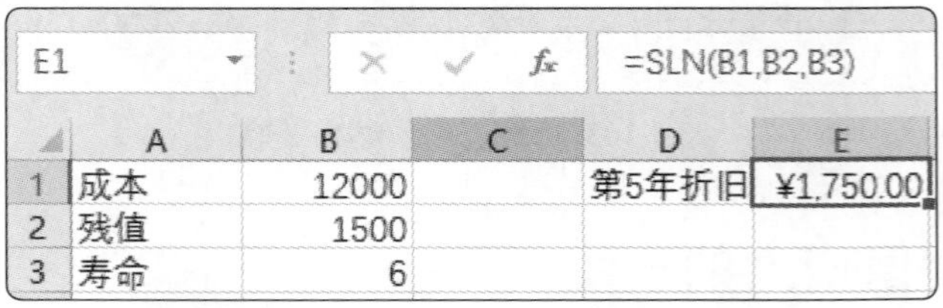

	A	B	C	D	E
1	成本	12000		第5年折旧	¥1,750.00
2	残值	1500			
3	寿命	6			

图5-106 返回折旧值

窍门 10：金额数字分列

财务人员在登记现金日记账或填写支票时，经常需要将金额数字分列填写在对应的格子中，如图5-107所示。使用文本函数的嵌套，将金额作为字符串进行处理。

函数实现：在单元格B2中输入公式“=LEFT(RIGHT(“ ¥”&ROUND($A2,2)*100,11-COLUMN(A:A)+1))”，然后将其复制到其他单元格中。其中“¥”前面多加一个半角的空格，使未涉及金额的部分为空白。

B2 =LEFT(RIGHT(" ¥"&ROUND($A2,2)*100,11- COLUMN(A:A)+1))

	A	B	C	D	E	F	G	H	I	J	K	L	M
1	金额	亿	千万	百万	十万	万	千	百	拾	元	角	分	
2	3.46								¥	3	4	6	
3	22.68							¥	2	2	6	8	
4	345.79						¥	3	4	5	7	9	
5	43555.9				¥	4	3	5	5	5	9	0	
6	56900.92				¥	5	6	9	0	0	9	2	
7	134343.2			¥	1	3	4	3	4	3	1	7	
8													

图5-107 金额数字分列

窍门 11：人民币金额大写公式

上一个窍门已经分列填充了数字金额，有时财务人员还想将阿拉伯数字转换为人民币的大写金额，如图5-108所示。

M2 =SUBSTITUTE(SUBSTITUTE(SUBSTITUTE(SUBSTITUTE(SUBSTITUTE(TEXT(INT(A2),"[dbnum2]")&"元"&TEXT(RIGHT(TEXT(A2,".00"),2),"[dbnum2]0角0分"),"零元零角零分",""),"零元零角",""),"零元",""),"零角","零"),"零分","整") ←公式

	A	B	C	D	E	F	G	H	I	J	K	L	M
1	金额	亿	千万	百万	十万	万	千	百	拾	元	角	分	大写金额
2	3.46								¥	3	4	6	叁元肆角陆分
3	22.68							¥	2	2	6	8	贰拾贰元陆角捌分
4	345.79						¥	3	4	5	7	9	叁佰肆拾伍元柒角玖分
5	43555.9				¥	4	3	5	5	5	9	0	肆万叁仟伍佰伍拾伍元玖角整
6	56900.92				¥	5	6	9	0	0	9	2	伍万陆仟玖佰元玖角贰分
7	134343.2			¥	1	3	4	3	4	3	1	7	壹拾叁万肆仟叁佰肆拾叁元壹角柒分
8													

←结果

图5-108 人民币金额大写

函数实现：在单元格M2输入公式“=SUBSTITUTE(SUBSTITUTE(SUBSTITUTE(SUBSTITUTE(SUBSTITUTE(TEXT(INT(A2),” [dbnum2]”)&” 元"&TEXT(RIGHT(TEXT(A2,".00"),2),"[dbnum2]0角0分"),"零元零角零分",""),"零元零角",""),"零元",""),"零角","零"),"零分","整")”，然后将其复制到其他单元格中。

06

我们在面对包含成千上万条数据信息的表格时，经常会有些无所适从。掌握快速查找、筛选出所需信息，对特定数据进行比较、汇总等，也是Excel使用中的一大难点。本章将介绍数据排序、数据筛选和分类汇总等方面的内容，包括对行列数据排序、多关键字排序、自定义排序、自动筛选、自定义筛选和高级筛选以及分类汇总的创建与显示，最后通过一个综合实例巩固所学的内容。

第 6 章
数据分析与管理

教学目标 >>>>>>>>>>>>>>>>>>>>>>>>

通过本章的学习，你能够掌握如下内容：

※ 对数据按一定的规律进行排序

※ 利用自动筛选以显示符合条件的数据

※ 利用高级筛选以指定更复杂的筛选条件

※ 利用分类汇总获取想要的统计数据

6.1

对数据进行排序

数据排序可以使工作表中的数据记录按照规定的顺序排列，从而使工作表的条理更加清晰。本节将介绍默认排序顺序、按列简单排序、按行简单排序、多关键字复杂排序和自定义排序数据。

6.1.1 默认排序顺序

默认排序顺序是Excel 2016系统自带的排序方法。下面介绍升序排序时，默认情况下工作表中数据的排序方法。

- 文本：按照首字拼音第一个字母进行排序。
- 数字：按照从最小的负数到最大的正数的顺序进行排序。
- 日期：按照从最早的日期到最晚的日期的顺序进行排序。
- 逻辑：在逻辑值中，按照 FALSE 在前、TRUE 在后的顺序排序。
- 空白单元格：按照升序排序和按照降序排序时都排在最后。

降序排序时，默认情况下工作表中数据的排序方法与升序排序时默认情况下工作表中数据的排序方法相反。

6.1.2 按列简单排序

实战练习素材：素材\第6章\原始文件\按列简单排序.xlsx
最终结果文件：素材\第6章\结果文件\按列简单排序.xlsx

按列简单排序是指对选定的数据按照第一列数据作为排序关键字进行排序的方法。按列简单排序可以使数据结构更加清晰，便于查找。下面以"三月份员工工资表"按"应发工资"升序排序为例，将其按列简单排序，具体操作步骤如下：

01 单击工作表F列中任意一个单元格。

02 切换到功能区中的"数据"选项卡，在"排序和筛选"组中单击"升序"按钮，所有数据将按总分由低到高进行排列，如图6-1所示。

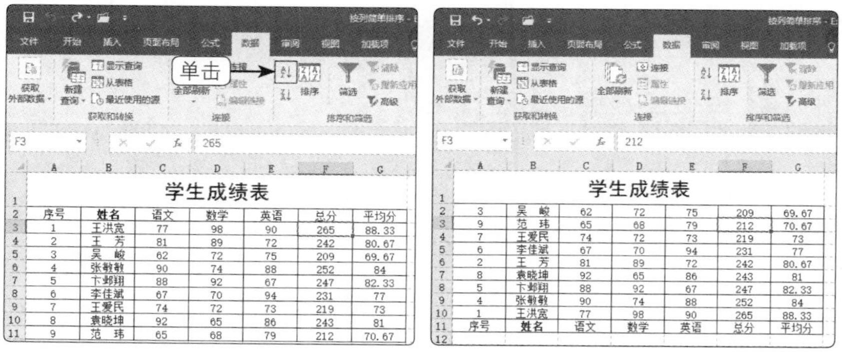

图6-1 单列升序排列

6.1.3 按行简单排序

实战练习素材：素材\第6章\原始文件\按行简单排序.xlsx
最终结果文件：素材\第6章\结果文件\按行简单排序.xlsx

按行简单排序是指对选定的数据按其中的一行作为排序关键字进行排序的方法。按行简单排序可以更加快速直观地显示数据并帮助用户更好地理解数据。按行简单排序的具体操作步骤如下：

01 打开要进行单行排序的工作表，单击数据区域中的任意一个单元格，然后切换到功能区中的"数据"选项卡，在"排序和筛选"组中单击"排序"按钮，打开"排序"对话框。

02 单击"选项"按钮，弹出"排序选项"对话框，在"方向"选项组内选中"按行排序"单选按钮，单击"确定"按钮。

03 返回"排序"对话框，单击"主要关键字"列表框右侧的向下箭头，在弹出的下拉列表中选择作为排序关键字的选项，如"行3"。在"次序"列表框中选择"升序"或"降序"选项，然后单击"确定"按钮，如图6-2所示。

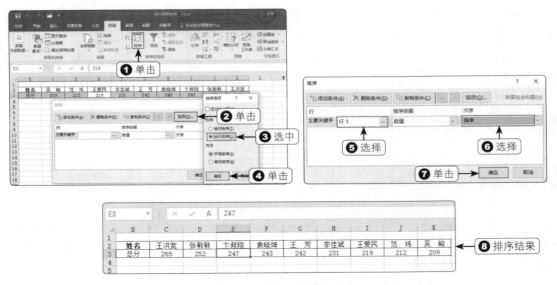

图6-2 指定按行排序

6.1.4 多关键字复杂排序

实战练习素材：素材\第6章\原始文件\多关键字复杂排序.xlsx
最终结果文件：素材\第6章\结果文件\多关键字复杂排序.xlsx

多关键字复杂排序是指对选定的数据区域按照两个以上的排序关键字按行或按列进行排序的方法。下面以"学生成绩表"的"总分"降序排列，总分相同的按"语文"降序排序为例，分别按多关键字复杂排序的方法进行操作。

01 单击数据区域中的任意一个单元格，然后切换到功能区中的"数据"选项卡，在"排序和筛选"组中单击"排序"按钮。

02 打开"排序"对话框，在"主要关键字"下拉列表框中选择排序的首要条件，如"总分"，并将"排序依据"设置为"数值"，将"次序"设置为"降序"。

03 单击"添加条件"按钮，在"排序"对话框中添加次要条件，将"次要关键字"设置为"语文"，并将"排序依据"设置为"数值"，将"次序"设置为"降序"。

04 设置完毕后，单击"确定"按钮，即可看到"总分"以降序排列，总分相同时再按"语文"降序排列，如图6-3所示。

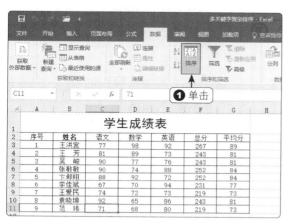

图6-3 多列排序结果

办公专家一点通

在"排序"对话框中，继续单击"添加条件"按钮，可以设置更多的排序条件；单击"删除条件"按钮可以删除选择的条件，单击 ▲ 按钮或 ▼ 按钮可以调整多个条件之间的位置关系。

6.1.5 按姓名排序日常费用表

实战练习素材：素材\第6章\原始文件\日常费用表.xlsx

在工作表中，利用排序功能可以将数据按照一定的规律进行排列。如果将要进行排序的数据是中文，则可按中文的笔划对数据进行排序。

例如，按姓名排序日常费用表的具体操作步骤如下：

01 单击"姓名"列中的任意一个单元格，切换到功能区中的"数据"选项卡，单击"排序和筛选"组中的"排序"按钮，在"排序"对话框中单击"选项"按钮，打开如图6-4所示的"排序选项"对话框，选中"笔划排序"单选按钮。

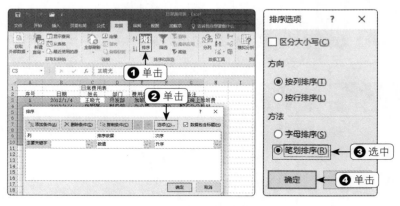

图6-4 "排序选项"对话框

02 单击"确定"按钮返回"排序"对话框，在其中设置"主要关键字"为"姓名"，如图6-5所示。单击"确定"按钮，"姓名"列中的数据即可按照首字的笔划从小到大进行排列，如图6-6所示。

图6-5 "排序"对话框

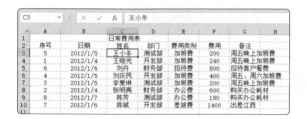

图6-6 按姓名的笔划进行排序

6.1.6 自定义排序

实战练习素材：素材\第6章\原始文件\自定义排序.xlsx
最终结果文件：素材\第6章\结果文件\自定义排序.xlsx

自定义排序是指对选定的数据区域按用户定义的顺序进行排序。这里以自定义"甲、乙、丙、丁……"为例进行排序，具体操作步骤如下：

01 选定准备排序的数据区域，切换到功能区中的"数据"选项卡，在"排序和筛选"组中单击"排序"按钮，弹出"排序"对话框。在"主要关键字"下拉列表框中选择"等级"，在"次序"下拉列表中选择"自定义序列"选项。

02 出现"自定义序列"对话框，在"自定义序列"下拉列表中选择"甲、乙、丙、丁……"，然后单击"确定"按钮。此时，在"排序"对话框的"次序"下拉列表框中显示"甲、乙、丙、丁……"，表示对"等级"所在的列按自定义"甲、乙、丙、丁……"进行排序。

03 单击"确定"按钮即可看到排序后的结果，如图6-7所示。

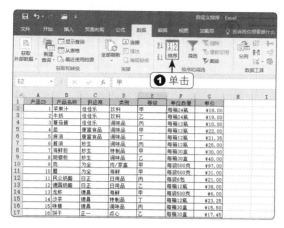

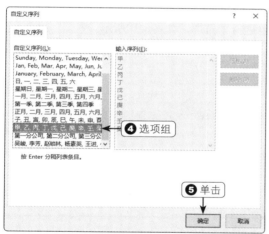

图6-7 自定义排序

6.1.7 利用颜色进行排序

> 实战练习素材：素材\第6章\原始文件\饮料价格表.xlsx
> 最终结果文件：素材\第6章\结果文件\饮料价格表.xlsx

　　用户可以根据字体的颜色或单元格的颜色对表格进行排序。例如，用户对某列中的数据设置了不同的字体颜色，并且希望根据字体颜色对该列数据进行排序，具体操作步骤如下：

01 在"口味"列的单元格中设置了两种不同的颜色，然后单击"口味"列中的任意一个单元格，切换到功能区的"数据"选项卡，单击"排序和筛选"组中的"排序"按钮，打开如图6-8所示的"排序"对话框。

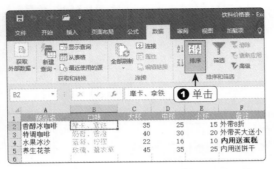

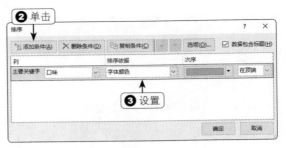

图6-8 "排序"对话框

02 将"主要关键字"设置为"口味","排序依据"设置为"字体颜色",在"次序"下拉列表框中选择一种颜色。

03 单击"添加条件"按钮添加次要关键字,设置"排序依据"为"字体颜色",在"次序"下拉列表框中选择另一种颜色,并选择"在底端"选项,如图6-9所示。

04 单击"确定"按钮,即可看到"口味"列按字体颜色进行了排序,如图6-10所示。

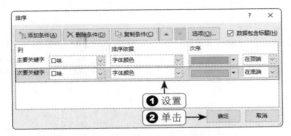

图6-9 设置次要关键字

图6-10 根据字体颜色进行排序

6.2

数据筛选

数据筛选是指隐藏不准备显示的数据行,显示指定条件的数据行的过程。使用数据筛选可以快速显示选定数据行的数据,从而提高工作效率。Excel提供了多种筛选数据的方法,包括自动筛选、高级筛选和自定义筛选。

6.2.1 自动筛选

实战练习素材:素材\第6章\原始文件\自动筛选.xlsx
最终结果文件:素材\第6章\结果文件\自动筛选.xlsx

自动筛选是指按单一条件进行数据筛选,从而显示符合条件的数据行。例如,筛选出类别为"调味品"的销售数据。具体操作步骤如下:

01 单击数据区域的任意一个单元格，切换到功能区中的"数据"选项卡，在"排序和筛选"组中单击"筛选"按钮，在表格中的每个标题右侧将显示一个向下箭头。

02 单击"类别"右侧的向下箭头，在弹出的下拉菜单中，要想仅选择"调味品"，可以撤选"全选"复选框，然后选择"调味品"复选框。

03 单击"确定"按钮即可显示符合条件的数据，如图6-11所示。

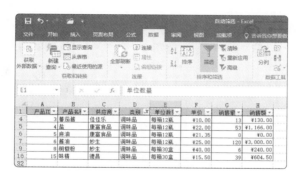

图6-11 显示符合条件的数据

如果要取消对某一列进行的筛选，可以单击该列旁边的向下箭头，在下拉菜单内选中"全选"复选框，然后单击"确定"按钮。

如果要退出自动筛选，可以再次单击"数据"选项卡的"排序和筛选"组中的"筛选"按钮。

在Excel 2016中，用户可以利用"筛选"下拉列表中的搜索框，在其中键入搜索词，相关的项目会立即显示在列表中。

6.2.2 自定义筛选

实战练习素材：素材\第6章\原始文件\自定义筛选.xlsx
最终结果文件：素材\第6章\结果文件\自定义筛选.xlsx

使用自动筛选时，对于某些特殊的条件，可以使用自定义自动筛选对数据进行筛选。例如，为了筛选出"销售额"在1000~2000之间的记录，可以按照下述步骤进行操作：

01 单击包含要筛选的数据列中的向下箭头（例如，单击"销售额"右侧的向下箭头），在下拉菜单中选择"数字筛选"→"介于"选项，出现"自定义自动筛选方式"对话框。

02 在"大于或等于"右侧的文本框中输入"1000"。如果要定义两个筛选条件，并且要同时满足，则选中"与"单选按钮；如果只需满足两个条件中的任意一个，则选中"或"单选按钮。本例中，选中"与"单选按钮。

03 在"小于或等于"右侧的文本框中输入"2000"。单击"确定"按钮，即可显示符合条件的记录，本例仅显示销售额在1000~2000之间的记录，如图6-12所示。

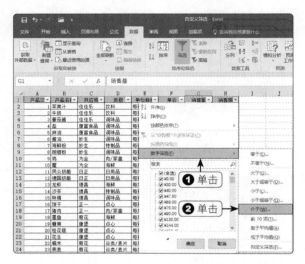 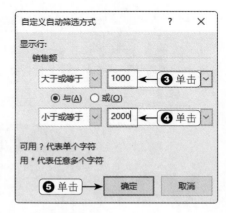

图6-12 显示筛选后的结果

6.2.3 高级筛选

高级筛选是指根据条件区域设置筛选条件而进行的筛选。使用高级筛选时需要先在编辑区输入筛选条件再进行高级筛选，从而显示出符合条件的数据行。

1. 建立条件区域

在使用高级筛选之前，用户需要建立一个条件区域，用来指定筛选的数据必须满足的条件。在条件区域的首行中包含的字段名必须与数据清单上面的字段名一样，但条件区域内不必包含数据清单中所有的字段名。条件区域的字段名下面至少有一行用来定义搜索条件。

如果用户需要查找含有相似内容的文本记录，可使用通配符"*"和"?"，如图6-13所示。

	A	B	C	D	E	F	G	H
67	66	肉松	康富食品	调味品	每箱24瓶	¥17.00	4	¥68.00
68	67	矿泉水	力锦	饮料	每箱24瓶	¥14.00	52	¥728.00
69	68	绿豆糕	康堡	点心	每箱24包	¥12.50	6	¥75.00
70	69	黑奶酪	德级	日用品	每盒24个	¥36.00	26	¥936.00
71	70	苏打水	正一	饮料	每箱24瓶	¥15.00	15	¥225.00
72	71	义大利奶酪	德级	日用品	每箱2个	¥21.50	26	¥559.00
73	72	酸奶酪	福满多	日用品	每箱2个	¥34.80	14	¥487.20
74	73	海苔皮	小坊	海鲜	每袋3公斤	¥15.00	101	¥1,515.00
75	74	鸡精	为全	特制品	每盒24个	¥10.00	4	¥40.00
76	75	浓缩咖啡	义美	饮料	每箱24瓶	¥7.75	125	¥968.75
77	76	柠檬汁	利利	饮料	每箱24瓶	¥18.00	57	¥1,026.00
78	77	辣椒粉	义美	调味品	每袋3公斤	¥13.00	32	¥416.00
79								
80								
81	产品ID	产品名称	供应商	类别	单位数量	单价	销售量	销售额
82		白*						
83								

图6-13 使用通配符作为条件

2. 使用高级筛选查找数据

实战练习素材：素材\第6章\原始文件\高级筛选.xlsx
最终结果文件：素材\第6章\结果文件\高级筛选.xlsx

建立条件区域后，就可以使用高级筛选来筛选记录了。具体操作步骤如下：

01 选定数据清单中的任意一个单元格，然后切换到功能区中的"数据"选项卡，在"排序和筛选"组中单击"高级"按钮，出现"高级筛选"对话框。

02 在"方式"选项组下，如果选中"在原有区域显示筛选结果"单选按钮，则在工作表的数据清单中只能看到满足条件的记录；如果要将筛选的结果放到其他的位置，而不扰乱原来的数据，则选中"将筛选结果复制到其他位置"单选按钮，并在"复制到"框中指定筛选后的副本放置的起始单元格。

03 在"列表区域"框中指定要筛选的区域。在"条件区域"框中指定条件区域。

单击"确定"按钮。筛选出符合条件的记录。本例仅筛选出两条以"白"开头的产品名称，如图6-14所示。

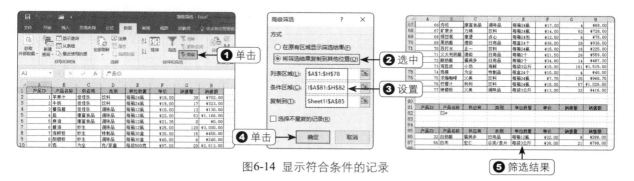

图6-14 显示符合条件的记录

3. 筛选同时满足多个条件的数据结果

实战练习素材：素材\第6章\原始文件\高级筛选.xlsx
最终结果文件：素材\第6章\结果文件\同时满足多个条件的筛选结果.xlsx

当使用高级筛选时，可以在条件区域的同一行中输入多重条件，条件之间是"与"的关系。为了使一个记录能够匹配该多重条件，全部的条件都必须被满足。如图6-15所示就是一个条件"与"的筛选结果。具体操作时只需在"高级筛选"对话框中指定"列表区域"、"条件区域"和"复制到"的正确位置即可。

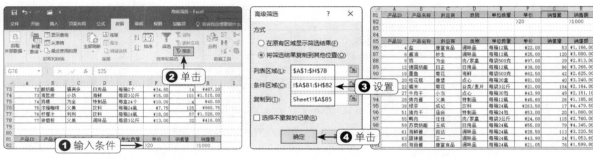

图6-15 筛选单价大于20，并且销售额大于1000的记录

4. 筛选只满足其中一个条件的数据结果

> 实战练习素材：素材\第6章\原始文件\高级筛选.xlsx
> 最终结果文件：素材\第6章\结果文件\只满足其中一个条件的筛选结果.xlsx

如果要建立"或"关系的条件区域，则将条件放在不同的行中。这时，一个记录只要满足条件之一，即可显示出来。如图6-16所示就是一个"或"的筛选结果。具体操作时只需在"高级筛选"对话框中指定"列表区域"、"条件区域"和"复制到"的正确位置即可。

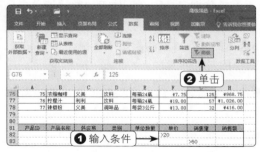 

图6-16 筛选单价大于20，或者销售量大于50的记录

6.3
分类汇总

在大型企业中，会计通过OA和ERP等企业系统进行简单的设置，就可以自动获得汇总报表。同理，Excel中的分类汇总表也可以自动获得，只要从事先设置好的源数据表中抓取数据，就能"变"出不同的分类汇总表。

所谓"分类汇总"，是指根据指定的类别将数据以指定的方式进行统计，这样可以快速将大型表格中的数据进行汇总与分析，以获得想要的统计数据。

6.3.1 创建分类汇总

实战练习素材：素材\第6章\原始文件\创建分类汇总.xlsx
最终结果文件：素材\第6章\结果文件\创建分类汇总.xlsx

插入分类汇总之前需要将准备分类汇总的数据区域按关键字排序，从而使相同关键字的行排列在相邻行中，有利于分类汇总的操作。具体操作步骤如下：

01 对需要分类汇总的字段进行排序。例如，对"销售地区"进行排序。

02 选定数据清单中的任意一个单元格，切换到功能区中的"数据"选项卡，在"分级显示"组中单击"分类汇总"按钮，出现"分类汇总"对话框。

03 在"分类字段"列表框中，选择步骤1中进行排序的字段。例如，选择"销售地区"。在"汇总方式"列表框中，选择汇总计算方式。例如，选择"求和"。在"选定汇总项"列表框中，选择想计算的列。例如，选择"销售额"。

04 单击"确定"按钮即可得到分类汇总结果，如图6-17所示。

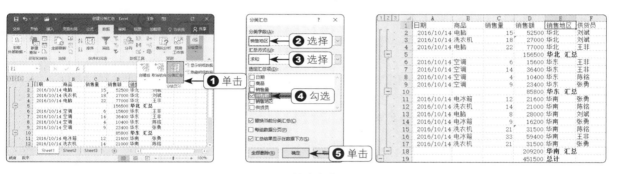

图6-17 创建分类汇总

6.3.2 分级显示分类汇总

对数据清单进行分类汇总后，在行标题的左侧出现了一些新的标志，称为分级显示符号，它主要用于显示或隐藏某些明细数据。明细数据就是进行了分类汇总的数据清单或者工作表分级显示中的分类汇总行或列。

在分级显示视图中，单击行级符号1，仅显示总和与列标志；单击行级符号2，仅显示分类汇总与总和。在本例中，单击行级符号3，会显示所有的明细数据，如图6-18所示。

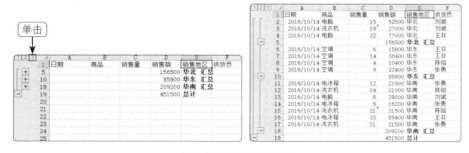

图6-18 显示明细数据

单击"隐藏明细数据"按钮，表示将当前级的下一级明细数据隐藏起来；单击"显示明细数据"按钮，表示将当前级的下一级明细数据显示出来。如图6-19所示为将"华北"明细显示出来的效果。

图6-19 显示"华北"的明细

6.3.3 嵌套分类汇总

> 实战练习素材：素材\第6章\原始文件\嵌套分类汇总.xlsx
> 最终结果文件：素材\第6章\结果文件\嵌套分类汇总.xlsx

嵌套分类汇总是指对一个模拟运算表格进行多次分类汇总，其每次分类汇总的关键字各不相同。在创建嵌套分类汇总前，需要对多次汇总的分类字段排序，由于排序字段不止一个，因此属于多列排序。下面以"销售地区"和"商品"为分类字段进行嵌套分类汇总，具体操作步骤如下：

01 切换到功能区中的"数据"选项卡，在"排序和筛选"组中单击"排序"按钮，打开"排序"对话框。将"主要关键字"设置为"销售地区"，将其"次序"设置为"升序"。单击"添加条件"按钮，将添加的"次要关键字"设置为"商品"，将其"次序"设置为"升序"，如图6-20所示。

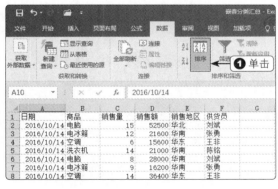

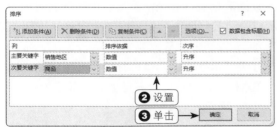

图6-20 "排序"对话框

02 设置好后单击"确定"按钮，返回到工作表中。切换到功能区中的"数据"选项卡，在"分级显示"组中单击"分类汇总"按钮，打开"分类汇总"对话框。在"分类字段"下拉列表中选择"销售地区"选项，在"汇总方式"下拉列表中选择"求和"选项，在"选定汇总项"列表框内选中"销售量"和"销售额"复选框。单击"确定"按钮，进行第一次汇总，结果如图6-21所示。

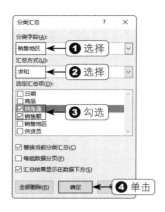

图6-21 第一次分类汇总

03 切换到功能区中的"数据"选项卡，在"分级显示"组中单击"分类汇总"按钮，再次打开"分类汇总"对话框，在"分类字段"下拉列表中选择"商品"选项，在"汇总方式"下拉列表中选择"计数"选项，在"选定汇总项"列表框内选中"供货员"复选框，撤选"替换当前分类汇总"复选框，如图6-22所示。

04 单击"确定"按钮进行第二次汇总，如图6-23所示。

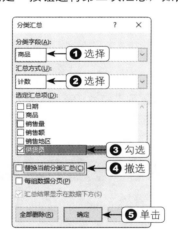

图6-22 撤选"替换当前分类汇总"复选框

图6-23 两次分类汇总形成嵌套

6.3.4 删除分类汇总

如果用户觉得不需要进行分类汇总，则切换到功能区中的"数据"选项卡，在"分级显示"组中单击"分类汇总"按钮，打开"分类汇总"对话框，单击"全部删除"按钮，即可删除分类汇总。

6.3.5 组合与分级显示

实战练习素材：素材\第6章\原始文件\组合与分级显示.xlsx
最终结果文件：素材\第6章\结果文件\组合与分级显示.xlsx

为了更方便地查看和研究数据，用户可以对数据进行组合和分级显示。分级显示是将工作表的数据分成多个层级，以便于各级的数据管理。例如，以一个学校来说，其可以分成各个年级，年级之下又分成各班，班之下再分出许多学生；学校、年级、班、学生就形成一个分级结构。

1. 创建组

上一节在执行"分类汇总"后，数据就会自动添加分级显示，Excel按照公式的参照地址方向来创建组，所有的小计公式都是合计其上方单元格的数值，所以Excel就创建垂直的组层次。每个小计都属于同一层（第2层），而总计属于比较高的一层（第1层）。

Excel除了可以创建垂直的组层次，还可以创建水平的组层次，只要公式参照其左方或右方的单元格，不过所有公式的方向必须一致。执行"分类汇总"功能可以"自动创建组"功能，它仍然是按照工作表的公式及参照地址来创建组，如图6-24所示。

2015年度销售额统计								
	一月	二月	三月	第一季	四月	五月	六月	第二季	上半年统计
北京									
黄庄店	55320	34420	41230	130970	44334	94303	56939	195576	326546
清河店	34290	83479	53208	170977	56674	84300	43500	184474	355451
昌平店	17940	45990	62204	126134	74239	48390	84390	207019	333153
北京小计	107550	163889	156642	428081	175247	226993	184829	587069	1015150
上海									
丰原店	82040	45330	83230	210600	74030	53939	43405	171374	381974
黄浦店	91304	73340	65408	230052	43213	73936	64398	181547	411599
新街店	43209	63204	43230	149643	46636	83934	83291	213861	363504
上海小计	216553	181874	191868	590295	163879	211809	191094	566782	1157077

图6-24 每一季的公式，是合计其左方3个月的数值

下面开始创建组，具体操作步骤如下：

01 选择要创建组的单元格区域，若要创建整个数据的分组，则选择数据列表中的任意一个单元格。

02 在"数据"选项卡的"分级显示"组中单击"创建组"按钮的向下箭头，在弹出的下拉菜单中选择"自动建立分级显示"选项，结果如图6-25所示。

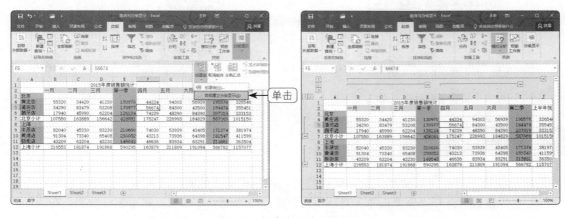

图6-25 自动建立分级显示

2. 自定义分级显示

以上介绍的做法是由Excel自动建立分级显示，其实还可以自己动手建立分组结构。例如，仅想将一月、二月、三月组成一个分组。具体操作步骤如下：

01 选择要创建组的单元格区域，本例选择B列、C列和D列中的单元格。

02 在"数据"选项卡的"分级显示"组中单击"创建组"按钮的向下箭头，在弹出的下拉菜单中选择"创建组"命令，弹出如图6-26所示的"创建组"对话框。

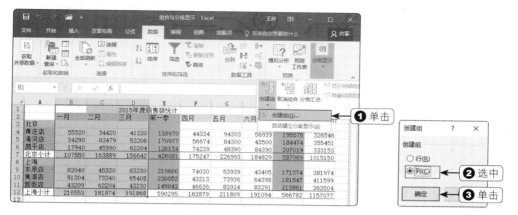

图6-26 "创建组"对话框

03 在"创建组"对话框中选中"列"单选按钮，然后单击"确定"按钮，即可将B列、C列和D列组成一个组，如图6-27所示。

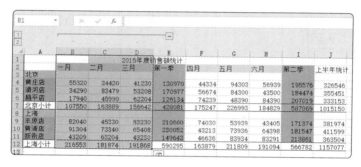

图6-27 创建组

6.4
办公实例：统计分析员工工资

本节将通过一个具体的实例——统计分析员工工资，来巩固与拓展本章所学的知识，使读者能够快速将知识应用到实际的工作中。

6.4.1 实例描述

本实例将统计分析员工的工资，主要涉及以下内容：

- 按照"工资"降序排序
- 按照"部门"升序排序，按照"工资"降序排序

- 筛选出"高级职员"的相应数据
- 筛选出"部门"为"开发部",工资低于 5000 的数据
- 以"性别"为分类依据,统计男女的人数
- 以"部门"为分类依据,统计各部门的工资总和

6.4.2 实例操作指南

实战练习素材:素材\第6章\原始文件\统计分析员工工资.xlsx
最终结果文件:素材\第6章\结果文件\统计分析员工工资.xlsx

本实例的具体操作步骤如下:

01 打开原始文件,单击"工资"列中的任意一个单元格,然后切换到功能区中的"数据"选项卡,单击"排序和筛选"组中的"降序"按钮,即可对"工资"进行降序排序,如图6-28所示。

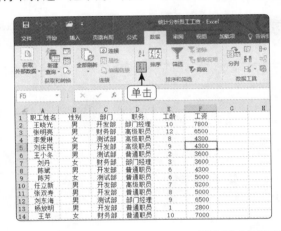
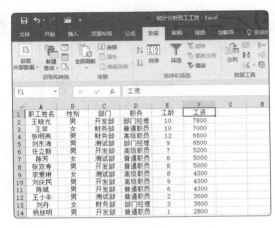

图6-28 对"工资"进行降序排序

02 单击"排序和筛选"组中的"排序"按钮,打开如图6-29所示的"排序"对话框。将"主要关键字"设置为"部门","次序"设置为"升序"。单击"添加条件"按钮,将"次要关键字"设置为"工资","次序"设置为"降序"。

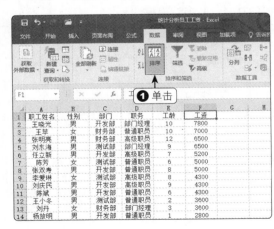
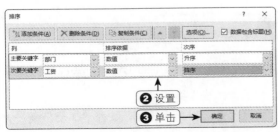

图6-29 "排序"对话框

03 单击"确定"按钮，显示如图6-30所示的多列
排序后的结果。

	A	B	C	D	E	F	G
1	职工姓名	性别	部门	职务	工龄	工资	
2	王苹	女	财务部	普通职员	10	7000	
3	张明亮	男	财务部	高级职员	12	6500	
4	刘丹	女	财务部	部门经理	3	3600	
5	刘东海	男	测试部	部门经理	9	6500	
6	陈芳	女	测试部	普通职员	6	5000	
7	李爱琳	女	测试部	高级职员	8	4300	
8	王小冬	男	测试部	普通职员	2	3600	
9	王晓光	男	开发部	部门经理	10	7800	
10	任立新	男	开发部	高级职员	7	5200	
11	张双寿	男	开发部	普通职员	8	5000	
12	刘庆民	男	开发部	高级职员	9	4300	
13	陈斌	男	开发部	普通职员	6	4300	
14	杨放明	男	开发部	普通职员	1	2800	

图6-30 多列排序后的结果

04 单击"排序和筛选"组中的"筛选"按钮，单击标题"职务"右侧的向下箭头，在弹出的下拉列表中
选择"高级职员"复选框，单击"确定"按钮，筛选出职务为"高级职员"的数据，如图6-31所示。

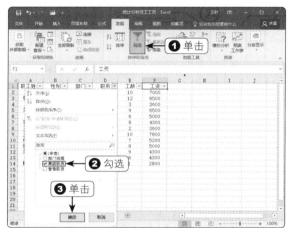

	A	B	C	D	E	F
1	职工姓	性别	部门	职务	工龄	工资
3	张明亮	男	财务部	高级职员	12	6500
7	李爱琳	女	测试部	高级职员	8	4300
10	任立新	男	开发部	高级职员	7	5200
12	刘庆民	男	开发部	高级职员	9	4300

图6-31 筛选职务为"高级职员"的数据

05 单击"排序和筛选"组中的"筛选"按钮，退出自动筛选功能。在单元格区域C17:D18中输入自定义
筛选条件，如图6-32所示。

06 单击"排序和筛选"组中的"高级"按钮，打开如图6-33所示的"高级筛选"对话框，在"列表区
域"文本框中自动选择了要筛选的数据区域，单击"条件区域"文本框右侧的折叠按钮，然后在工作表
中选择条件区域。

	A	B	C	D	E	F
1	职工姓名	性别	部门	职务	工龄	工资
2	王苹	女	财务部	普通职员	10	7000
3	张明亮	男	财务部	高级职员	12	6500
4	刘丹	女	财务部	部门经理	3	3600
5	刘东海	男	测试部	部门经理	9	6500
6	陈芳	女	测试部	普通职员	6	5000
7	李爱琳	女	测试部	高级职员	8	4300
8	王小冬	男	测试部	普通职员	2	3600
9	王晓光	男	开发部	部门经理	10	7800
10	任立新	男	开发部	高级职员	7	5200
11	张双寿	男	开发部	普通职员	8	5000
12	刘庆民	男	开发部	高级职员	9	4300
13	陈斌	男	开发部	普通职员	6	4300
14	杨放明	男	开发部	普通职员	1	2800
15						
16						
17			部门	工资		
18			开发部	<=5000		

图6-32 输入自定义筛选条件

图6-33 "高级筛选"对话框

07 单击"确定"按钮，即可得到如图6-34所示的4条符合条件的数据。单击"排序和筛选"组中的"清
除"按钮，可清除当前的筛选。

08 单击"排序和筛选"组中的"排序"按钮，打开如图6-35所示的"排序"对话框，设置两个排序条件。

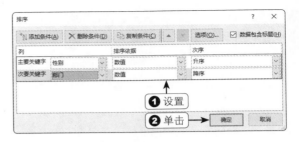

图6-34 高级筛选后的结果　　　　　　　　　　图6-35 "排序"对话框

09 单击"确定"按钮，对两列进行排序。单击"分级显示"组中的"分类汇总"按钮，打开如图6-36所示的"分类汇总"对话框。在"分类字段"下拉列表中选择"性别"，在"汇总方式"下拉列表框中选择"计数"，在"选定汇总项"列表框中选择"职工姓名"复选框。

10 单击"确定"按钮，即可统计出男女性别的人数，如图6-37所示。

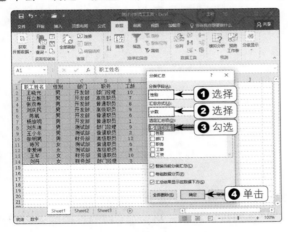

图6-36 "分类汇总"对话框　　　　　　　　　图6-37 统计出男女性别的人数

11 再次单击"分类汇总"按钮，打开"分类汇总"对话框，在"分类字段"下拉列表框中选择"部门"，在"汇总方式"下拉列表框中选择"求和"，在"选定汇总项"列表框中选择"工资"，撤选"替换当前分类汇总"复选框，如图6-38所示。

12 单击"确定"按钮，即可在原有的分类汇总的基础上进行第二次汇总，如图6-39所示。

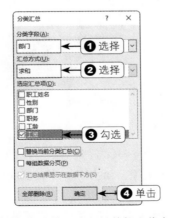

图6-38 指定第二次汇总的相应信息　　　　　　图6-39 分类汇总后的结果

6.4.3 实例总结

本实例复习了本章所讲述的关于数据的排序、筛选和分类汇总等方面的基本操作和应用技巧，主要用到以下知识点：

- 对单列快速排序
- 对多列排序
- 数据的自动筛选
- 数据的高级筛选
- 创建分类汇总
- 创建嵌套的分类汇总

6.5
提高办公效率的诀窍

窍门 1：通过 Excel 表进行排序和筛选

为了便于管理与分析一组相关数据，可以将单元格区域转换为Excel表（旧版本称为"Excel列表"）即一系列包含相关数据的行和列。

在Excel 2016中，需要将指定的区域创建为Excel表，并且该区域可以包含空行或空列。创建Excel表的操作步骤如下：

01 在工作表中，选择要转换为Excel表的空单元格或数据区域，如图6-40所示。

02 切换到功能区中的"插入"选项卡，在"表格"组中单击"表格"按钮，打开如图6-41所示的"创建表"对话框。在"表数据的来源"文本框中将自动填充步骤1选择的单元格区域，也可以重新输入一个区域。如果选择的区域包含要显示为表格标题的数据，则须选中"表包含标题"复选框。

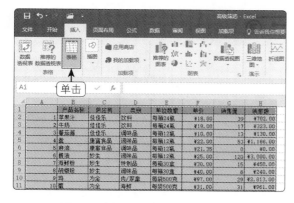

图6-40 选择要转换为Excel表的数据区域

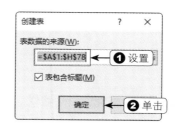

图6-41 "创建表"对话框

03 单击"确定"按钮，即可创建一个Excel表，如图6-42所示。在创建表的每个标题右侧都有一个下拉按钮，单击该按钮即可在弹出的下拉列表中进行排序和筛选操作。

04 单击表中的任意一个单元格，切换到功能区中的"设计"选项卡，在"表格样式"组的列表中可以更改表的样式。如果要将表转换为创建前的普通数据区域，那么只需使用鼠标右键单击表中任意一个单元格，在弹出的快捷菜单中选择"表格"→"转换为区域"命令即可。

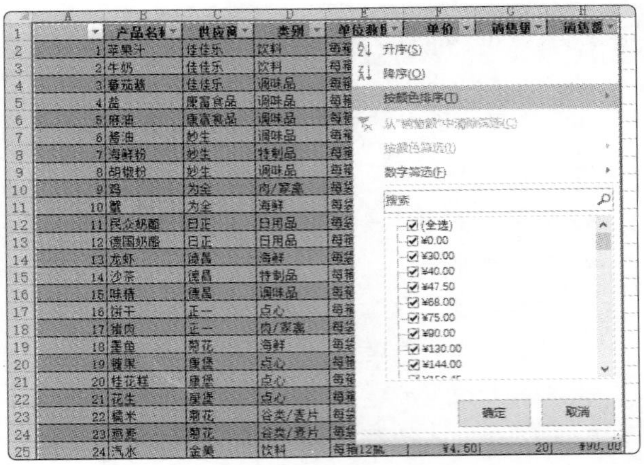

图6-42 创建Excel表

窍门2：对数据进行合并计算

一个公司可能有很多的销售地区或者分公司，每个分公司具有各自的销售报表和会计报表，为了对整个公司的情况进行全面的了解，需要将这些分散的数据进行合并，从而得到一份完整的销售统计报表或者会计报表。在Excel中，系统提供了合并计算的功能，可以轻松完成这些汇总工作。

Excel提供了两种合并计算数据的方法，一是通过位置（适用于源区域有相同位置的数据汇总），二是通过分类（适用于源区域没有相同布局的数据汇总）。

1. 通过位置合并计算数据

如果所有源区域中的数据按同样的顺序和位置排列，则可以通过位置进行合并计算。例如，如果用户的数据来自同一模板创建的一系列工作表，则可通过位置合并计算数据。在本例中，"一分公司"、"二分公司"和"三分公司"分别放在不同的工作表中，要把相关的数据统计到一个工作表中，具体操作步骤如下：

01 单击"视图"选项卡上的"新建窗口"按钮，新建一个工作簿窗口，如图6-43所示。

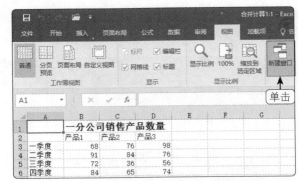

图6-43 单击"新建窗口"按钮

02 再单击3次"新建窗口"按钮，共新建4个工作簿窗口。

03 切换到功能区中的"视图"选项卡，在"窗口"组中单击"全部重排"按钮，出现如图6-44所示的"重排窗口"对话框。

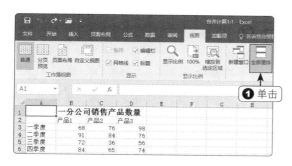
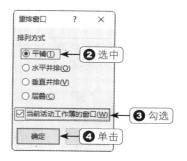

图6-44 "重排窗口"对话框

04 选中"平铺"单选按钮以及"当前活动工作簿的窗口"复选框，单击"确定"按钮，即可同时显示当前的工作簿窗口，分别切换显示不同的工作表。

05 单击合并计算数据目标区域左上角的单元格。例如，单击"合并计算"工作表标签，并选定单元格A1。

06 切换到功能区中的"数据"选项卡，在"数据工具"组中单击"合并计算"按钮，出现如图6-45所示的"合并计算"对话框。

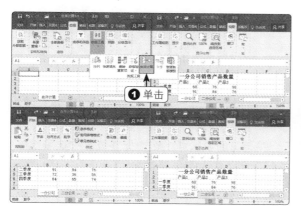
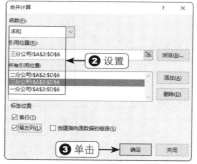

图6-45 "合并计算"对话框

07 在"函数"列表框中确定合并汇总计算的方法。例如，选择"求和"。在"引用位置"框中指定要加入合并计算的源区域。例如，单击"引用位置"框右侧的"折叠对话框"按钮，然后在"一分公司"所在的工作表中选定相应的单元格区域。

08 再次单击"引用位置"框右侧的"展开对话框"按钮，返回到对话框，可以看到单元格引用出现在"引用位置"框中。单击"添加"按钮，将在"所有引用位置"框中增加一个区域。

09 重复步骤7~8的操作，直到选定所有要合并计算的区域。

10 单击"确定"按钮。将3个工作表的数据合并到一个工作表中，如图6-46所示。

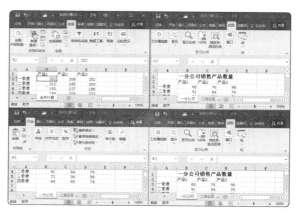

图6-46 合并计算的结果

2. 通过分类合并计算数据

当源区域包含相似的数据，却以不同方式排列时，可以通过分类来合并计算数据。例如，以下面的表格为例，在"各部门平均年龄及工资"表中进行平均值合并计算，具体操作步骤如下：

01 单击合并计算数据目标区域左上角的单元格，切换到功能区中的"数据"选项卡，单击"数据工具"组中的"合并计算"按钮。

02 出现如图6-47所示的"合并计算"对话框，在"函数"下拉列表框中选择"平均值"函数。

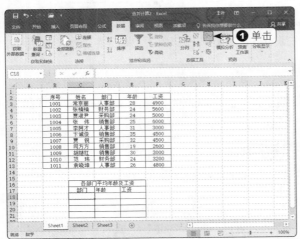

图6-47 "合并计算"对话框

03 在"引用位置"框中，选定或输入需要进行合并计算的源区域。在"标签位置"选项组中，选中指示标签在源区域中位置的复选框，例如，选中"首行"和"最左列"复选框。

单击"确定"按钮。如图6-48所示为按分类进行合并计算的结果。

	序号	姓名	部门	年龄	工资
	1001	常京丽	人事部	28	4900
	1002	张楠楠	财务部	24	5600
	1003	贾湛尹	采购部	24	5000
	1004	张 伟	销售部	25	6000
	1005	李阿才	人事部	31	3000
	1006	卞诚俊	销售部	35	4500
	1007	贾 锐	采购部	32	4500
	1008	司方方	销售部	19	2600
	1009	胡继红	销售部	30	3000
	1010	范 玮	财务部	24	3200
	1011	袁晓坤	人事部	26	4800

各部门平均年龄及工资		
部门	年龄	工资
人事部	28.33333	4233.333
财务部	24	4400
采购部	28	4750
销售部	27.25	4025

图6-48 按照分类合并计算

窍门3：使用RANK函数排序

对某些数值列（如工龄、工资、名次等）进行排序时，用户可能不希望打乱表格原有数据的顺序，而只需得到一个排列名次。关于这个问题，可以使用RANK函数来实现。具体操作步骤如下：

01 选定单元格J4，输入公式"=RANK(H4,$H$4:$H$21)"，然后按Enter键确认得到单元格K4数据的排名。

02 再次选定单元格J4，将鼠标移到该单元格右下角的填充柄处，按住鼠标左键向下拖动到最后一个数据为止，就出现排名次序了，如图6-49所示。

员工编号	姓名	Excel应用	商务英语	市场营销	广告学	总分	平均分	名次
1001	冯秀娟	77	98	90	79	344	86	1
1002	张楠楠	81	89	72	80	322	80.5	4
1003	贾淑媛	62	72	75	77	286	71.5	14
1004	张 伟	90	74	88	67	319	79.75	7
1005	李阿才	88	92	67	64	311	77.75	8
1006	卞诚俊	67	70	94	79	310	77.5	10
1007	贾 锐	74	72	73	80	299	74.75	12
1008	司方方	92	65	86	77	320	80	6
1009	胡继红	65	68	79	67	279	69.75	15
1010	范 玮	75	71	75	90	311	77.75	8
1011	袁晓坤	52	48	59	64	223	55.75	18
1012	王爱民	48	56	58	62	224	56	17
1013	李佳斌	57	51	64	60	232	58	16
1014	卞邮翔	85	73	93	87	338	84.5	2
1015	张敏敏	76	89	90	80	335	83.75	3
1016	吴 峻	80	92	72	77	321	80.25	5
1017	王 芳	64	90	75	79	308	77	11
1018	王洪宽	73	74	67	80	294	73.5	13

图6-49 计算排名次序

窍门4：对高于或低于平均值的数值设置格式

用户可以在单元格区域中查找高于或低于平均值或标准偏差的值。例如，可以在年度业绩审核中查找业绩高于平均水平的人员，或者在质量评级中查找低于两倍标准偏差的制造材料。具体操作步骤如下：

01 选定单元格区域，切换到功能区中的"开始"选项卡，在"样式"组中单击"条件格式"按钮，在弹出的菜单中指向"项目选取规则"命令。

02 在子菜单中选择所需的命令，如"高于平均值"（或"低于平均值"），如图6-50所示。

打开如图6-51所示的"高于平均值"对话框，在"针对选定区域，设置为"下拉列表框中选择一种格式；或者单击下拉列表框中的"自定义格式"选项，打开"设置单元格格式"对话框，对字体、边框与字体颜色进行设置。

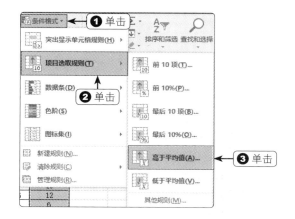

图6-50 选择"高于平均值"命令

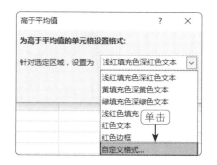

图6-51 "高于平均值"对话框

03 设置完毕后单击"确定"按钮返回。

窍门 5：快速删除表格中重复的数据

用户在制作表格时经常不小心输入重复的数据，此时如果要一行一行地找出重复数据，需要花费不少时间。在此为读者介绍快速删除重复数据的方法。

01 首先使用"筛选"功能将表格抽出，然后隐藏所有重复的数据，接着将隐藏重复数据的表格复制到另一张工作表中，如此就能够完成没有重复数据的表格了。

02 单击表格中的单元格，切换到"数据"选项卡，单击"排序和筛选"组中的"高级"按钮，打开如图6-52所示的"高级筛选"对话框。

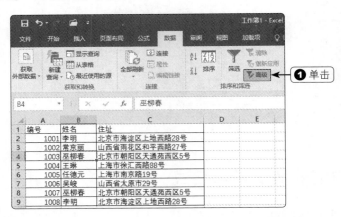
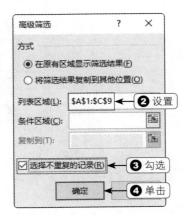

图6-52 "高级筛选"对话框

03 单击"列表区域"右侧的按钮，然后在表格中选择要调查有无重复数据的列（在此选择"姓名"与"地址"的B、C两列），然后再次单击右侧按钮返回到"高级筛选"对话框中。

04 选中"选择不重复的记录"复选框，然后单击"确定"按钮，就能够隐藏重复数据的行，如图6-53所示。之后再复制这张表格粘贴到其他的工作表中即可。

	A	B	C
1	编号	姓名	住址
2	1001	李明	北京市海淀区上地西路28号
3	1002	常京丽	山西省雨花区和平西路27号
4	1003	巫柳春	北京市朝阳区天通苑西区5号
5	1004	王琳	上海市徐汇西路88号
6	1005	任德元	上海市南京路19号
7	1006	吴峻	山西省太原市29号

图6-53 隐藏了重复的数据

07

为了使数据更加直观，可以将数据以图表的形式展示出来，因为利用图表可以很容易发现数据间的对比或联系。本章将讲述在Excel中使用图表分析数据的方法，最后通过一个综合实例巩固所学内容。

第 7 章
使用图表

教学目标 〉〉〉〉〉〉〉〉〉〉〉〉〉〉〉〉〉〉〉〉

通过本章的学习，你能够掌握如下内容：

※　创建与调整图表格式
※　修改图表的内容，并将制作好的图表保存为模板
※　迷你图的使用

7.1

图表类型介绍

Excel虽然提供了70多种图表样式，如果不明白每种图表类型的特性，画出来的图表还是无法提供给相关人员做出决策判断，因此首先来认识一下Excel图表类型。

切换到"插入"选项卡，在"图表"区中可以看到内置的图表类型，如图7-1所示。

图7-1 内置的图表类型

- 柱形图：柱形图是最普遍使用的图表类型，它很适合用来表现一段期间内数量上的变化，或者比较不同项目之间的差异，各种项目放置在水平坐标轴上，而其值以垂直的柱形显示。例如近三年来旅游人数的统计，如图 7-2 所示。

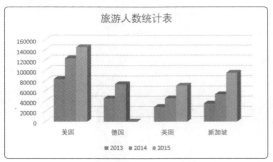

图7-2 柱形图

- 折线图：显示一段时间内的连续数据，适合用来显示相等间隔（每月、每季、每年……）的数据趋势。例如，外贸协会统计第一季～第四季的外销订单金额，用折线图来查看各类产品的成长或衰退趋势，如图 7-3 所示。

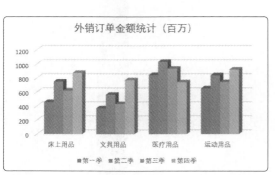

图7-3 折线图

- 饼图：饼图只能有一组数据系列，每个数据系列都有唯一的色彩或者图样，饼图适合用来表现各个项目在全体数据中所占的比例。例如，要查看服装中卖得最好的是哪一款，就可以用饼图来表示，如图7-4所示。

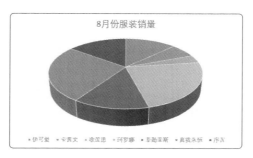

图7-4 饼图

- 条形图：可以显示每个项目之间的比较情况，Y轴表示类别项目，X轴表示值。条形图主要是强调各项目之间的比较，不强调时间。例如，可以查看各地区的销售额或者各项商品的人气指数，如图7-5所示。

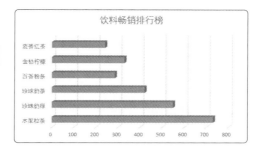

图7-5 条形图

- 面积图：强调一段时间的变动程度，可由值看出不同时间或类别的趋势。例如，可用面积图强调某个时间的利润数据，或者某个地区的销售成长状况。如图7-6所示是某省近年来各县市新生入学的统计表。

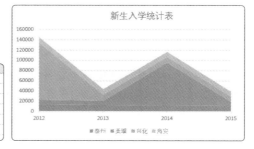

图7-6 面积图

- 散点图：显示两组或者多组数据系列之间的关联。如果散点图包含两组坐标轴，会在水平坐标轴显示一组数据系列，在垂直坐标轴显示另一组数据，图表会将这些值合并成单一的数据点，并以不均匀间隔显示这些值。散点图通常用于科学、统计以及工程数据，还可以拿来进行产品的比较。例如，冰热两种饮料会随着气温变化而影响销售量，气温越高，冷饮的销量越好，如图7-7所示。

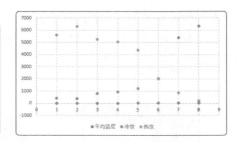

图7-7 散点图

- 股价图：股价图用于说明股价的波动。例如，可以依序输入成交量、开盘价、盘高、盘低、收盘价的数据，来当作投资的趋势分析图，如图7-8所示。

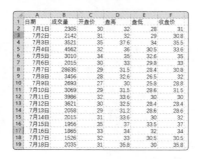

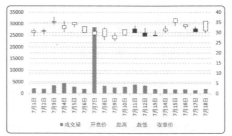

图7-8 股价图

- 圆环图：与饼图类似，不过圆环图可以包含多个数据系列，而饼图只能包含一组数据系列。例如，如图7-9所示可以看到各空调厂商4年的销售情况。

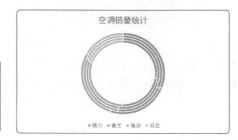

图7-9 圆环图

- 气泡图：气泡图和散点图类似，不过气泡图可以比较3组数值，其数据在工作表中是以列进行排列的，水平坐标轴的数值（X轴）在第一列中，而对应的垂直坐标轴数值（Y轴）以及气泡大小值列在相邻的列中。例如，如图7-10所示的例子，X轴代表产品的销售量，Y轴代表产品的销售额，而气泡的大小是广告费。

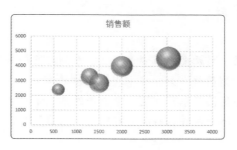

图7-10 气泡图

● 雷达图：可以用来进行多个数据系列的比较。例如，利用雷达图来了解每位学生最擅长及最不擅长的科目，如图 7-11 所示。

图7-11 雷达图

7.2

即时创建图表

实战练习素材：素材\第7章\原始文件\即时创建图表.xlsx
最终结果文件：素材\第7章\结果文件\即时创建图表.xlsx

使用Excel 2016的"快速分析"工具，只需一次单击即可将数据转换为图表。具体操作步骤如下：

01 选择包含要分析数据的单元格区域，单击显示在选定数据右下方的"快速分析"按钮。在"快速分析"库中单击"图表"选项卡，单击要使用的图表类型，即可快速创建图表，如图7-12所示。

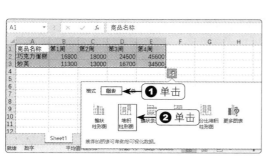

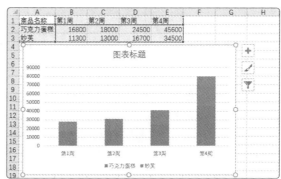

图7-12 即时创建图表

02 当用户创建图表后，在图表旁新增三个按钮，让用户快速选择和预览对图表元素（例如标题或标签）、图表的外观和样式或显示数据的更改。

7.3 创建图表的基本方法

> 实战练习素材：素材\第7章\原始文件\创建图表.xlsx
> 最终结果文件：素材\第7章\结果文件\创建图表.xlsx

图表既可以放在工作表上，也可以放在工作簿的图表工作表上。直接出现在工作表上的图表称为嵌入式图表，图表工作表是工作簿中仅包含图表的特殊工作表。嵌入式图表和图表工作表都与工作表的数据相链接，并随工作表数据的更改而更新。

创建图表的具体操作步骤如下：

01 在工作表中选定要创建图表的数据。

02 切换到功能区中的"插入"选项卡，在"图表"组中选择要创建的图表类型，这里单击"柱形图"按钮，在弹出的菜单中选择需要的图表类型，即可在工作表中创建图表，如图7-13所示。

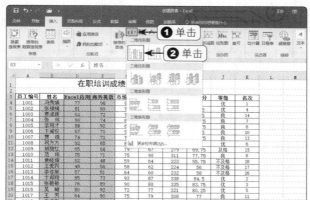
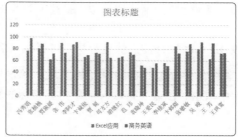

图7-13 创建图表

办公专家一点通

为数据创建合适的图表

Excel 2016提供了"图表推荐"功能，可以针对选择的数据推荐最合适的图表。用户只需选择数据区域后，单击"插入"选项卡中的"图表"组的"推荐的图表"按钮，在打开的对话框中通过快速预览查看选择的数据在不同图表中的显示方式，然后选择能够展示想呈现的概念的图表，如图7-14所示。

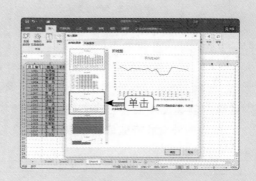

图7-14 推荐的图表

7.4

图表的基本操作

创建图表并将其选定后，功能区将多出"图表工具/设计"、"图表工具/格式"选项卡。通过这两个选项卡中的命令按钮，可以对图表进行各种设置和编辑。

7.4.1 选定图表项

对图表中的图表项进行修饰之前，应该单击图表项将其选定。有些成组显示的图表项（如数据系列和图例等）各自可以细分为单独的元素，例如，为了在数据系列中选定一个单独的数据标记，先单击数据系列，再单击其中的数据标记。

另外一种选择图表项的方法是：单击图表的任意位置将其激活，然后切换到"格式"选项卡，单击"图表元素"列表框右侧的向下箭头，在弹出的下拉列表中选择要处理的图表项，如图7-15所示。

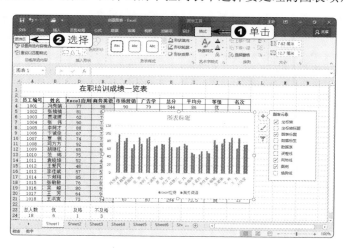

图7-15 选择图表项

7.4.2 调整图表大小和位置

 实战练习素材：素材\第7章\原始文件\调整图表大小和位置.xlsx
最终结果文件：素材\第7章\结果文件\调整图表大小和位置.xlsx

要调整图表的大小，可以直接将鼠标移动到图表的浅蓝色边框的控制点上，当形状变为双向箭头时拖动鼠标即可调整图表的大小；也可以在"格式"选项卡的"大小"组中精确设置图表的高度和宽度。

移动图表位置分为在当前工作表中移动和在工作表之间移动两种情况。在当前工作表中移动与移动文本框和艺术字等对象的操作是一样的，只要单击图表区并按住鼠标左键进行拖动即可。下面主要介绍在工作表之间移动图表的方法，例如要将Sheet1中的图表移动到Sheet2中，具体操作步骤如下：

01 鼠标右键单击工作表Sheet1中的图表区，在弹出的快捷菜单中选择"移动图表"命令。

02 打开"移动图表"对话框，选中"对象位于"单选按钮，在右侧的下拉列表中选择Sheet2选项。单击"确定"按钮，即可将Sheet1的图表移动到Sheet2中，如图7-16所示。

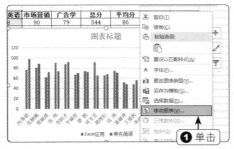  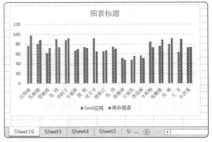

图7-16 将图表从一个工作表移到另一个工作表中

 还可以单击图表中的图表区，然后切换到功能区中的"设计"选项卡，在"位置"组中单击"移动图表"按钮，然后在"移动图表"对话框中进行移动图表的操作。

7.4.3 更改图表源数据

实战练习素材：素材\第7章\原始文件\更改图表源数据.xlsx
最终结果文件：素材\第7章\结果文件\更改图表源数据.xlsx

在图表创建好后，可以在日后根据需要随时向图表中添加新数据，或者从图表中删除现有的数据。本节将介绍重新添加所有数据、添加部分数据、交换图表的行与列、删除图表中的数据等。

1. 重新添加所有数据

重新添加所有数据的具体操作步骤如下：

01 鼠标右键单击图表中的图表区，在弹出的快捷菜单中选择"选择数据"命令，打开"选择数据源"对话框，单击"图表数据区域"右侧的折叠按钮，如图7-17所示。

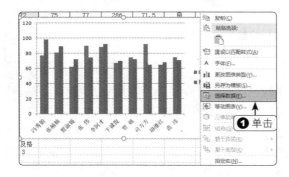 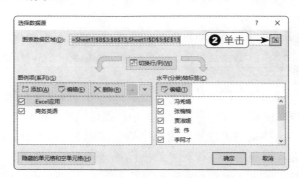

图7-17 "选择数据源"对话框

02 返回Excel工作表重新选择数据源区域，在折叠的"选择数据源"对话框中显示重新选择后的单元格区域，如图7-18所示。

03 单击展开按钮，返回"选择数据源"对话框，将自动输入新的数据区域，并添加相应的图例和水平轴标签，如图7-19所示。

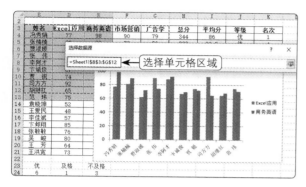

图7-18 重新选择数据源的区域

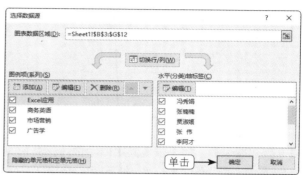

图7-19 选择数据后的"选择数据源"对话框

04 确认无误后单击"确定"按钮，即可在图表中添加新的数据，如图7-20所示。

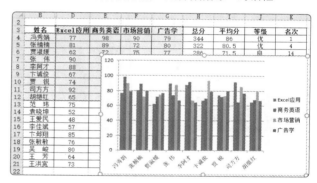

图7-20 在图表中添加了新数据

2. 添加部分数据

除了添加所有数据外，还可以根据需要只添加某一列数据到图表中。具体操作步骤如下：

01 打开"选择数据源"对话框，单击"添加"按钮，打开"编辑数据系列"对话框，通过单击折叠按钮分别选择好"系列名称"和"系列值"，如图7-21所示。

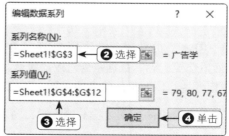

图7-21 "编辑数据系列"对话框

02 单击"确定"按钮，返回"选择数据源"对话框，可以看到添加的图例项。单击"确定"按钮，即可在图表中添加选择的数据区域，如图7-22所示。

完全掌握 Excel 2016 高效办公

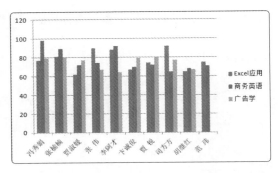

> 办公专家一点通
> 向图表中添加数据最简单的方法就是复制工作表的数据并粘贴到图表中，首先选择要添加到图表中的单元格区域，然后切换到"开始"选项卡，单击"剪贴板"组中的"复制"按钮。单击图表将其选中，再单击"剪贴板"组中的"粘贴"按钮。

图7-22 添加了"广告学"的数据系列

3. 交换图表的行与列

创建图表后，如果发现其中的图例与分类轴的位置颠倒了，可以很方便地对其进行调整。打开"选择数据源"对话框，单击"切换行/列"按钮，然后单击"确定"按钮即可，效果如图7-23所示。

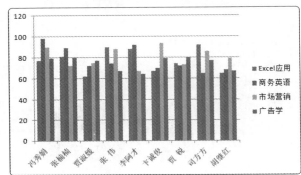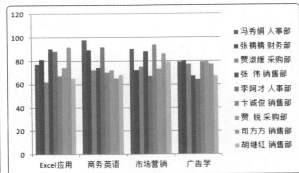

图7-23 交换图表的行与列

> 办公专家一点通
> 也可以选中图表后，切换到功能区中的"设计"选项卡，在"数据"组中单击"切换行/列"按钮，即可快速交换图表的行与列。

4. 删除图表中的数据

要删除图表中的数据，可以按照下述步骤进行操作：

01 选定图表，在图表的右侧会出现3个按钮，单击"图表筛选器"按钮，在弹出的窗口中单击"数值"选项卡，然后撤选要删除的数据系列对应的复选框。

02 单击"应用"按钮，即可从图表中删除，如图7-24所示。

另外，当工作表中的某项数据被删除时，图表内相应的数据系列也会消失。

206

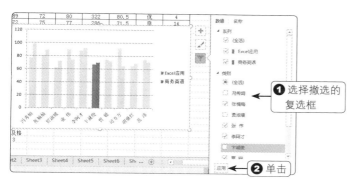
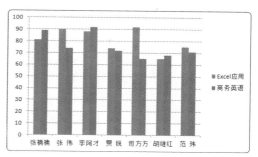

图7-24 删除图表中的数据

7.5

修改图表内容

　　一个图表中包含多个组成部分，默认创建的图表只包含其中的几项，如果希望图表显示更多的信息，就有必要添加一些图表布局元素。另外，为了使图表更加美观，也可以为图表设置样式。

7.5.1　添加并修饰图表标题

　　实战练习素材：素材\第7章\原始文件\添加图表标题.xlsx
　　最终结果文件：素材\第7章\结果文件\添加图表标题.xlsx

　　如果要为图表添加一个标题并对其进行美化，可以按照下述步骤进行操作：

01 单击图表将其选中，单击右侧的"图表元素"按钮，在弹出的窗口内选中"图表标题"复选框，如图7-25所示。还可以单击该复选框右侧的箭头，进一步选择放置标题的方式。

02 在文本框中输入标题文本，如图7-26所示。

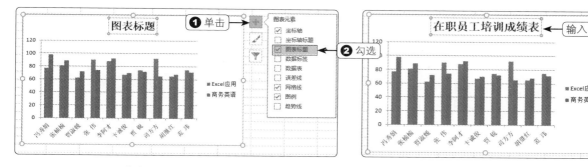

图7-25 选中"图表标题"选框　　　　　　　　　图7-26 添加图表标题

03 鼠标右键单击标题文本，在弹出的快捷菜单中选择"设置图表标题格式"命令，打开"设置图表标题格式"窗格，单击"标题选项"选项卡，可以为标题设置填充、边框颜色、边框样式、阴影、三维格式以及对齐方式等，如图7-27所示。

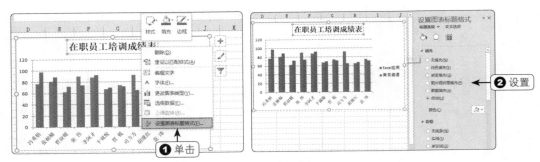

图7-27 设置标题的格式

办公专家一点通

用户还可以选定图表后,单击"设计"选项卡中的"图表布局"组中的"添加图表元素"按钮,在弹出的下拉菜单中选择"图表标题"命令,再选择一种放置标题的方式。

7.5.2 设置坐标轴及标题

用户可以决定是否在图表中显示坐标轴以及显示的方式,而为了使水平和垂直坐标的内容更加明确,还可以为坐标轴添加标题。设置图表坐标轴及标题的具体操作步骤如下:

01 单击图表区,然后切换到功能区中的"设计"选项卡,单击"添加图表元素"按钮,在弹出的下拉菜单中单击"坐标轴"选项,然后选择要设置"主要横坐标轴"还是"主要纵坐标轴"。

02 要设置坐标轴标题,可以在"添加图表元素"下拉菜单中单击"轴标题"按钮,然后选择要设置"主要横坐标轴标题"还是"主要纵坐标轴标题"。如图7-28所示是将"主要横坐标轴标题"输入"姓名",将"主要纵坐标轴标题"输入"考试成绩"。

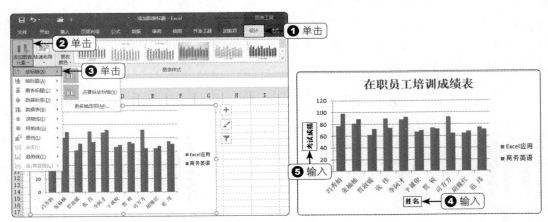

图7-28 设置图表的坐标轴和标题

03 鼠标右键单击图表中的横坐标轴或纵坐标轴,在弹出的快捷菜单中选择"设置坐标轴格式"命令,在打开的"设置坐标轴格式"窗格中对坐标轴进行设置。采用同样的方法,鼠标右键单击横坐标轴标题或纵坐标轴标题,在弹出的快捷菜单中选择"设置坐标轴标题格式"命令,在打开的"设置坐标轴标题格式"窗格中单击相应的选项卡,然后设置坐标轴标题的格式,如图7-29所示。

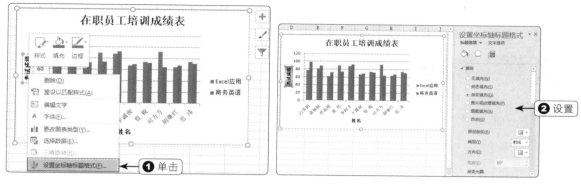

图7-29 "设置坐标轴标题格式"窗格

7.5.3 添加图例

图例中的图标代表每个不同的数据系列的标识。如果要添加图例，可以选择图表，然后切换到功能区中的"设计"选项卡，在"图表布局"组中单击"添加图表元素"按钮，在弹出的菜单中选择"图例"命令，再选择一种放置图例的方式，Excel会根据图例的大小重新调整绘图区的大小，如图7-30所示。

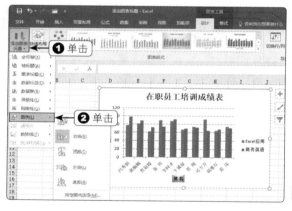
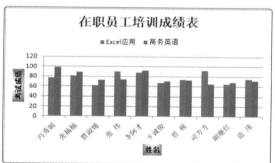

图7-30 添加图例

鼠标右键单击图例，在弹出的快捷菜单中选择"设置图例格式"命令，打开"设置图例格式"窗格，与设置图表标题格式类似，在该窗格中也可以设置图例的位置、填充色、边框颜色、边框样式和阴影效果。

7.5.4 添加数据标签

用户可以为图表中的数据系列、单个数据点或者所有数据点添加数据标签，数据标签是显示在数据系列上的数据标记（数值）。添加的标签类型由选定数据点相连的图表类型决定。

如果要添加数据标签，单击图表区，然后切换到功能区中的"设计"选项卡，单击"添加图表元素"按钮，在弹出的下拉菜单中选择"数据标签"命令，再选择添加数据标签的位置即可，效果如图7-31所示。

如果要对数据标签的格式进行设置，可以单击"数据标签"子菜单中的"其他数据标签选项"命令，打开"设置数据标签格式"窗格。单击"标签选项"选项卡，可以设置数据标签的显示内容、标签位置、数字的显示格式以及文字对齐方式等，如图7-32所示。

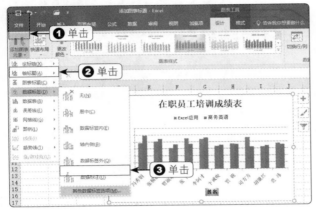

图7-31 添加数据标签

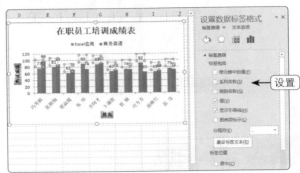

图7-32 设置数据标签格式

7.5.5　显示数据表

数据表是显示在图表下方的网格，其中有每个数据系列的值。如果要在图表中显示数据表，可以单击该图表，然后切换到功能区中的"设计"选项卡，单击"添加图表元素"按钮，在弹出的下拉菜单中单击"数据表"命令，再选择一种放置数据表的方式，效果如图7-33所示。

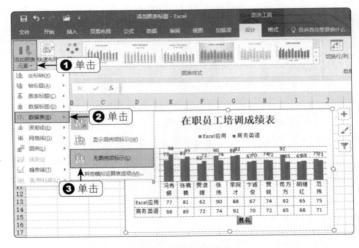

图7-33 显示数据表

7.5.6　更改图表类型

 实战练习素材：素材\第7章\原始文件\更改图表类型.xlsx

图表类型的选择是相当重要的，选择一个能最佳表现数据的图表类型，有助于更清晰地反映数据的差异和变化。Excel提供了若干种标准的图表类型和自定义的类型，用户在创建图表时可以选择所需的图表类型。当对创建的图表类型不满意时，可以更改图表的类型，具体操作步骤如下：

01 如果是一个嵌入式图表，则单击图表以将其选定；如果是图表工作表，则单击相应的工作表标签以将其选定。

02 切换到功能区中的"设计"选项卡，在"类型"组中单击"更改图表类型"按钮，出现如图7-34所示的"更改图表类型"对话框。

03 在"图表类型"列表框中选择所需的图表类型，再从右侧选择所需的子图表类型。

04 单击"确定"按钮，结果如图7-35所示。

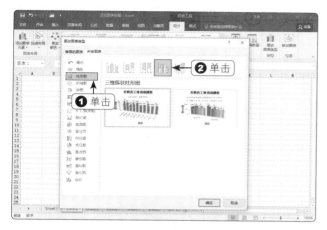

图7-34 "更改图表类型"对话框

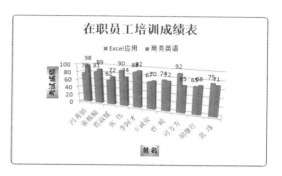

图7-35 更改图表类型后的效果

7.5.7 设置图表布局和样式

实战练习素材：素材\第7章\原始文件\设置图表布局和样式.xlsx
最终结果文件：素材\第7章\结果文件\设置图表布局和样式.xlsx

创建图表后，可以使用Excel提供的布局和样式来快速设置图表外观，这对于不熟悉分步调整图表选项的用户来说是比较方便的。设置图表样式的具体操作步骤如下：

01 单击图表中的图表区，切换到功能区中的"设计"选项卡，在"图表布局"选项组中单击"快速布局"按钮，在弹出的下拉菜单中选择图表的布局类型，如图7-36所示。

02 单击图表中的图表区，然后在"设置"选项卡的"图表样式"组中选择图表的颜色搭配方案，如图7-37所示。选择图表布局和样式后，即可快速得到最终的效果，非常美观。

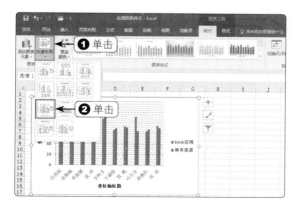

图7-36 设置图表布局

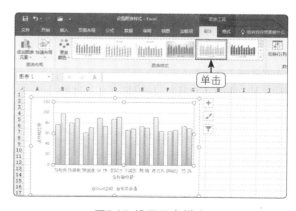

图7-37 设置图表样式

7.5.8 设置图表区与绘图区的格式

 实战练习素材：素材\第7章\原始文件\设置图表区与绘图区的格式.xlsx
最终结果文件：素材\第7章\结果文件\设置图表区与绘图区的格式.xlsx

图表区是放置图表及其他元素（包括标题与图形）的大背景。单击图表的空白位置，当图表最外框出现8个句柄时，表示选定了该图表区。绘图区是放置图表主体的背景。

设置图表区和绘图区格式的具体操作步骤如下：

01 单击图表，切换到功能区中的"格式"选项卡，在"当前所选内容"组的"图表元素"下拉列表框中选择"图表区"，选中图表的图表区。

02 单击"设置所选内容格式"按钮，弹出"设置图表区格式"窗格。

03 选择左侧列表框中的"填充"选项，在右侧可以设置填充效果。例如，本例以纹理作为填充色，如图7-38所示。

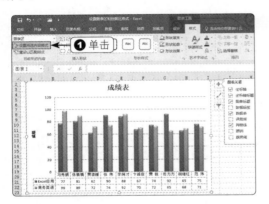 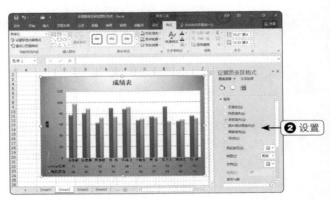

图7-38 设置纹理作为图表区的填充色

04 还可以进一步设置边框颜色、边框样式或三维格式等，然后单击窗格右上角的"关闭"按钮。

05 切换到功能区中的"格式"选项卡，在"当前所选内容"组的"图表元素"列表框中选择"绘图区"，选中图表的绘图区。

06 重复步骤2~4的操作，可以设置绘图区的格式，如图7-39所示。

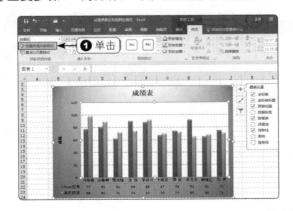 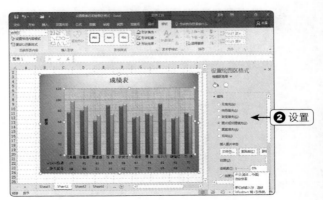

图7-39 设置绘图区的格式

7.5.9 添加趋势线

实战练习素材：素材\第7章\原始文件\添加趋势线.xlsx
最终结果文件：素材\第7章\结果文件\添加趋势线.xlsx

趋势线应用于预测分析，也称回归分析。利用回归分析，可以在图表中生成趋势线，根据实际数据向前或向后模拟数据的走势。还可以创建移动平均，平滑处理数据的波动，从而更清晰地显示图案和趋势。

可以在非堆积型二维面积图、条形图、柱形图、折线图、股价图、气泡图和XY（散点）图中为数据系列添加趋势线，但不可以在三维图表、堆积型图表、雷达图、饼图或圆环图中添加趋势线。

下面以创建折线图为例，然后为折线图添加趋势线。具体操作步骤如下：

01 选定创建折线图的数据。

02 切换到功能区中的"插入"选项卡，在"图表"组中单击"插入折线图"按钮，在弹出的下拉菜单中选择一种子类型，创建如图7-40所示的折线图。

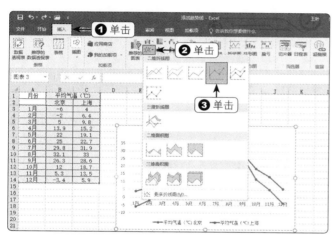
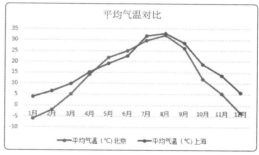

图7-40 创建折线图

03 选定图表中需要添加趋势线的数据系列，然后单击鼠标右键，在弹出的快捷菜单中选择"添加趋势线"命令，出现如图7-41所示的"设置趋势线格式"窗格。

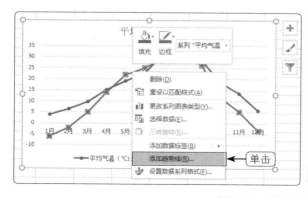
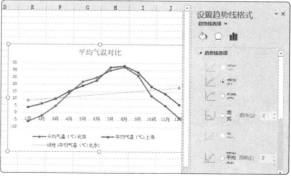

图7-41 "设置趋势线格式"窗格

04 选择"趋势线选项"组中的趋势线类型，还可以单击"填充线条"选项卡来设置趋势线的格式，然后单击右上角的"关闭"按钮。此时，得到添加线性趋势线的图表如图7-42所示。

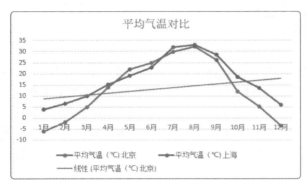

图7-42 添加线性趋势线的图表

办公专家一点通

为了预测与观察数据，还可以在图表中添加误差线。误差线表示与数据系列中每个数据标记都相关的潜在错误，或无法确定的程序的图形线。添加误差线的操作与趋势线类似，也需要单击图表区，然后切换到功能区中的"设计"选项卡，单击"添加图表元素"按钮，在弹出的下拉菜单中选择"误差线"命令，再选择误差线的类型。

7.6
迷你图的使用

迷你图是工作表单元格中的一个微型图表，可以提供数据的直观表示。使用迷你图可以显示数值系列中的趋势（例如，季节性增加或减少、经济周期），或者可以突出显示最大值和最小值。在数据旁边添加迷你图可以达到最佳的对比效果。

目前，Excel 2016提供了三种类型的迷你图，即折线迷你图、柱形迷你图和盈亏迷你图。创建迷你图后也可以根据需要对迷你图进行格式的修改，如高亮显示最大值和最小值、调整迷你图颜色等。

7.6.1 插入迷你图

实战练习素材：素材\第7章\原始文件\插入迷你图.xlsx
最终结果文件：素材\第7章\结果文件\插入迷你图.xlsx

迷你图可以通过清晰简明的图形表示方法显示相邻数据的趋势，而且迷你图只占用少量空间。下面为一周的股票情况插入迷你图，比较一周内每只股票的走势。具体操作步骤如下：

01 选择要创建迷你图的数据范围，然后切换到"插入"选项卡，单击"迷你图"组中的一种类型，例如单击"折线图"。

02 弹出"创建迷你图"对话框，在"选择放置迷你图的位置"框中指定放置迷你图的单元格，如图7-43所示。

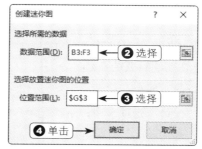

图7-43 "创建迷你图"对话框

03 单击"确定"按钮，返回工作表中，此时在单元格G3中自动创建出一个图表，该图表表示"中联重科"一周内的波动情况。

04 采用同样的方法，为其他两只股票也创建迷你图，如图7-44所示。

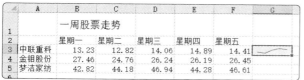

图7-44 创建迷你图

7.6.2 更改迷你图类型

实战练习素材：素材\第7章\原始文件\更改迷你图类型.xlsx

如同更改图表类型一样，还可以根据自己的需要更改迷你图的图表类型，不过只有三种图表类型可供选择。更改迷你图类型的具体操作步骤如下：

01 选择要更改类型的迷你图所在单元格。

02 在"设计"选项卡中，单击"类型"组中的"柱形图"按钮，此时单元格中的迷你图变成了柱形。

03 采用同样的方法，为其他单元格重新选择图表类型，如图7-45所示。

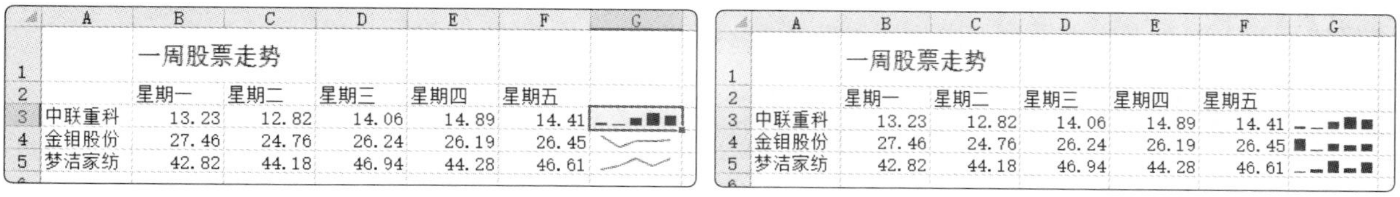

图7-45 更改迷你图的图表类型

7.6.3 显示迷你图中不同的点

在迷你图中可以显示出数据的高点、低点、首点、尾点、负点和标记等，这样能够让用户更容易观察到迷你图的重要的点。

01 选择要更改类型的迷你图所在单元格。

02 在"设计"选项卡中，从"显示"组中选择要显示的点，例如，选中"高点"和"低点"复选框，即可显示迷你图中不同的点，如图7-46所示。

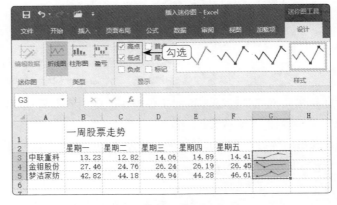

图7-46 显示迷你图中重要的点

7.6.4 清除迷你图

用户想删除已经创建的迷你图，若直接选中迷你图所在的单元格后，按下Delete键时会发现迷你图并没有删除。

如果要删除某个单元格中的迷你图，可以选中该单元格，然后在"设计"选项卡中，单击"清除"按钮右侧的向下箭头，在弹出的下拉列表中选择"清除所选的迷你图"选项。

7.7
动态图表的使用

图表制作过程中，为了既能够充分表达数据的说服力，又能够防止图表过于拖沓和烦琐，用户可以选择使用动态图表来重点展示不同数据的内容。

7.7.1 创建简单 Excel 动态图表

这里以某公司近6个月的产品销售为例，创建简单Excel动态图表的具体操作步骤如下：

01 启动Excel 2016新建一个工作簿，双击工作表
标签Sheet1，并重命名为"产品数量销售表"，
按Enter键确认，在单元格区域A1:G8中输入表格
的标题内容及相关数据，如图7-47所示。

产品	1月	2月	3月	4月	5月	6月
电视机	49	32	42	37	31	39
洗衣机	37	23	26	54	26	43
电冰箱	15	29	21	27	32	21
吸尘器	22	44	39	48	17	33
微波炉	48	52	40	29	54	58
合计						

图7-47 输入标题及数据

02 单击单元格B8，输入公式"=SUM(B3:B7)"，按Enter键确认，再次单击单元格B8，将光标移到该单元格
右下角，当鼠标变成"十"字状时按住鼠标左键不放，向右拖动到单元格G8后松开鼠标，如图7-48所示。

03 单击单元格A11后切换到"数据"选项卡，单击"数据工具"组中的"数据验证"按钮，在弹出的下
拉菜单中单击"数据验证"命令，打开如图7-49所示的"数据验证"对话框。

图7-48 复制公式到其他单元格

图7-49 "数据验证"对话框

04 在"数据验证"对话框的"设置"选项卡中，单击"任何值"右侧的向下箭头，在下拉列表中选择
"序列"选项，如图7-50所示。

05 在"数据验证"对话框中单击"来源"文本框右侧的折叠按钮，选定单元格区域A3:A7，再单击折叠
按钮返回"数据验证"对话框，如图7-51所示。单击"确定"按钮退出"数据验证"对话框，此时单元
格A11已经出现下拉列表，如图7-52所示。

图7-50 选择"序列"选项

图7-51 选择数据来源区域

06 单击单元格B11后选择"公式"选项卡，单击"函数库"组中的"插入函数"按钮，打开"插入函
数"对话框，单击"或选择类别"右侧的下三角按钮选择"查找与引用"选项，在"选择函数"列表框
中选择VLOOKUP函数，如图7-53所示。

图7-52 显示下拉列表

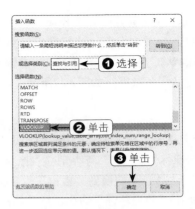

图7-53 "插入函数"对话框

07 单击"确定"按钮，打开如图7-54所示的"函数参数"对话框，在Lookup_value、Table_array、Col_index_num和Range_lookup后的文本框内依次输入"$A$11"、"$A$3:$G$7"、"COLUMN()"和"0"。单击"确定"按钮，关闭"函数参数"对话框，可以按照步骤2的方法复制公式到单元格G11，结果如图7-55所示。

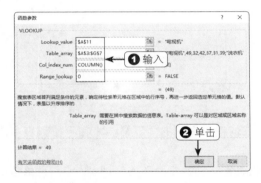

图7-54 设置"函数参数"对话框中的参数

图7-55 将公式复制到单元格G11

08 选定单元格区域A11:G11后选择"插入"选项卡，单击"图表"组中的"插入折线图"按钮，在弹出的下拉菜单中选择"带数据标记的折线图"选项，此时该工作表内将显示一个用于显示电视机销售额的折线图，如图7-56所示。

09 通过下拉菜单选择不同的产品，例如电冰箱，即可看到此产品具体的销售数量及相应的折线图，如图7-57所示。

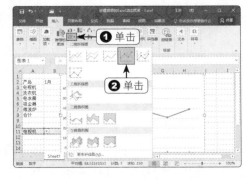

图7-56 插入折线图

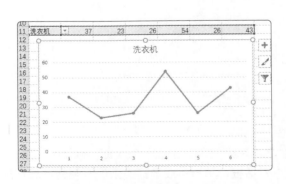

图7-57 显示电冰箱的折线图

218

7.7.2 利用控件创建高级动态图表

实战练习素材：素材\第7章\原始文件\人力资源信息表.xlsx
最终结果文件：素材\第7章\结果文件\人力资源信息表.xlsx

下面以某公司的人力资源信息为例，创建一个高级动态图表。具体操作步骤如下：

01 启动Excel 2016，新建一个名为"人力资源信息表"的工作簿，双击工作表标签Sheet1，并重命名为"人力资源表"，按Enter键确认。在单元格区域A1:N34中输入表格的标题内容以及相关数据，如图7-58所示。

02 单击单元格H2，输入公式"=DATEDIF(G2,TODAY( ),"y")"，按Enter键确认，即可显示该名员工的年龄，如图7-59所示。

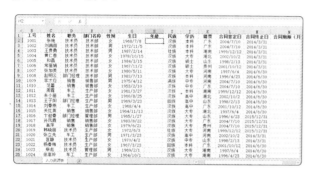

图7-58 输入标题及相关数据

图7-59 显示该名员工的年龄

03 单击单元格H2，将光标移到该单元格的右下角，当鼠标变成"十"字状时按住鼠标左键不放，向下拖动到单元格H34后松开鼠标，即可得到其他员工的年龄，如图7-60所示。

04 在单元格N2中输入公式"=DATEDIF(L2,M2,"M")"，按Enter键确认，再选定单元格N2，将光标移到该单元格的右下角，当鼠标变成"十"字状时按住鼠标左键不放，向下拖动到单元格N34，即可得到员工的合同期限，如图7-61所示。

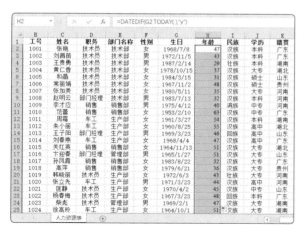

图7-60 计算其他员工的年龄

图7-61 计算员工的合同期限

05 单击工作表标签中的"新工作表"按钮，新建工作表标签Sheet1，双击工作表标签Sheet1，并重命名为"数据处理"后按Enter键确认，再在单元格区域A2:B6中输入标题，如图7-62所示。

06 单击单元格B3，输入公式"=COUNTIF(人力资源表!$E$2:$E$34,A3)"，按Enter键确认，再选定单元格B3，复制该单元格中的公式到单元格B6，即可得到各部门的员工人数，如图7-63所示。

图7-62 输入标题

图7-63 计算各部门的员工人数

07 在单元格区域D2:E7中输入如图7-64所示的标题，选定单元格E3，输入公式"=COUNTIF(人力资源表!$J$2:$J$34,D3)"，按Enter键确认，复制该单元格中的公式到单元格E7，求得各学历层次的员工人数，如图7-65所示。

图7-64 输入标题

图7-65 计算各学历层次的员工人数

08 在单元格区域G2:H6中输入如图7-66所示的标题，选定单元格H3，输入公式"=COUNTIF(人力资源表!$H$2:$H$34,G3)"，按Enter键确认，即可得到年龄在50岁以上的员工人数，如图7-67所示。

图7-66 输入标题

图7-67 计算年龄在50岁以上的员工人数

09 单击单元格H3，输入公式"=COUNTIF(人力资源表!$H$2:$H$34,G4)- SUM(H$3:H3)"，按Enter键确认，复制该单元格中的公式到单元格H6，即可得到其他年龄阶段的员工人数，如图7-68所示。

10 在单元格区域J2:K8中输入如图7-69所示的标题，选定单元格K3，输入公式"=COUNTIF(人力资源表!$N$2:$N$34,J3)"，按Enter键确认，得到合同年限在220个月以上的员工人数，如图7-70所示。

图7-68 计算其他年龄阶段的员工人数　　　　　　　图7-69 输入标题

11 选定单元格K3，输入公式"=COUNTIF(人力资源表!$N$2:$N$34,J4)- SUM(K$3:K3)"，按Enter键确认，复制该单元格中的公式到单元格K8，即可得到其他合同年限内的员工人数，如图7-71所示。

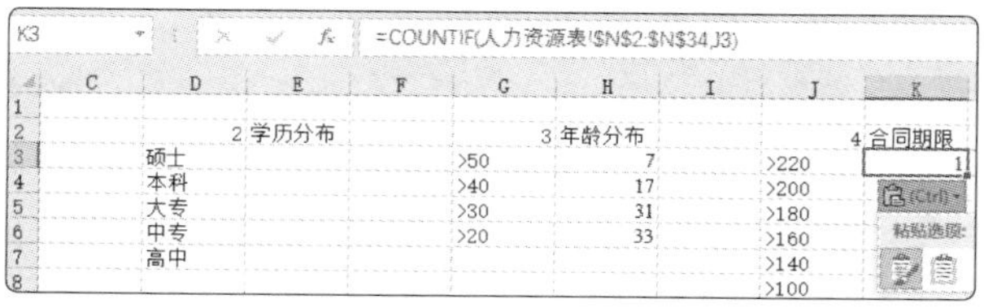

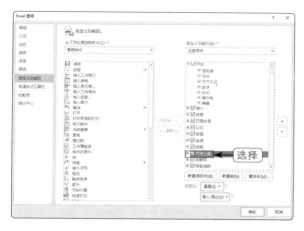

图7-70 计算合同年限在220个月以上的员工人数

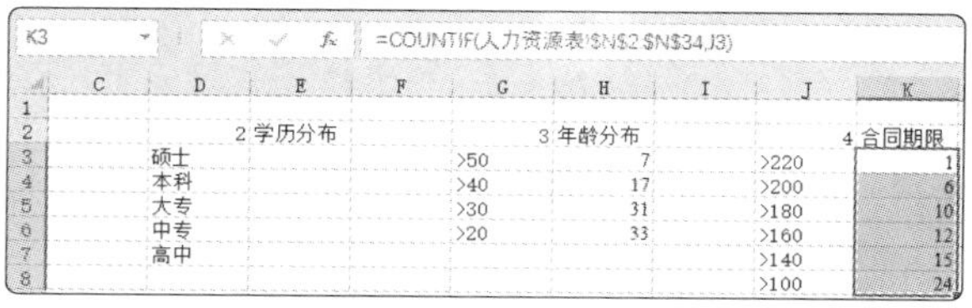

图7-71 计算其他合同年限内的员工人数

12 单击"文件"选项卡，在弹出的菜单中选择"选项"命令，弹出"Excel 选项"对话框，单击左侧列表中的"自定义功能区"选项，在右侧的"主选项卡"功能区列表中选择"开发工具"主选项卡，单击"确定"按钮，即可显示"开发工具"选项卡，如图7-72所示。

13 选定单元格M3后切换到"开发工具"选项卡，单击"控件"组中的"插入"按钮右侧的向下箭头，在弹出的下拉列表中选择"分组框（窗体控件）"选项，当鼠标变为"十"字形状时按住左键不放绘制分组框，如图7-73所示。

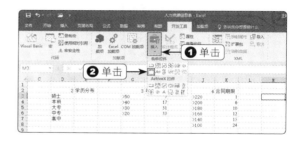

图7-72 "Excel 选项"对话框

图7-73 插入分组框（窗体控件）

14 再插入4个"选项按钮（窗体控件）"，单击鼠标右键选择"编辑文字"命令，进入编辑状态后输入新的选项名称，并调整它们之间的相对位置，如图7-74所示。

15 在单元格M8中输入"窗体控件值"后选中控件"部门分布"，单击鼠标右键选择"设置控件格式"命令，如图7-75所示。

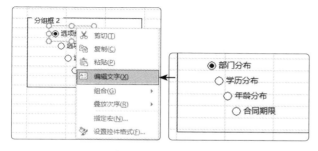

图7-74 绘制并调整窗体控件

图7-75 选择"设置控件格式"命令

16 打开"设置控件格式"对话框，在"控制"选项卡中单击"已选择"单选按钮，在"单元格链接"文本框中输入"$N$8"后单击"确定"按钮，如图7-76所示。在单元格M11及单元格区域L12:L19中依次输入"汇总表"以及1~8的阿拉伯数字，如图7-77所示。

图7-76 设置控件参数

图7-77 输入相关数据

17 单击单元格M12，输入公式"=OFFSET($A$2,$L12,($N$8-1)*3,1,1)"，按Enter键确认，复制该公式到单元格M19，如图7-78所示。

18 单击单元格N12，输入公式"=OFFSET($A$2,$L12,($N$8-1)*3+1,1,1)"，按Enter键确认，复制该公式到单元格N19，如图7-29所示。

图7-78 复制公式

图7-79 复制公式

19 在单元格A13输入"有效数据检测"，然后单击单元格B13，输入公式"=8-COUNTIF(M12:M19,"=0")"，按Enter键确认，如图7-80所示。

20 在单元格区域E23:E25及单元格F23中依次输入"名称"、"zzx"、"x"和"引用位置"。单击单元格F24，输入公式"=OFFSET(数据处理!$N$12,,,数据处理!$B$13,1)"后按Ctrl＋Shift＋Enter组合键，如图7-81所示。

图7-80 输入公式

图7-81 输入数组公式

21 单击单元格F25，输入公式"=OFFSET(数据处理!$M$12,,,数据处理!$B$13,1)"后按Ctrl+Shift+Enter组合键，如图7-82所示。

22 切换到"公式"选项卡，单击"定义的名称"组中的"定义名称"按钮，打开"新建名称"对话框，在"名称"文本框中输入"zzx"，在"引用位置"文本框中输入"=OFFSET(数据处理!$N$12,,,数据处理!$B$13,1)"，单击"确定"按钮，如图7-83所示。

23 为x定义名称。在"新建名称"对话框中的"名称"文本框中输入"x"，在"引用位置"文本框中输入"=OFFSET(数据处理!$M$12,,,数据处理!$B$13,1)"，单击"确定"按钮，如图7-84所示。

图7-82 输入公式

图7-83 定义zzx

图7-84 定义x

24 切换到"插入"选项卡，单击"图表"组中的"饼图"按钮，在弹出的菜单中选择"三维饼图"选项，即可在"数据处理"工作表中创建一个新的空白饼图，如图7-85所示。

25 切换到"设计"选项卡，在选定图表的情况下单击"数据"组中的"选择数据"按钮，打开如图7-86所示的"选择数据源"对话框，在"图表数据区域"文本框中输入"=数据处理!$M$12:$N$15"，此时"选择数据源"对话框如图7-87所示。

图7-85 插入空白饼图

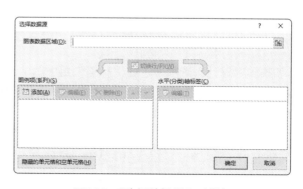

图7-86 "选择数据源"对话框

26 在"选择数据源"对话框中选择"系列1"，单击"编辑"按钮，打开"编辑数据系列"对话框，在"系列值"文本框中输入"=人力资源信息表.xlsx!zzx"。单击"确定"按钮后返回"选择数据源"对话框，如图7-88所示。

27 在"选择数据源"对话框中选择"技术部"后单击"编辑"按钮，即可打开"轴标签"对话框，在"轴标签区域"文本框中输入"=人力资源信息表.xlsx!x"，单击"确定"按钮后返回"选择数据源"对话框，如图7-89所示。

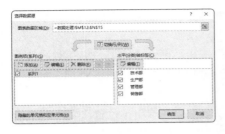

图7-87 设置图表数据区域　　　　图7-88 "编辑数据系列"对话框　　　　图7-89 "轴标签"对话框

28 再次单击"确定"按钮退出"选择数据源"对话框，此时图表效果如图7-90所示。

29 切换到"设计"选项卡，单击"图表布局"组中的"添加图表元素"按钮，在下拉菜单中选择"数据标签"→"其他数据标签选项"选项，打开"设置数据标签格式"窗格，在其中选择"标签选项"选项，选中"标签包括"组中的"类别名称"、"值"、"显示引导线"复选框，在"标签位置"组中选中"最佳匹配"单选按钮。

30 在"设置数据标签格式"窗格选择"数字"选项，单击"类别"中的"自定义"选项，在"代码格式"框中选中"##"人""选项，调整后对应的图表如图7-91所示。

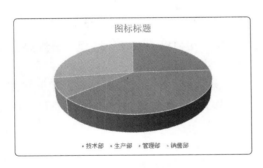

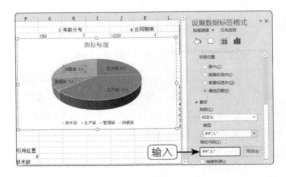

图7-90 添加数据后的图表　　　　　　　　図7-91 设置数据标签

31 切换到"设计"选项卡，在"标签"组中单击"添加图表元素"按钮，在弹出的下拉菜单中选择"图表标题"→"图表上方"选项，在图表的标题栏框中输入"人力资源分布饼图"，并调整文字至合适的大小，调整后对应的图表效果如图7-92所示。

32 新建一个工作表Sheet1，然后切换到"设计"选项卡，在"位置"组中单击"移动图表"按钮，打开"移动图表"对话框，选择"新工作表"单选按钮，在文本框中输入新的图表名称Sheet1，如图7-93所示。

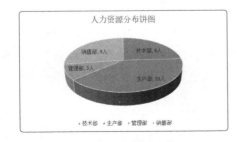

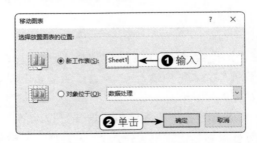

图7-92 设置图表标题　　　　　　　　图7-93 "移动图表"对话框

33 单击"确定"按钮，弹出如图7-94所示的提示对话框，单击"是"按钮，即可将图表移动到工作表Sheet1中，此时可以将其重命名为"报表输出"。

34 切换到"数据处理"工作表，同时选中分组框和按钮选项后单击鼠标右键，在弹出的菜单中选择"复制"选项，再次切换到"报表输出"工作表，按Ctrl+V组合键将复制的空间组粘贴在图表旁边，并调整它们的相对位置和大小，如图7-95所示。

图7-94 提示如何移动图表

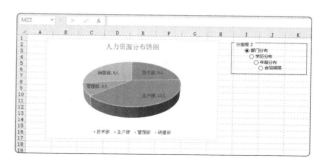

图7-95 复制控件组

35 鼠标右键单击"部门分布"，在弹出的快捷菜单中选择"设置控件格式"命令，在"设置控件格式"对话框中选择"控制"选项卡，选中"已选择"单选按钮，在"单元格链接"文本框中输入"数据处理!$N$8"，然后单击"确定"按钮。

36 此时，在控件组中单击不同的按钮选项，图表也会随之相应地改变，如图7-96所示为"学历分布"图表、如图7-97所示为"年龄分布"图表、如图7-98所示为"合同期限"图表。

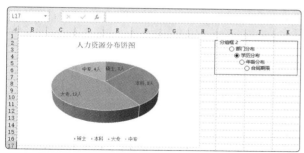

图7-96 学历分布图表

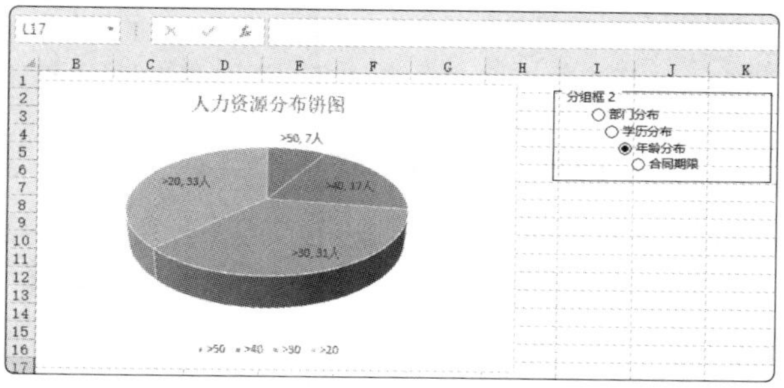

图7-97 年龄分布图表

37 为了更好地突出图表，可以切换到"视图"选项卡，撤选"显示"组中的"网格线"复选框，如图7-99所示。

图7-98 合同期限图表

图7-99 取消网格线的显示

7.8
办公实例：使用饼图创建问卷调查结果图

本节将通过一个实例——使用饼图创建问卷调查结果图，来巩固本章所学的知识，使读者快速将知识应用到实际工作中。

7.8.1 实例描述

本章介绍了创建图表和编辑图表的方法，而本例将利用问卷调查表来创建饼图，在制作过程中主要涉及以下内容：

- 创建图表
- 改变图表的类型

7.8.2 实例操作指南

> 实战练习素材：素材\第7章\原始文件\问卷调查表.xlsx
> 最终结果文件：素材\第7章\结果文件\问卷调查表.xlsx

本实例的具体操作步骤如下：

01 选择准备创建图表的单元格区域，然后切换到功能区中的"插入"选项卡，单击"图表"组中"饼图"按钮右侧的向下箭头，选择"三维饼图"选项，如图7-100所示。

02 此时，即可在工作表中创建一个三维饼图，还可以指向对角线的控制点上，当鼠标指针变为双向箭头时，单击并沿对角线方向拖动鼠标，到达目标位置后释放鼠标，如图7-101所示。

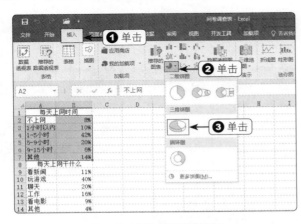

图7-100 选择"三维饼图"

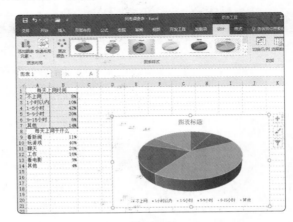

图7-101 创建的三维饼图

03 选定准备移动的图表，移动图表指针指向该图表的图表区，当鼠标指针变为形状 时，单击并拖动鼠标至目标位置，然后释放鼠标，如图7-102所示。

04 选定创建的图表，切换到功能区中的"设计"选项卡，在"图表布局"组中单击"添加图标元素"按钮，弹出的菜单中选择"数据标签"按钮，再选择"最佳匹配"命令，如图7-103所示。

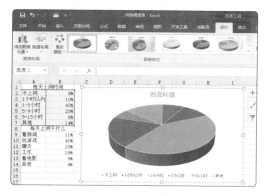

图7-102 移动图表

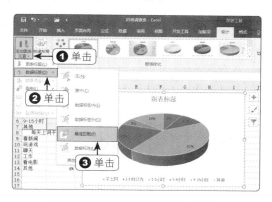

图7-103 选择"最佳匹配"命令

05 选定准备创建图表的单元格区域，然后切换到功能区中的"插入"选项卡，单击"图表"组中的"饼图"按钮，在弹出的菜单中选择"三维饼图"命令，如图7-104所示。

06 选定创建的图表，然后切换到功能区中的"设计"选项卡，单击"快速布局"按钮，在弹出的菜单中选择一种图表布局，如图7-105所示。

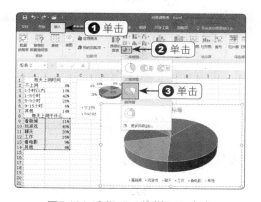

图7-104 选择"三维饼图"命令

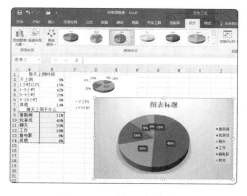

图7-105 调整图表的布局

07 选定创建的图表，切换到功能区中的"设计"选项卡，在"图表布局"组中单击"添加图表元素"按钮，在弹出的菜单中选择"数据标签"按钮，再选择"数据标签外"命令，如图7-106所示。

08 利用鼠标调整创建图表的大小和位置。通过上述操作，完成两个类型饼图的创建，如图7-107所示。

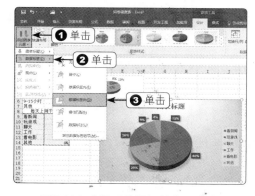

图7-106 选择"数据标签外"命令

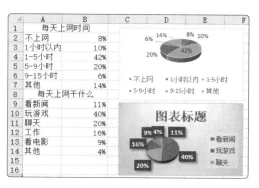

图7-107 创建的图表

本实例复习了本章所述的关于图表的创建与编辑等方面的知识和操作，主要用到以下知识点：

- 创建图表
- 调整图表的大小和位置
- 为图表添加标签

7.9
提高办公效率的诀窍

窍门1：更改图表中个别数据点的形状

如果要更改图表中个别数据点的形状，可以按照下述步骤进行操作：

01 选定图表中的个别数据点。

02 单击"格式"→"形状样式"→"形状填充"按钮右侧的向下箭头，在下拉菜单中选择要填充的内容。例如，选择"形状填充"下拉菜单中的"纹理"命令，在其子菜单中选择"纸袋"命令，如图7-108所示。

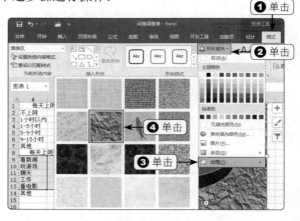

图7-108 更改个别数据点的形状

窍门2：将图表转换为图片

有时需要将制作好的图表转换为图片来使用，可以按照如下步骤进行操作：

01 单击选定需要转换为图片的图表。

02 切换到功能区中的"开始"选项卡，然后单击"剪贴板"组中的"粘贴"按钮右侧的向下箭头，在弹出的菜单中选择"以图片格式"→"复制为图片"命令，此时会弹出如图7-109所示的"复制图片"对话框。

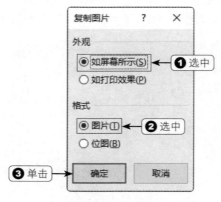

图7-109 "复制图片"对话框

03 选中"如屏幕所示"和"图片"两个单选按钮，然后单击"确定"按钮即可将该图表复制为图片。
04 选择一个合适的位置，执行"粘贴"命令，即可将该图表粘贴为图片。

窍门3：将位数过多的刻度改以"千"为单位

　　使用Excel制作图表之后，会自动以表格中的数据设置数值坐标轴的刻度，因此有时会出现100000这种位数过多的刻度，而不易于阅读。用户可以将数值坐标轴的刻度改为"百"或者"千"单位，以免画面看起来太复杂。

01 如果要更改数值坐标轴的刻度单位，可以在数值坐标轴的刻度上单击右键，在弹出的快捷菜单中选择"设置坐标轴格式"命令，弹出"设置坐标轴格式"窗格。
02 单击"坐标轴选项"选项卡，然后在"显示单位"下拉列表框中选择适当的单位（此例为千），如图7-110所示。

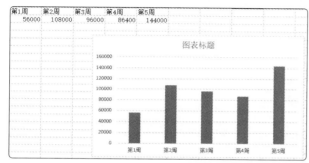 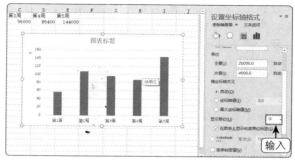

图7-110 改变坐标轴的刻度单位

08

第 8 章
工作表的安全与
打印输出

有些工作表中会包含隐私或机密数据，制表者通常都不希望被他人随意打开或修改，这时就可以考虑对工作表和工作簿进行安全性设置。为了将排版的表格打印出来，需要进行页面设置，例如选择纸张大小、页边距、页面方向、页眉和页脚、工作表的设置等。另外，用户既可以打印整个工作簿或其中的一个工作表，也可以打印工作表的一部分。本章将介绍有关页面设置与打印工作表的操作方法与技巧，最后通过一个综合实例巩固所学内容。

教学目标 >>>>>>>>>>>>>>>>>>>>>>>

通过本章的学习，你能够掌握如下内容：

※ 了解如何保护工作簿和工作表
※ 设置工作簿的页面，包括页边距、纸张方向和纸张大小
※ 在工作表中设置分页符、页眉和页脚
※ 将创建的表格打印到纸张上

8.1 工作簿和工作表的安全性设置

本节将介绍工作表和工作簿安全性的相关设置，包括保护工作表、保护工作簿的结构、检查工作簿的安全性以及工作簿设置密码等内容。

8.1.1 保护工作表

Excel 2016增加了强大而灵活的保护功能，以保证工作表或单元格中的数据不会被随意更改。

设置保护工作表的具体操作步骤如下：

01 鼠标右键单击工作表标签，在弹出的快捷菜单中选择"保护工作表"命令，出现如图8-1所示的"保护工作表"对话框，选中"保护工作表及锁定的单元格内容"复选框。

02 如果要给工作表设置密码，可以在"取消工作表保护时使用的密码"文本框中输入密码。

03 在"允许此工作表的所有用户进行"列表框中选择可以进行的操作，或者撤选禁止操作的复选框。例如，选中"设置单元格格式"复选框，则允许用户设置单元格的格式。

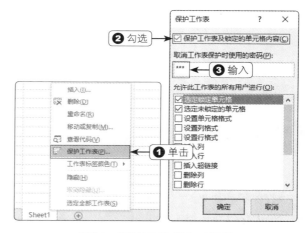

图8-1 "保护工作表"对话框

04 单击"确定"按钮，弹出如图8-2所示的"确认密码"对话框，在"重新输入密码"文本框中再次输入密码。

05 单击"确定"按钮。此时，在工作表中输入数据时会弹出如图8-3所示的对话框，禁止任何修改操作。

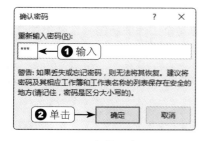

图8-2 再次输入密码

图8-3 输入数据时弹出对话框

要取消对工作表的保护，可以按照下述步骤进行操作：

01 切换到功能区中的"开始"选项卡，在"单元格"组中单击"格式"按钮，在弹出的菜单中选择"撤销工作表保护"命令。

02 如果给工作表设置了密码，则会出现如图8-4所示的"撤销工作表保护"对话框，输入正确的密码，单击"确定"按钮。

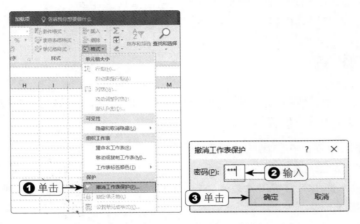

图8-4 "撤销工作表保护"对话框

8.1.2 保护工作簿的结构

如果不希望其他人随意在重要的Excel工作簿中移动、添加或删除其中的工作表，可以对工作簿的结构进行保护。如果对工作簿进行了窗口保护，则将锁死当前工作簿中的工作表窗口，使其无法进行最小化、最大化以及还原等操作。

保护工作簿结构和窗口的具体操作步骤如下：

01 切换到功能区中的"审阅"选项卡，在"更改"组中单击"保护工作簿"按钮，在弹出的菜单中选择"保护结构和窗口"命令，打开如图8-5所示的"保护结构和窗口"对话框。

02 选中"结构"和"窗口"复选框，在"密码（可选）"文本框中输入密码，密码是区分大小写的。单击"确定"按钮，打开"确认密码"对话框，重新输入一次刚才设置的密码。

03 单击"确定"按钮，即可设置工作簿的密码。此时使用鼠标右键单击某个工作表标签，在弹出的菜单中可以看到已经无法插入、删除、重命名、移动和复制以及隐藏工作表了，如图8-6所示。

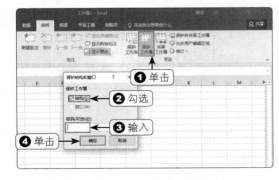

图8-5 "保护结构和窗口"对话框

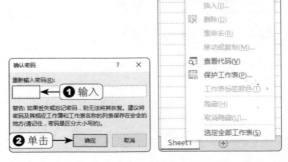

图8-6 保护后的工作表快捷菜单

要取消工作簿的密码保护，可以切换到"审阅"选项卡，在"更改"组中单击"保护工作簿"按钮，在打开的对话框中输入前面设置的密码，然后单击"确定"按钮即可。

8.1.3 检查工作簿的安全性

Excel 2016提供了一个查看和修改Excel文档隐私的功能，以便用户逐一检查文档。在将编辑好的Excel文档给别人浏览之前，可以通过"检查文档"功能来检查文档中是否包含某些重要的有关个人隐私的数据。为了安全和保密，用户可以在检查后删除这些数据。具体操作步骤如下：

01 单击"文件"选项卡，在弹出的菜单中选择"信息"命令，然后单击"检查问题"按钮，在弹出的菜单中选择"检查文档"命令，打开如图8-7所示的"文档检查器"对话框。

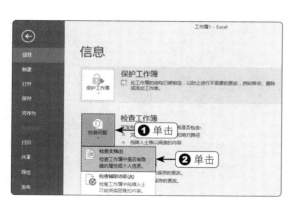

图8-7 "文档检查器"对话框

02 选择要进行检查的项目，然后单击"检查"按钮，Excel开始对文档进行检查，并在"文档检查器"对话框中显示检查结果，如图8-8所示。单击要删除项目右侧的"全部删除"按钮，即可将该项隐私内容删除。

图8-8 删除隐私内容

8.1.4 为工作簿设置密码

如果工作簿中的内容非常重要，并且不希望被其他人随便打开，则可以为工作簿设置密码。用户可以采用以下两种方法设置工作簿的密码：

- 单击"文件"选项卡，在弹出的菜单中选择"信息"命令，然后单击"保护工作簿"按钮，在弹出的菜单中选择"用密码进行加密"命令，打开如图8-9所示的"加密文档"对话框，输入一个密码，然后单击"确定"按钮。

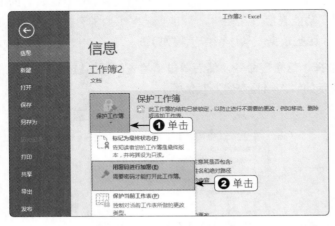
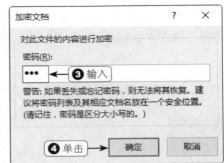

图8-9 "加密文档"对话框

- 单击"文件"选项卡，选择"另存为"命令，指定此文件的保存位置，或者单击"浏览"按钮，在打开的"另存为"对话框中单击"工具"按钮，在弹出的菜单中选择"常规选项"命令，然后在出现的"常规选项"对话框中设置打开工作簿时的密码，如图8-10所示。另外，还可以设置是否允许用户编辑表格数据的修改密码。如果设置了这个密码，而用户并未输入正确，则工作簿将以只读方式打开，即无法修改工作表中的数据。

图8-10 "常规选项"对话框

8.2
页面设置

对于要打印输出的工作表，需要在打印之前对其页面进行设置，如纸张大小和方向、打印比例、页边距、页眉和页脚、设置分页、设置要打印的数据区域。

切换到功能区中的"页面布局"选项卡，在"页面设置"组中可以设置页边距、纸张方向、纸张大小、打印区域与分隔符等。

8.2.1 设置页边距

页边距是指正文与页面边缘的距离。通过设置页边距，用户可以灵活设置表格数据打印到纸张上的位置，其具体操作步骤如下：

01 切换到功能区中的"页面布局"选项卡，单击"页面设置"组中"页边距"按钮的向下箭头，在弹出的下拉列表中选择一种Excel提供的页边距方案，或者选择"自定义边距"选项，如图8-11所示。

02 切换到"页面设置"对话框中的"页边距"选项卡，在"上"、"下"、"左"、"右"微调框中调整打印数据与页边之间的距离，如图8-12所示。

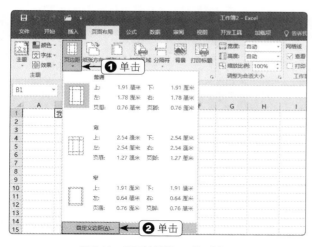

图8-11 "页边距"下拉列表

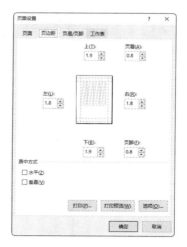

图8-12 "页边距"选项卡

03 在"页眉"和"页脚"文本框中输入具体的数值来设置与纸张的上边缘、下边缘的距离来打印页眉或者页脚。

04 在"居中方式"选项组中，选中"水平"复选框，将在左右页边距之间水平居中显示数据；选中"垂直"复选框，将在上下页边距之间垂直居中显示数据。

05 设置完毕后，单击"确定"按钮。

不过，此处的调整只能看到大概的模样。若想要预览工作表的边距或拖动鼠标调整边距，可以单击对话框中的"打印预览"按钮（或切换到"文件"选项卡，并单击"打印"按钮），由预览区查看或调整边距会更加容易。

8.2.2 设置纸张方向

纸张方向是指页面是横向打印还是纵向打印。若文件的行较多而列较少，则使用纵向打印；若文件的列较多而行较少，则使用横向打印。

设置纸张方向的具体操作步骤如下：

01 切换到功能区中的"页面布局"选项卡，单击"页面设置"组中"纸张方向"按钮的向下箭头，在弹出的下拉列表中选择一种纸张方向。

02 如果选择"纵向"，则将打印页面设置为纵向；如果选择"横向"，则将打印页面设置为横向，对于打印页面较宽的工作表，可以选择"横向"打印。

8.2.3 设置纸张大小

设置纸张大小就是设置以多大的纸张进行打印，如A4纸或B5纸等。具体操作步骤如下：

01 切换到功能区中的"页面布局"选项卡，单击"页面设置"组中"纸张大小"按钮的向下箭头，在弹出的下拉列表中选择所需的纸张，如图8-13所示。

02 如果要自定义纸张大小，则单击"其他纸张大小"选项，在出现的"页面设置"对话框中切换到"页面"选项卡，如图8-14所示。

图8-13 "纸张大小"下拉列表

图8-14 "页面"选项卡

03 通常情况下，采用100%的比例打印，也可以缩放打印表格。如果选中"缩放比例"单选按钮，则可以在"缩放比例"文本框中输入所需的百分比。如果选中"调整为"单选按钮，则可以在"页宽"和"页高"文本框中输入具体数值。

04 在"纸张大小"列表框中指定打印纸的类型。在"打印质量"列表框中指定当前文件的打印质量。

05 在"起始页码"文本框中设置开始打印的页码。设置完毕后，单击"确定"按钮。

8.2.4 设置打印区域

正常情况下打印工作表时，会将整个工作表全部打印输出。如果仅打印部分区域，可以选定要打印的单元格区域。切换到功能区中的"页面布局"选项卡，在"页面设置"组中单击"打印区域"按钮的向下箭头，在下拉列表中选择"设置打印区域"命令，如图8-15所示。

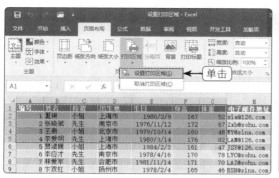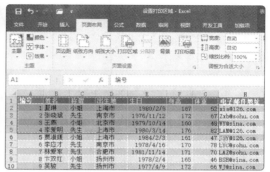

图8-15 设置打印区域

8.2.5 设置打印标题

如果要使行和列在打印输出中更易于识别，可以显示打印标题，用户可以指定要在每个打印页的顶部或左侧重复出现的行或列。具体操作步骤如下：

01 切换到功能区中的"页面布局"选项卡，在"页面设置"组中单击"打印标题"按钮，打开如图8-16所示的"页面设置"对话框，切换到"工作表"选项卡。

02 在"打印区域"文本框中输入要打印的区域，在"顶端标题行"文本框中输入标题所在的单元格区域。还可以单击右侧的"折叠对话框"按钮，隐藏对话框的其他部分，如图8-17所示。对话框缩小后，直接用鼠标在工作表中选定标题区域。选定后，单击右侧的"展开对话框"按钮。

图8-16 "工作表"选项卡

图8-17 缩小对话框利于选定标题区域

03 设置完毕后，单击"确定"按钮。

8.3
设置分页符

当工作表的内容多于一页时，Excel会根据设置的纸张大小、页边距等自动为工作表分页。如果这种自动分页不符合需要，则可以通过插入一个手动分页符来改变分页的位置。

8.3.1 插入分页符

单击状态栏中的"分页预览"按钮，进入"分页预览"视图，插入的分页符有以下几种：

- 水平分页：鼠标右键单击要分页处下方一行的行号，如第11行，在弹出的快捷菜单中选择"插入分页符"命令。
- 垂直分页：鼠标右键单击要分页处右方一列的列标，如第F列，在弹出的快捷菜单中选择"插入分页符"命令。
- 四分页：也就是将一个页面分放在4页中，可以鼠标右键单击位于分页符右下方的单元格，如单元格E11，在弹出的快捷菜单中选择"插入分页符"命令，其效果如图8-18所示。

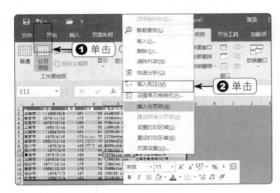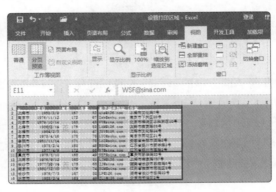

图8-18 四分页的效果

办公专家一点通

也可以单击分页符插入位置，即新页左上角的单元格，然后切换到功能区中的"页面布局"选项卡，在"页面设置"组中单击"分隔符"按钮，在弹出的下拉列表中选择"插入分页符"命令来插入分页符。

8.3.2 移动分页符

如果要移动分页符的位置，可以按照下述步骤进行操作：

01 切换到功能区中的"视图"选项卡，在"工作簿视图"组中单击"分页预览"按钮，切换到分页预览视图。

02 进入分页预览视图后，工作表中分页处用蓝色线条表示，每页均有第×页的水印。

03 如果要移动分页符，将鼠标指针移到分页符上，指针呈双向箭头，将分页符拖动到目标位置，即可按新位置分页。

办公专家一点通

要删除一个手动分页符，单击分页符下的第一行的单元格，然后单击"页面布局"选项卡中的"分隔符"按钮，在弹出的菜单中选择"删除分页符"命令。

8.4

设置页眉和页脚

页眉位于页面的最顶端，通常用来标明工作表的标题。页脚位于页面的最底端，通常用来标明工作表的页码。用户可以根据需要指定页眉或页脚上的内容。具体设置方法如下：

01 切换到功能区中的"插入"选项卡，单击"文本"按钮，在弹出的列表中单击"页眉和页脚"按钮。

02 进入"设计"选项卡，在顶部页眉区的3个框中输入页眉内容，如图8-19所示。

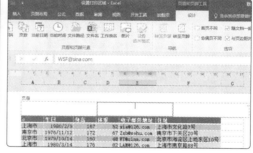

图8-19 设置页眉内容

03 单击"页眉和页脚元素"选项组中的按钮，可以在页眉中插入页码、页数、当前日期、当前时间、文件路径、文件名、工作簿名、图片和设置图片格式等。

04 如果要使用预设的页眉格式，可以单击"页眉"按钮，在下拉列表中进行选择，如图8-20所示。

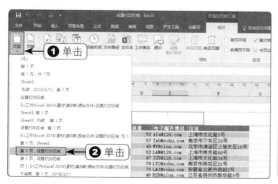

图8-20 使用预设的页眉格式

05 切换到功能区中的"视图"选项卡，单击"工作簿视图"组中的"普通"按钮，退出页面布局视图。

页脚的设置与页眉类似，在此不再赘述。

8.5
打印预览

在打印工作表之前，可以先模拟显示实际打印的效果，这种模拟显示称为打印预览。利用打印预览功能，能够在打印文档之前发现文档布局中的错误，从而避免浪费纸张。

如果要预览一个工作表，可以按照下述步骤进行操作：

01 单击"文件"选项卡，在弹出的菜单中选择"打印"命令，在"打印"选项面板的右侧可预览打印的效果，如图8-21所示。

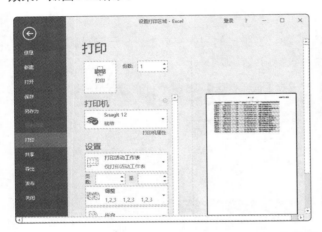 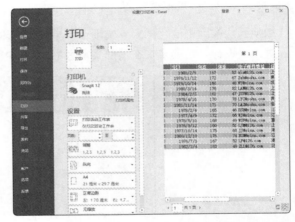

图8-21 打印预览

02 如果觉得预览效果看不清楚，可以单击预览页面下方的"缩放到页面"按钮。此时，预览效果比例放大，用户可以拖动垂直或水平滚动条来查看工作表内容。

03 当前预览的为第"1"页，若用户要预览其他页面，可以单击"下一页"按钮。

04 在预览时如果觉得不满意，还可以单击"显示边距"按钮，在预览中显示边距。将示光标移到这些虚线上，拖动鼠标可以调整表格与四周的距离。

8.6
快速打印工作表

如果对预览的效果比较满意，就可以正式打印了，具体操作步骤如下：

01 单击"文件"选项卡，在弹出的菜单中选择"打印"命令，弹出如图8-22所示的"打印"选项面板。

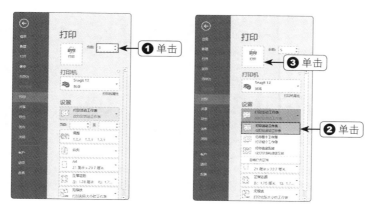

图8-22 "打印"选项面板

02 在"份数"数值框中输入要打印的份数。

03 如果要打印当前工作表的所有页，则单击"设置"下方的"打印范围"按钮，在弹出的下拉列表中选择"打印活动工作表"；如果仅打印部分页，则在"页数"和"至"文本框中分别输入起始页码和终止页码。

04 单击"打印"按钮，即可开始打印。

8.7

办公实例：打印工资条

将一份报表以完美的形式打印出来，也是一项非常重要的工作。本章介绍了有关打印工作表的基本方法和操作技巧，本节将介绍打印员工工资条的技巧，来巩固本章所学的知识，使读者快速将所学知识应用到实际的工作中。

8.7.1 实例描述

本实例将打印员工的工资条，主要涉及以下内容：

● 设置纸张大小和纸张方向

● 设置页边距

● 设置页眉

● 打印员工的工资表

8.7.2 实例操作指南

本实例的具体操作步骤如下：

01 切换到功能区中的"页面布局"选项卡，单击"页面设置"组的对话框启动器，打开"页面设置"对话框。在"页面"选项卡中，选中"横向"单选按钮，如图8-23所示。

02 切换到"页边距"选项卡，设置"上"边距为1.2cm，"页眉"为0.7cm，如图8-24所示。

图8-23 "页面"选项卡

图8-24 "页边距"选项卡

03 切换到"页眉/页脚"选项卡，单击"自定义页眉"按钮，为工资条添加页眉，如图8-25所示。

图8-25 设置页眉

04 切换到"工作表"选项卡，在"顶端标题行"框中指定标题行的位置，如图8-26所示，然后单击"确定"按钮。

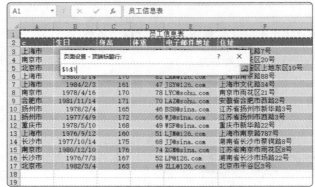

图8-26 设置标题行

05 选择要打印的第1位员工的数据区域，切换到功能区中的"页面布局"选项卡，在"页面设置"组中单击"打印区域"按钮，在弹出的菜单中选择"设置打印区域"命令，指定打印的区域，如图8-27所示。

06 单击"文件"选项卡，选择"打印"命令，预览工资表的打印效果，如图8-28所示。

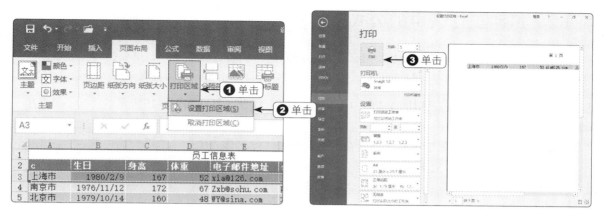

图8-27 设置打印区域　　　　　　　　图8-28 打印预览

07 单击"打印"按钮，即可将该条信息打印出来。

08 要打印下一位员工的信息时，只需在Excel编辑窗口中取消上一位员工的打印区域，然后指定下一位员工的数据区域并进行打印。

09 单击"文件"选项卡，然后选择"信息"命令，单击"保护工作簿"按钮，在弹出的下拉列表中选择"用密码进行加密"命令，在打开的"加密文档"对话框中输入密码，即可对工资表进行加密处理。

8.7.3　实例总结

本实例复习了本章所述的关于打印工作簿等方面的知识和操作，主要用到以下知识点：

- 设置打印工作簿的纸张大小和纸张方向
- 设置页边距和添加页眉
- 选定要打印的打印区域

8.8

提高办公效率的诀窍

窍门1：打印工作表默认的网格线

默认情况下，打印工作表时不打印网格线，而是打印用户设置的边框线。如果用户想打印工作表的网格线，可以按照下述步骤进行操作：

01 切换到功能区中的"页面布局"选项卡，在"工作表选项"组内选中"网格线"下的"打印"复选框。
02 执行打印操作，即可打印出网格线。

窍门2：打印工作表中的公式

默认情况下，单元格中的公式是不显示的，显示的是公式的计算结果。如果要打印工作表单元格中的公式，就要将单元格中的公式显示出来，然后才能把公式打印出来。具体操作步骤如下：

01 单击"文件"选项卡，在弹出的菜单中单击"选项"命令，打开如图8-29所示的"Excel 选项"对话框。

02 单击左侧窗格中的"高级"选项，然后在右侧窗格的"此工作表的显示选项"组内选中"在单元格中显示公式而非其计算结果"复选框。

03 单击"确定"按钮，工作表中的格式就会显示出来。

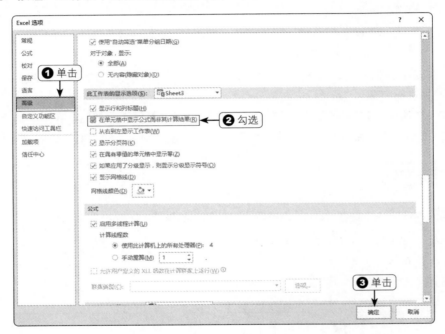

图8-29 "Excel选项"对话框

04 执行打印操作，即可打印工作表中的公式。

窍门3：模仿复印机的功能缩放打印

有时，由于表格内容过多，导致需要打印的表格的面积超过了纸张的大小。此时，可以将表格内容缩放到适合纸张大小时再进行打印。具体操作步骤如下：

01 切换到功能区中的"页面布局"选项卡，然后单击"页面设置"组右下角的"页面设置"按钮，打开"页面设置"对话框。

02 切换到功能区中的"页面"选项卡，在"页面"选项组内选中"缩放比例"单选按钮。

03 在其右侧的文本框中输入一个合适的值，使页面缩放到适合纸张的大小，如图8-30所示。

04 单击"打印"按钮，弹出"打印"对话框，进行一下打印设置，然后单击"确定"按钮即可。

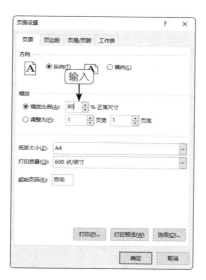

图8-30 设置打印时的缩放比例

窍门4：避免打印错误提示信息

如果单元格中包含有错误信息，则在打印时就会打印这些错误信息。如果不想打印这些错误信息，或者在打印时使用别的字符代替错误信息，可以按照下述方法进行设置：

01 切换到功能区中的"页面布局"选项卡，然后单击"页面设置"右下角的"页面设置"按钮，打开"页面设置"对话框。

02 切换到"工作表"选项卡，在"打印"组中单击"错误单元格打印为"的下拉按钮，在弹出的下拉列表中选择一种合适的显示内容，如图8-31所示。

03 单击"确定"按钮，然后打印工作表即可。

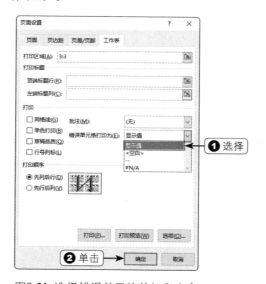

图8-31 选择错误单元格的打印内容

窍门 5：改变起始页码

打印表格时，默认的页码不一定符合要求，这时用户可以根据需要更改起始页码，具体操作步骤如下：

01 切换到功能区中的"页面布局"选项卡，然后单击"页面设置"右下角的"页面设置"按钮，打开"页面设置"对话框。

02 切换到"页面"选项卡，在"起始页码"文本框中输入一个合适的起始页码值。

03 设置完毕后，单击"确定"按钮。

窍门 6：不打印单元格中的颜色与底纹

默认情况下，在打印工作表时，单元格中的颜色和底纹是会被打印出来的，如果打印时不需要打印这些颜色和底纹，须将打印方式设置为"单色打印"。具体操作步骤如下：

01 切换到功能区中的"页面布局"选项卡，然后单击"页面设置"右下角的"页面设置"按钮，打开"页面设置"对话框。

02 切换到"工作表"选项卡，在"打印"选项组内选中"单色打印"复选框。

03 单击"打印"按钮，弹出"打印"对话框进行打印设置，然后单击"确定"按钮。

09

通过前面的学习，用户已经能够利用Excel记录数据、统计数据、分析数据，能够让杂乱的数据按部就班地整理、归类、计算，进而提供有用的数据信息。然而，面对庞大的数据时，利用Excel的数据透视表功能，可以更快速整理出头绪。本章将要在表格上应用数据透视表以及数据透视图的功能进行"交互式"分析，查看这些表格数据能为用户带来什么有用的信息。

第 9 章
使用数据透视表及数据透视图

教学目标 》》》》》》》》》》》》》》》》》

通过本章的学习，你能够掌握如下内容：

※ 了解与创建数据透视表

※ 修改和美化数据透视表

※ 利有数据透视表创建数据透视表

※ 在数据透视表中插入更易于切换的切片器

9.1
创建与应用数据透视表

数据透视表是一种对大量数据快速汇总和创建交叉列表的交互式表格，可以转换行和列来查看源数据的不同汇总结果，而且可以显示感兴趣区域的明细数据。数据透视表是一种动态工作表，它提供了一种以不同角度审视数据的简便方法。

本节将介绍数据透视表的相关内容，包括创建数据透视表、编辑数据透视表中的数据、设置数据透视表的显示方式和格式等。

9.1.1 了解数据透视表

我们用Excel处理数据通常有两个目的：一是计算数据；二是让数据以一定的格式显示。虽然Excel中有很多工具可以处理数据，但是数据透视表是最有效率的工具，而且可以避免人工输入导致的失误。

使用数据透视表可以深入分析数值数据，并且可以解决一些预想不到的数据问题。数据透视表是针对以下用途特别设计的：

- 以多种用户友好方式查询大量的数据。
- 对数值数据进行分类汇总和聚合，按分类和子分类对数据进行汇总，创建自定义计算和公式。
- 展开或折叠要关注结果的数据级别，查看感兴趣区域摘要数据的明细。
- 将行移动到列或将列移动到行，以查看源数据的不同汇总。
- 对最有用与最关注的数据子集进行筛选、排序、分组和有条件地设置格式，使用户能够关注所需的信息。

如果要分析相关的汇总值，尤其是在要合计较大的数字列表并对每个数字进行多种比较时，可以使用数据透视表。

9.1.2 数据透视表的应用

实战练习素材：素材\第9章\原始文件\数据透视表的应用.xlsx
最终结果文件：素材\第9章\结果文件\数据透视表的应用.xlsx

这是一份电器销售列表，分别列出2015年和2016年度各种电器在不同地区的销售情况。假设现在需要你统计一下这两年中每种电器在各个地区的销售量，并制作如图9-1所示的报表，应该如何做呢？

利用"交互式"数据透视表功能，即可根据表格数据快速产生上述的报表，而且这份报表可以随意更改字段，无论是添加、删除字段还是更换字段的位置，这份报表都能瞬间调整，以我们所要的形式将数据呈现出来。

	A	B	C	D	E
1	年份	产品名称	地区	单位（台）	销售额
2	2015	电冰箱	华北	4000	16800000
3	2015	洗衣机	华北	3000	7950000
4	2015	空调	华北	1200	4344000
5	2015	电冰箱	华中	900	3780000
6	2015	洗衣机	华中	830	2199500
7	2015	电冰箱	华南	3400	14280000
8	2015	洗衣机	华南	2000	5300000
9	2015	空调	华南	700	2534000
10	2015	洗衣机	西北	1400	3710000
11	2015	空调	西北	2600	9412000
12	2015	电冰箱	华东	1800	7560000
13	2015	洗衣机	华东	2200	5830000
14	2016	空调	华东	1400	5068000
15	2016	电冰箱	华中	900	3780000
16	2016	空调	华中	1300	4706000
17	2016	电冰箱	华北	2300	9660000
18	2016	洗衣机	华北	940	2491000
19	2016	电冰箱	西北	2200	9240000
20	2016	洗衣机	西北	1800	4770000
21	2016	空调	西北	700	2534000

求和项:单位（台）	列标签					
行标签	华北	华东	华南	华中	西北	总计
电冰箱	6300	1800	3400	1800	2200	15500
空调	1200	1400	700	1300	3300	7900
洗衣机	3940	2200	2000	830	3200	12170
总计	11440	5400	6100	3930	8700	35570

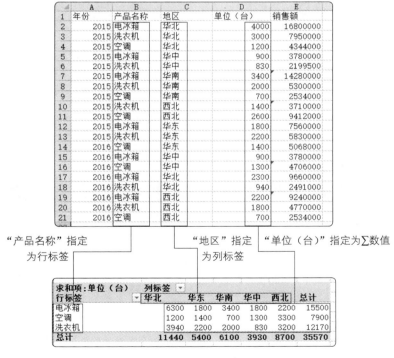

图9-1 需要将电子表格制作成统计报表

9.1.3 数据透视表的组成组件

在说明如何创建数据透视表之前，先来认识数据透视表的组成组件。

- 字段：数据透视表中有“报表筛选”、“列标签”、“行标签”和“∑数值”4种字段。创建数据透视表时，必须指定要以表格中的哪些字段作为“报表筛选”、“列标签”、“行标签”和“∑数值”字段，这样Excel才能根据设置生成数据透视表，如图9-2所示。

图9-2 数据透视表

- 行（列）字段：字段中的每个唯一的值便称为项目，例如“产品名称”字段就有“电冰箱”、“空调”、“洗衣机”3个项目。

9.1.4 创建数据透视表

> 实战练习素材：素材\第9章\原始文件\创建数据透视表.xlsx
> 最终结果文件：素材\第9章\结果文件\创建数据透视表.xlsx

用户可以对已有的数据进行交叉制表和汇总，然后重新发布并立即计算出结果。创建数据透视表的具体操作步骤如下：

01 选择数据区域中的任意一个单元格，切换到功能区中的"插入"选项卡，在"表"组中单击"数据透视表"按钮。

02 打开"创建数据透视表"对话框，选中"选择一个表或区域"单选按钮，并在"表/区域"文本框中自动填入光标所在单元格所属的数据区域。在"选择放置数据透视表的位置"选项组中选中"新工作表"单选按钮，如图9-3所示。

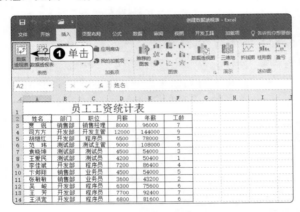
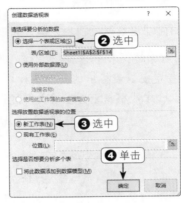

图9-3 "创建数据透视表"对话框

03 单击"确定"按钮，即可进入如图9-4所示的数据透视表设计环境。

04 在"选择要添加到报表的字段"列表框中，将"部门"拖到"报表筛选"框中，将"姓名"拖到"行"框中，将"年薪"拖到"值"框中，如图9-5所示。

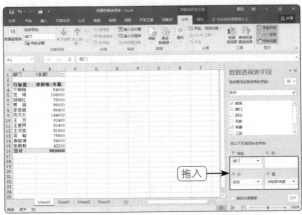

图9-4 数据透视表设计环境　　　　　图9-5 显示每个员工的年薪和总计

05 用户可以单击"部门"右侧的向下箭头，选择具体显示的产品类别，并显示类别为"开发部"，如图9-6所示，仅显示"开发部"的年薪。

图9-6 仅显示"开发部"的年薪

9.2
创建数据透视表时注意的问题

前一节已经介绍了数据透视表的作用及基本创建的操作步骤。创建数据透视表时应该注意以下事项，以保证数据源可以创建正确的数据透视表，如果不满足要求，则需要先修正，以避免在创建表格时发生问题。

- 数据表的第一行必须是标题行，并且每一列都有标题。
- 数据表中没有空白行和空白列。
- 数据表中除第一行标题行外，每个单元格均为匹配字段类型的数据，并且不得有空格。
- 数据源是一维的数据表。

9.2.1 遇到第一行不是标题行的情况

使用数据透视表创建表格时，Excel会自动将数据源的第一行作为标题，也就是将表格的字段放在"字段列表区"中，作为表格的依据，如图9-7所示。

图9-7 将表格的标题放在"字段列表区"

如果用户在创建表格时，数据源的第一行不是标题，仍然可以创建数据透视表。不过，由于第一行数据被认定为标题，数据透视表对第一行数据不做计算，如此会造成数据统计发生错误。

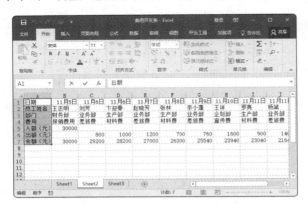

为了避免出现此类问题，在创建数据透视表之前，应该先检查数据源的第一行是否为标题，如果第一行是数据，则需要在第一行之上插入一个空白行，然后补上标题，这也相当于数据库的字段名。

9.2.2 遇到第一列是标题的情况

有些用户可能喜欢将标题放在数据源的第一列，而Excel在创建数据透视表时是以第一行的字段作为标题，因此必须先将列标题转置为行标题，再创建数据透视表，如图9-8所示。

对表格进行转置的方法很简单，只需选择数据源中的所有数据，单击"开始"选项卡"剪贴板"组中的"复制"按钮，然后选择数据源以外的空白单元格，单击"粘贴"按钮的向下箭头，在弹出的菜单中单击"转置"按钮，如图9-9所示。原本以第一列为标题的数据源将转置为以第一行为标题。

图9-8 遇到数据源第一列是标题的情况　　　　图9-9 单击"转置"按钮进行行列转换

此时，删除旧的数据源，保留转置后的新数据源。

9.2.3 遇到标题字段中包含空白单元格的情况

创建数据透视表时，Excel不允许标题字段含有空白单元格。例如，如图9-10所示的范例中，标题字段的D1为空白单元格。

当源数据的标题中包含空白单元格时，在创建数据透视表的过程中需要选择数据区域时单击"确定"按钮，Excel将提示错误，不允许继续创建数据透视表，如图9-11所示。

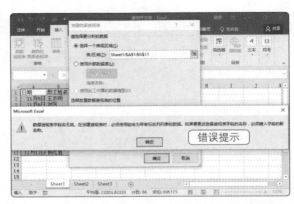

图9-10 标题字段中包含空白单元格　　　　图9-11 标题含有空白单元格时不允许创建数据透视表

9.2.4 遇到数据源中包含空行和空格的情况

创建数据透视表时，Excel将连续的单元格数据自动判断为数据源的范围，若数据源中有空行，则Excel会误判数据源的范围。例如，如图9-12所示的数据源中存在空行，则使用Excel自动指定数据源时，将以空行为依据作为数据源的边界，原来完整的数据源被分割为两个区域，这就造成了Excel获取数据不足、创建的表格错误等问题，用户需要将空行删除。

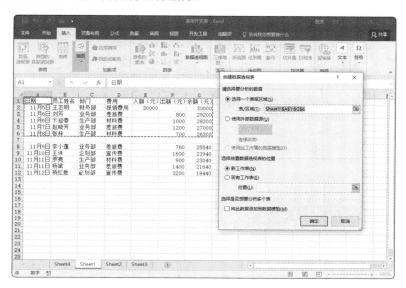

图9-12 数据源中包含空行

如果数据源中包含空列，也需要将空列删除。

如果数据源的单元格中出现空格，Excel会自动将空格所在的列作为文本格式。计算时空格所在的单元格将作为文本计算。因此，可以在空格中输入0。

9.2.5 如果数据源中包含合计单元格

如果选择的数据源中夹杂着合计的单元格，创建数据透视表时将计算数据源中的所有单元格，包含合计的数据也会显示在数据透视表中，如图9-13所示。

	A	B	C	D	E	F	G
1	日期	员工姓名	部门	费用	入额（元）	出额（元）	余额（元）
2	11月5日	王志明	财务部	报销费用	30000		30000
3	11月6日	刘芳	业务部	差旅费		800	29200
4	11月6日	卞迎春	生产部	材料费		1000	28200
5	11月7日	赵晓芳	业务部	差旅费		1200	27000
6	11月8日	张林	生产部	材料费		700	26300
7			合计		30000	3700	140700
8	11月9日	李小蓬	业务部	差旅费		760	25540
9	11月10日	王详	企划部	宣传费		1600	23940
10	11月11日	罗亮	生产部	材料费		900	23040
11	11月11日	杨斌	业务部	差旅费		1400	21640
12	11月12日	杨红胜	企划部	宣传费		3200	18440
13							

图9-13 数据源中包含合计单元格

当用户获取这样的数据源时，可以删除合计的数据行。

9.2.6 遇到数据源是二维数据表的情况

创建数据透视表的数据应该是数据列表，如果获取的资料不是数据列表，而是如图9-14所示的二维表格，那么用户需要将二维表格整理成数据列表。

	A	B	C	D	E
1		苹果汁	盐	麻油	酱油
2	长江店	30	20	15	16
3	三沙店	21	7	40	25
4	双寿店	25	16	12	14
5	张家店	36	26	25	32

图9-14 数据源是二维表格

9.3
修改数据透视表

通过前面的学习，已经了解如何创建数据透视表以及一些注意事项，本节将介绍修改数据透视表的技巧。

9.3.1 添加和删除数据透视表字段

> 实战练习素材：素材\第9章\原始文件\添加和删除数据透视表字段.xlsx
> 最终结果文件：素材\第9章\结果文件\添加和删除数据透视表字段.xlsx

创建数据透视表后，数据透视表布局可能会不符合要求，这时可以根据需要在数据透视表中添加或删除字段。

1. 统计每位员工的月薪

如果要在数据透视表中列出每位员工的月薪，可以按照下述步骤进行操作：

01 单击数据透视表中的任意一个单元格。

02 在"选择要添加到报表的字段"中，将"姓名"拖到"行"区域中，将"部门"拖到"列"区域中，如图9-15所示。

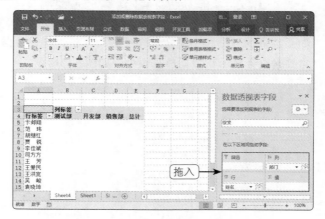

图9-15 统计每位员工的月薪

2. 统计每个职位的月薪和工龄

如果要在数据透视表中列出每个职位的月薪和工龄，可以按照下述步骤进行操作：

01 单击数据透视表中的任意一个单元格。

02 在"选择要添加到报表的字段"中，将"职位"拖到"行"区域中，将"月薪"和"工龄"拖到"数值"区域中，如图9-16所示。

图9-16 统计每个职位的月薪和工龄

如果要删除某个数据透视表字段，只需在右侧的"数据透视表字段列表"窗格中，撤选相应的复选框即可。

9.3.2 改变数据透视表中数据的汇总方式

> 实战练习素材：素材\第9章\原始文件\改变数据透视表中数据的汇总方式.xlsx
> 最终结果文件：素材\第9章\结果文件\改变数据透视表中数据的汇总方式.xlsx

在创建数据透视表时，默认的汇总方式为求和，可以根据分析数据的要求随时改变汇总方式。例如，要统计每个职位的月薪和工龄的平均值，具体操作步骤如下：

01 选择数据透视表中要改变汇总方式的字段，例如，选择"月薪"字段。

02 切换到功能区中的"分析"选项卡，在"活动字段"组中单击"字段设置"按钮，打开如图9-17所示的"值字段设置"对话框。

03 在"计算类型"列表框中选择要使用的函数。单击"确定"按钮，即可统计每个职位月薪的平均值。

04 采用同样的方法，更改工龄的平均值，如图9-18所示。

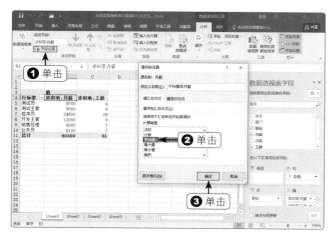

图9-17 "值字段设置"对话框

图9-18 设置月薪和工龄的平均值

9.3.3　查看数据透视表中的明细数据

实战练习素材：素材\第9章\原始文件\查看数据透视表中的明细数据.xlsx

在Excel中，用户可以显示或隐藏数据透视表中字段的明细数据。具体操作步骤如下：

01 在数据透视表中，通过单击 ➕ 或 ➖ 按钮，可以展开或折叠数据透视表中的数据，如图9-19所示。

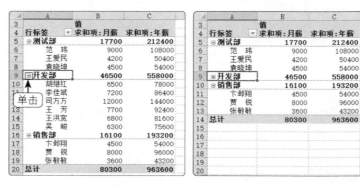

图9-19　显示或隐藏数据透视表

02 鼠标右键单击行标签中的字段，在弹出的快捷菜单中选择"展开/折叠"命令，在其子菜单中可选择以下命令查看明细数据。

- 展开：可以查看当前项的明细数据。
- 折叠：可以隐藏当前项的明细数据。
- 展开整个字段：可以查看字段中所有项的明细数据。
- 折叠整个字段：可以隐藏字段中所有项的明细数据。
- 展开到"字段名"：可以查看下一级以外的明细数据。
- 折叠到"字段名"：可以隐藏下一级以外的明细数据。

03 鼠标右键单击数据透视表的值字段中的数据，也就是数值区域的单元格，在弹出的快捷菜单中选择"显示详细信息"命令，将在新的工作表中单独显示该单元格所属的一整行明细数据，如图9-20所示。

图9-20　查看值字段中数据的详细信息

9.3.4 更新数据透视表数据

实战练习素材：素材\第9章\原始文件\更新数据透视表数据.xlsx

虽然数据透视表具有非常强的灵活性和数据操控性，但是在修改其源数据时不能自动在数据透视表中直接反映出来，而必须手动对数据透视表进行更新，具体操作步骤如下：

01 对创建数据透视表的源数据进行修改，选择工作表Sheet1，然后单击单元格D8，将“王爱民”的月薪改为4600，如图9-21所示。

02 切换到数据透视表所在的工作表Sheet4，此时单元格B7中的数据并未自动更新，如图9-22所示。鼠标右键单击数据透视表中的任意一个单元格，在弹出的快捷菜单中选择“更新”命令，即可更新数据。

	A	B	C	D	E	F
2	姓名	部门	职位	月薪	年薪	工龄
3	贾　锐	销售部	销售经理	8000	96000	7
4	司方方	开发部	开发主管	12000	144000	9
5	胡继红	开发部	程序员	6500	78000	5
6	范　玮	测试部	测试主管	9000	108000	6
7	袁晓坤	测试部	测试员	4500	54000	3
8	王爱民	测试部	测试员	4600	55200	1
9	李佳斌	开发部	程序员	7200	86400	4
10	卞邺翔	销售部	业务员	4500	54000	5
11	张敏敏	销售部	业务员	3600	43200	2
12	吴　峻	开发部	程序员	6300	75600	6
13	王　芳	开发部	程序员	7700	92400	7
14	王洪宽	开发部	程序员	6800	81600	6

图9-21 修改源数据的数据

	A	B	C
3		值	
4	行标签	求和项:月薪	求和项:年薪
5	⊟测试部	17700	212400
6	范　玮	9000	108000
7	王爱民	4200	50400
8	袁晓坤	4500	54000
9	⊞开发部	46500	558000
10	⊟销售部	16100	193200
11	卞邺翔	4500	54000
12	贾　锐	8000	96000
13	张敏敏	3600	43200
14	总计	80300	963600

图9-22 未更新数据透视表中的数据

9.3.5 数据透视表自动套用样式

实战练习素材：素材\第9章\原始文件\数据透视表自动套用样式.xlsx
最终结果文件：素材\第9章\结果文件\数据透视表自动套用样式.xlsx

为了使数据透视表更美观，也为了使每行数据更加清晰明了，还可以为数据透视表设置表格样式，具体操作步骤如下：

01 选定数据透视表中的任意一个单元格。

02 切换到功能区中的“设计”选项卡，在“数据透视表样式”组中单击“其他”按钮，在弹出的菜单中选择一种表格样式，如图9-23所示为选择“数据透视表中等深浅18”的效果。

03 如果对默认的数据透视表样式不满意，可以自定义数据透视表的样式。在“数据透视表样式”组中单击“其他”按钮，在弹出的菜单中选择“新建数据透视表样式”命令，打开“新建数据透视表样式”对话框。在该对话框中，用户可以设置自己所需的表格样式，如图9-24所示。

04 用户还可以切换到功能区中的“设计”选项卡，通过在“数据透视表样式选项”组中选中相应的复选框来设置数据透视表的外观，如“行标题”、“列标题”、“镶边行”和“镶边列”等。

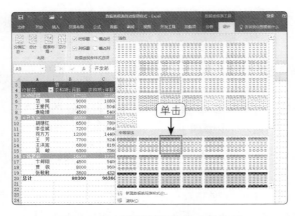 

图9-23 套用数据透视表样式的效果　　　　图9-24 "新建数据透视表快速样式"对话框

9.3.6 利用颜色增加数据透视表的信息量

实战练习素材：素材\第9章\原始文件\利用颜色增加数据透视表的信息量.xlsx
最终结果文件：素材\第9章\结果文件\利用颜色增加数据透视表的信息量.xlsx

用户可以通过Excel中的"条件格式"命令，对报表的颜色和图形标识突出显示报表的重点，使报表更具可读性，帮助用户快速找到报表中的关注点。本节将介绍使用不同的颜色设置对报表产生不同的效果。

本例要将员工月薪低于6600元的单元格用蓝色、加粗字体显示，以便快速了解公司有多少员工的工资偏低。具体操作步骤如下：

01 选择单元格B6，单击"开始"选项卡的"样式"组中的"条件格式"按钮，在弹出的菜单中选择"新建规则"命令，如图9-25所示。

02 在弹出的"新建格式规则"对话框中，设置"规则应用于"为"所有显示'求和项：月薪'值的单元格"；在"选择规则类型"中选择"只为包含以下内容的单元格设置格式"；在"编辑规则说明"中选择"小于"，并输入"6600"，如图9-26所示。

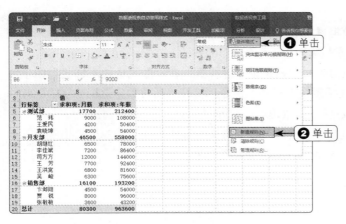 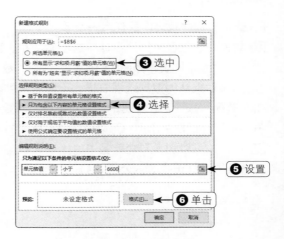

图9-25 选择"新建规则"命令　　　　图9-26 "新建格式规则"对话框

03 单击"格式"按钮，在弹出的对话框中设置"颜色"为蓝色，"字形"为加粗，如图9-27所示。

04 单击"确定"按钮，报表中所有月薪低于6600的单元格均以加粗、蓝色字体显示，如图9-28所示。

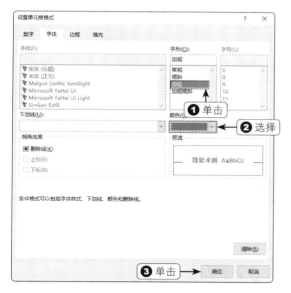

图9-27 "设置单元格格式"对话框

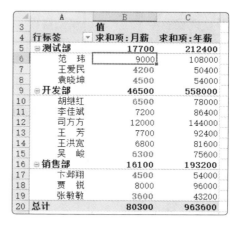

图9-28 利用条件格式设置报表

9.4 数据透视图

数据透视图是以图形形式表示的数据透视表。与图表和数据区域之间的关系相同，各数据透视表之间的字段是相互对应的关系。

9.4.1 数据透视图概述

在数据透视图中，除具有标准图表的系列、分类、数据标记和坐标轴之外，数据透视图还有一些特殊的元素，如报表筛选字段、值字段、系列字段、项和分类字段等。

- 报表筛选字段用来根据特定项筛选数据的字段。使用报表筛选字段是在不修改系列和分类信息的情况下，汇总并快速集中处理数据子集的捷径。
- 值字段来自基本源数据的字段，提供进行比较或计算的数据。
- 系列字段是数据透视图中为系列方向指定的字段。字段中的项提供单个数据系列。
- 项代表一个列或行字段中的唯一条目，并且出现在报表筛选字段、分类字段和系列字段的下拉列表中。
- 分类字段是分配到数据透视图分类方向上的源数据中的字段。分类字段为那些用来绘图的数据点提供单一分类。

9.4.2 创建数据透视图

 实战练习素材：素材\第9章\结果文件\创建数据透视图.xlsx

如果要创建数据透视图，可以按照下述步骤进行操作：

01 选定数据透视表中的任意一个单元格。

02 切换到功能区中的"分析"选项卡，在"工具"组中单击"数据透视图"按钮，出现"插入图表"对话框，先从左侧列表框中选择图表类型，然后从右侧列表框中选择子类型。

03 单击"确定"按钮，即可在文档中插入图表，如图9-29所示。

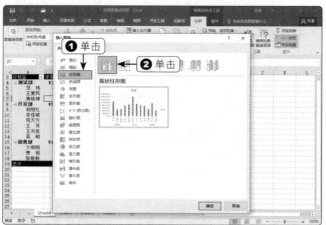

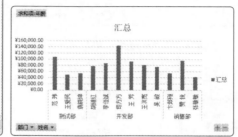

图9-29 创建数据透视图

04 为了仅显示"测试部"和"开发部"的数据，在"数据透视图筛选窗格"中，在"部门"下拉列表框内选中"测试部"和"开发部"复选框，如图9-30所示。

05 单击"确定"按钮，即可看到数据透视图中筛选出的数据，如图9-31所示。

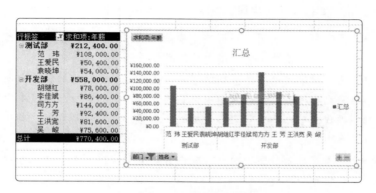

图9-30 指定要显示的数据   图9-31 筛选后的数据透视图

260

06 切换到功能区中的"设计"选项卡，在"图表样式"组中选择一种图表样式，即可快速改变数据透视图的样式。

9.5
切换器的使用

切片器提供了一种可视性极强的筛选方法来筛选数据透视表中的数据。一旦插入切片器，即可使用按钮对数据进行快速分段和筛选，达到仅显示所需数据的效果。

9.5.1 在数据透视表中插入切片器

切片器是易于使用的筛选组件，它包含一组按钮，使用户能够快速地筛选数据透视表中的数据，而无须打开下拉列表以查找要筛选的项目。

01 打开已经创建的数据透视表，在"分析"选项卡中，单击"筛选"组中的"切片器"按钮，在弹出的下拉列表中选择"插入切片器"选项，弹出"插入切片器"对话框，选中要进行筛选的字段。

02 单击"确定"按钮，即可在数据透视表中自动插入切片器，如图9-32所示。

图9-32 插入切片器

9.5.2 通过切片器查看数据透视表中的数据

插入切片器的主要目的是为了筛选数据中的数据，可以利用上一节中插入的切片器来查看数据透视表中的数据。

01 打开上一节的工作簿，在切片器中选择要查看的部门，例如，单击"测试部"按钮，即可筛选出"测试部"人员的年薪，如图9-33所示。

图9-33 筛选"测试部"人员的年薪

02 采用同样的方法，单击"开发部"按钮，即可筛选出"开发部"人员的年薪，如图9-34所示。

03 采用同样的方法，单击"销售部"按钮，即可筛选出"销售部"人员的年薪，如图9-35所示。

图9-34 筛选"开发部"人员的年薪

图9-35 筛选"销售部"人员的年薪

办公专家一点通

当用户使用切片器筛选所需的数据后，想显示全部的数据，只需单击"切片器"右上角的"清除筛选器"按钮 ▼ 即可。

9.5.3 美化切片器

当用户在现有的数据透视表中创建切片器时，数据透视表的样式会影响切片器的样式，从而形成统一的外观。

01 打开包含切片器的工作簿，单击选定要进行美化的切片器。

02 在"选项"选项卡中，单击"切片器样式"组中的"其他"按钮，将展开更多的切片器样式库。

03 在展开的库中选择喜欢的切片器样式，即可套用新的样式，如图9-36所示。

图9-36 套用新的切片器样式

9.6

办公实例：分析公司费用支出

本节将通过制作一个实例——分析公司费用开支，来巩固本章所学的知识，使读者能够真正将知识应用到实际工作中。

9.6.1 实例描述

数据透视表是运用Excel创建的一种交互式、交叉式报表，用于对多种来源的数据进行汇总和分析；在创建的数据透视图中，用户同样可以查看需要的数据内容，并可对其进行设置。下面以制作公司费用开支表为例来对其进行讲解。在制作过程中主要涉及以下内容：

- 为公司费用开支表创建数据透视表
- 为公司费用开支表创建数据透视图

9.6.2 实例操作指南

实战练习素材：素材\第9章\原始文件\费用开支表.xlsx
最终结果文件：素材\第9章\结果文件\费用开支表.xlsx

本实例的具体操作步骤如下：

01 打开原始文件，单击数据区域中的任意一个单元格，然后切换到功能区中的"插入"选项卡，在"表格"组中单击"数据透视表"按钮，选择"数据透视表"命令，打开如图9-37所示的"创建数据透视表"对话框，自动选中数据区域。

02 单击"确定"按钮，创建数据透视表原型。在"数据透视表字段"窗格中，将"费用"拖动到"筛选"区域，将"部门"拖动到"列"区域，将"员工姓名"拖动到"行"区域，将"余额"拖动到"值"区域，如图9-38所示。

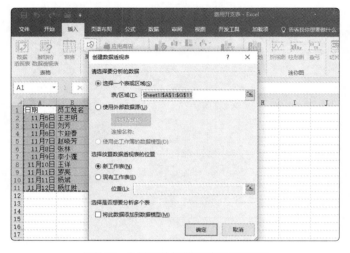

图9-37 "创建数据透视表"对话框　　　　　　　图9-38 "数据透视表字段"窗格

03 设置后的数据透视表如图9-39所示。切换到功能区中的"设计"选项卡，在"数据透视表样式"组中选择一种样式，如图9-40所示。

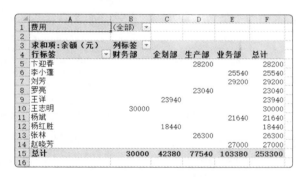

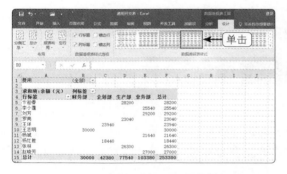

图9-39 设置后的数据透视表　　　　　　　　　图9-40 设置数据透视表的样式

04 单击"费用"下拉按钮，在弹出的列表中单击"差旅费"选项，如图9-41所示。单击"确定"按钮，即可显示有关"差旅费"的数据，如图9-42所示。

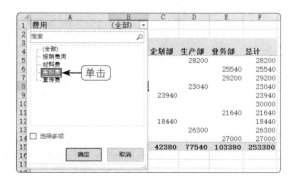

图9-41 单击"差旅费"选项　　　　　　　　　图9-42 显示"差旅费"的相关数据

05 单击数据区域中的任意一个单元格，然后切换到功能区中的"插入"选项卡，在"图表"组中单击"数据透视图"按钮，选择"数据透视图"命令，打开"创建数据透视图"对话框，单击"确定"按钮，将在新工作表中创建数据透视图。将"数据透视表字段列表"窗格中的"费用"拖动到"筛选"区域，将"部门"拖动到"图例系列"区域，将"员工姓名"拖动到"轴类别"区域，将"余额"拖动到"值"区域，如图9-43所示。

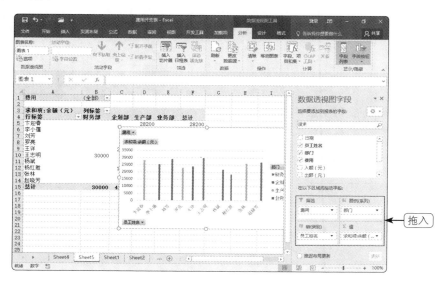

图9-43 创建的数据透视图

9.6.3 实例总结

本实例复习了本章中讲述的关于数据透视表的创建、编辑以及数据透视图的创建等方面的知识和操作，主要用到以下知识点：

- 创建数据透视表
- 在数据透视表中手动添加字段
- 筛选数据透视表中的数据
- 创建数据透视图

9.7
提高办公效率的诀窍

窍门：设置自己喜欢的数据透视表样式

在选择数据透视表样式时，如果对系统给定的数据透视表样式都不甚满意，用户可以自己设计一种数据透视表样式。具体操作步骤如下：

01 选定数据透视表中的一个单元格。

02 切换到"设计"选项卡,然后单击"数据透视表样式"组中的列表框右下角的"其他"按钮,在弹出的菜单下方单击"新建数据透视表样式"命令,打开如图9-44所示的"新建数据透视表样式"对话框。

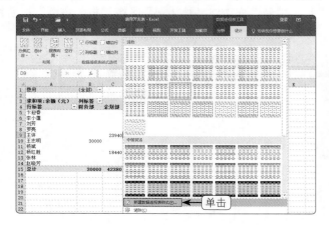 

图9-44 设置数据透视表的样式

03 在"新建数据透视表样式"对话框中,用户可以根据自己的意愿和需要对数据透视表的名称、表元素与格式等进行自定义设置,设置完成后单击"确定"按钮即可。

10

第 10 章
数据分析工具

作为一个电子表格及数据分析的实用性软件，Excel提供了许多分析数据、制作报表、数据运算、工程规划、财政预算等方面的分析工具。这些工具的出现，极大程度地提高了统计人员的工作效率。本章将介绍利用单变量求解、模拟运算表和方案管理器等功能来获取所需的结果。

教学目标 》》》》》》》》》》》》》》》》》》》》》》》

通过本章的学习，你能够掌握如下内容：

※ 利用单变量求解所需的结果
※ 利用双变量求解所需的结果
※ 利用方案管理器获得最佳的结果

10.1
模拟分析的方法

模拟分析是指模型中某一变量的值、某一语句组发生变化后，所求得的模型解与原模型的比较分析。也就是说，系统允许用户提问"如果……"，系统回答"怎么样……"。这是手动操作无法做到的，它不仅解决了复杂性的问题，还可以通过反复询问在多种方案之间进行权衡，从而降低风险。

例如，一辆汽车由许多零部件组成，钢材的涨价会影响材料成本，要求将使用涨价钢材的成本和采用替代品的成本进行比较；再如，火车票涨价一倍，那么本年度的差旅费会怎样变动，对全年利润有怎样的影响等，这些都属于模拟分析。Excel提供的单变量求解、模拟运算表与方案管理器的功能，都适用于解决模拟的问题。

单变量求解是解决假定一个公式想取得某一结果值，其中变量的引用单元格应取值为多少的问题。变量的引用单元格只能是一个，公式对单元格的引用可以是直接的，也可以是间接的。Excel 2016根据所提供的目标值，将引用单元格的值不断调整，直至达到所要求的公式的目标值时，变量的值才确定。

10.2
单变量求解

Excel给大家的直观感觉是一张大的表格，可以输入文字、数字、公式和函数，其实Excel并非只是在工作表的制作上可以创建公式、函数，进行数据管理（例如，排序、筛选和分类汇总）与统计图表制作而已，在数据求解与规划分析等项目上，其运算功能也是不容忽视的。例如，Excel也可以用来进行如图10-1所示的数学方程式的运算。

$$4x-16=0 \qquad 2x^3+3=1 \qquad 2x^3+5x-7=0$$

图10-1 利用Excel也可以计算这些方程式

诸如一元一次方程式，也就是含有一个未知数（一元），并且未知数次方是1（一次）的等式，以4x-16=0为例，虽然可以轻松地心算便可得知此方程式的答案为x=4，但如果是复杂的方程式如"(5x-3)-12(6x+8)+9x(2x-6)+100x=0"，就稍微费时了。无论是容易的还是复杂的公式，利用Excel的单变量求解就行了。

对于2x3+3=1这样的数学方程式，除了利用数学方面的知识来求解外，利用Excel的单变量求解功能也能轻松解答。

基本上，在创建数学公式时，必须先将公式中的变量x视为工作表上的某个单元格，称为变量单元格，然后在另一个单元格中输入含有参照此变量单元格的公式，也就是说，只要改变变量单元格的内容，该公式将会自动重新计算出新的结果，如图10-2所示输入公式"=2*B1^3+3"。

表明本例的数学方程式里含有一个变量x，想要解出x等于多少时，此方程式运算的结果为1。

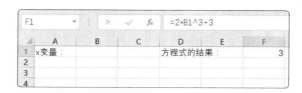

图10-2 准备单变量求解

只要改变单元格B1（也就是变量x）的值，公式计算出来的结果就会不同。那么，单元格B1的值应该输入多少才能让单元格F1算出来的结果为1呢？我们利用Excel的单变量求解功能，就可以立即看到正确的结果。通过"单变量求解"功能，即可让Excel帮助用户改变单元格B1的值，使得单元格F1（目标单元格）内的公式所计算出来的结果为1（目标值）。

（1）切换到功能区中的"数据"选项卡，单击"数据工具"组中的"模拟分析"按钮，在弹出的菜单中选择"单变量求解"命令。

（2）打开如图10-3所示的"单变量求解"对话框，在"目标单元格"文本框中显示当前选定的单元格，如果显示的单元格不是目标单元格，可以在该文本框中重新输入。

（3）在"目标单元格"文本框中单击F1，在"目标值"文本框中输入1，然后在"可变单元格"文本框中单击B1。

图10-3 "单变量求解"对话框

（4）单击"确定"按钮，即可进行运算。当出现如图10-4所示的"单变量求解状态"对话框时，可以看到已经对单元格F1进行求解，单元格B1内的数据是-1时，方程式计算出来的结果会接近1（1.000011339）。

图10-4 "单变量求解状态"对话框

10.2.1 一元一次方程式的实例

一元一次方程式属于单一变量的方程式，利用Excel的"单变量求解"功能是最方便的解决方式。下面再举一个实例。

例如，有一个两位数，它的十位数字与个位数字的和为13，若将个位数字与十位数字交换，所得的新数值比原来的两位数小27，求原来的两位数是什么？

具体的解决方法是：假设原来的两位数的十位数字为"x"，并且知道其十位数字与个位数的和为13，因此，其个位数为"13-x"，所以，此两位数可表示为：

10x+（13-x）

将个位数与十位数字交换，新的十位数为"13-x"；新的个位数为"x"，因此，新的数字其值为：

10（13-x）+x

又因为原来的数字比新的数字大27，所以：

（10x+（13-x））-（10（13-x）+x）=27

如果将变量x视为单元格B2，则上述的一元一次方程式可以写成：

=（10*B2+（13-B2））-（10*（13-B2）+B2）

如图10-5所示。

图10-5 准备求变量

利用"单变量求解"的方法如图10-6所示，其"目标单元格"为B3，"目标值"为27，"可变单元格"为B2。

图10-6 单变量求解

10.2.2 学期成绩分析

 实战练习素材：素材\第10章\原始文件\单变量求解（成绩）.xslx
最终结果文件：素材\第10章\结果文件\单变量求解（成绩）.xslx

除了数学课本中的求解方程式外，也有一些应用题也可使用单变量求解的方法进行计算。例如，某个学校为了全面考核学生的学期成绩，需要结合学生的平时成绩、期中考试成绩和期末考试成绩。因此，学期成绩的公式为：

学期成绩=平时成绩×30%+期中考试成绩×30%+期末考试成绩×40%

现在，某个学生已经知道了平时成绩（92分）和期中考试成绩（84分），家长提出的学期成绩为90分，该学生想知道期末考试成绩为多少时，才能达到学期成绩为90分的目标。这时，就可以使用单变量求解的方法来解决这个问题。

在工作表中输入以下数据：

（1）单击单元格A3，输入"平时成绩"；单击单元格B3，输入"92"。

（2）单击单元格A4，输入"期中成绩"；单击单元格B4，输入"84"。

（3）单击单元格A5，输入"期末成绩"。

（4）单击单元格A7，输入"学期成绩"；单击单元格B7，输入公式"=B3*30%+B4*30%+B5*40%"。

（5）由于暂不知期末考试成绩，因此学期成绩临时为52.8，如图10-7所示。

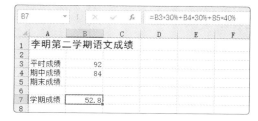

图10-7 用单变量求解的示例

在工作表中输入数据后，可以按照下述步骤进行操作：

01 在工作表中选定目标单元格B7。切换到功能区中的"数据"选项卡，单击"数据工具"组中的"模拟分析"按钮，在弹出的菜单中选择"单变量求解"命令。

02 打开如图10-8所示的"单变量求解"对话框，在"目标单元格"文本框中显示当前选定的单元格，如果显示的单元格不是目标单元格，可以在该文本框中重新输入。

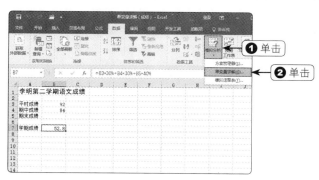
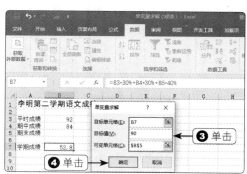

图10-8 "单变量求解"对话框

03 在"目标值"文本框中输入"90"，然后在"可变单元格"文本框中输入"B5"。

04 单击"确定"按钮，出现如图10-9所示的"单变量求解状态"对话框。

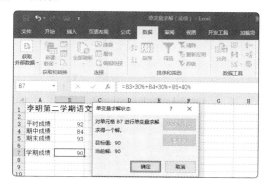

图10-9 "单变量求解状态"对话框

05 在"单变量求解状态"对话框中已求得解答，在单元格B5中显示数值93。这意味着该学生期末考试成绩必须为93，才能达到学期成绩为90分的目标。

06 单击"确定"按钮，保存计算结果。

10.2.3 商品理想售价的制订

再举一个例子：公司花了一大笔钱将某个产品投入市场，已知产品的单片成本（7.2元）、产品的数量（5000），想知道产品的价格是多少时，才能盈利170000元。

其中：

销售金额=单价×数量
生产成本=数量×单片成本
利润=销售金额－销售费用－生产成本－固定成本

销售费用和固定成本如图10-10所示，由于单元格B7的值暂时为55，因此单元格B1值暂时为144000。

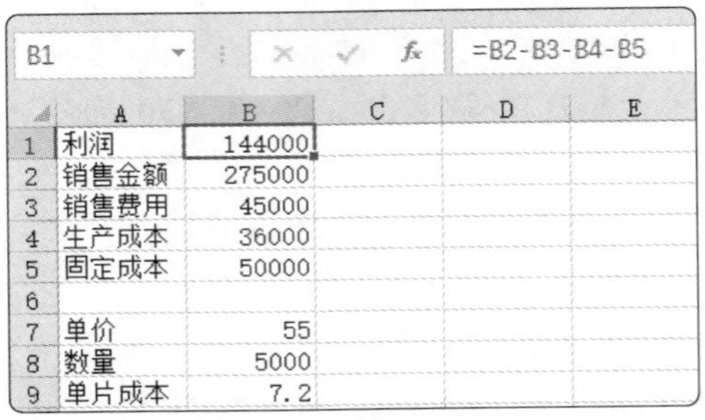

图10-10 要运用单变量求解的数据

在工作表中输入数据后，可以按照下述步骤进行操作：

01 选定工作表中的目标单元格B1。切换到功能区中的"数据"选项卡，在"数据工具"组中单击"模拟分析"按钮，在弹出的菜单中选择"单变量求解"命令，出现如图10-11所示的"单变量求解"对话框。

02 在"目标单元格"文本框中已经引用了选定的目标单元格，如果要改变目标单元格，可以重新选定。在"目标值"文本框中输入希望达到的值。例如，输入"170000"，然后在"可变单元格"文本框内输入有待调整其数值的单元格引用，例如，输入"B7"。

03 单击"确定"按钮，显示如图10-12所示的"单变量求解状态"对话框，答案出现在"可变单元格"文本框指定的单元格内。因此，可以看到满足条件的定价应该是60.2元。

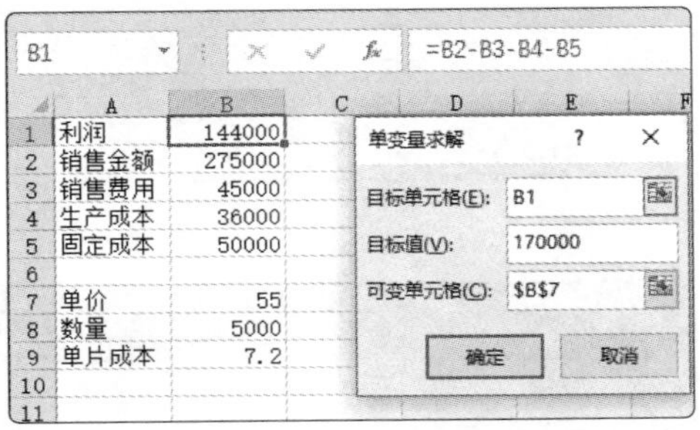

图10-11 "单变量求解"对话框　　　图10-12 "单变量求解状态"对话框

10.2.4 损益平衡的财务分析

会计科目繁多复杂，但万变不离其宗，从一个简单的公式，我们便可知企业营业时的收益成果：

收入－支出=盈利

也就是：

  销售收入－总成本=利润

当然，也会有下列情况发生：

- 销售收入 > 总成本，将产生利润。
- 销售收入 < 总成本，则产生亏损。
- 销售收入 = 总成本，利润 =0，即产生损益平衡点。

通常企业若要确保其最低限度的利润，必须讨论以下事项：

- 利润为零时（产生损益平衡点），其销售收入如何？销售数量是多少？
- 若要确保获取特定额度的利润，所需的销售收入如何？
- 若考虑到销售收入，总成本应该要控制在何种程度才会有特定额度的利润？

1. 损益平衡点的销售数量单变量求解

在财务报表的损益分析上，成本费用通常可以划分为"变动成本"与"固定成本"，而"销售收入"若减去"变动成本"则称为"边际利润"。"边际利润"若超过"固定成本"的部分就是所谓的"利润"。因此，如果在"销售收入"降低时，"边际利润"也会下降，而若降到和"固定成本"相同时，就等于没有利润可言，这个不赚不赔的损益点即称为"损益平衡点"，如图10-13所示。

2		
3	商品单价	41
4	销售数量	100000
5	平均折扣	40%
6	实际销售收入	2460000 B3*B4*(1-B5)
7		
8	商品变动成本	12.63
9	固定成本	750000
10	总成本	2013000 B4*B8+B9
11		
12	利润	447000 B6-B10 实际销售收入-总成本
13		
14	边际利润	1197000 B6-B8*B4 实际销售收入-商品变

图10-13 损益平衡点的销售数量目标搜索

实际销售收入在单元格B6，而产品的总变动成本则为每个单位商品的变动成本×商品的销售数量，也就是B8*B4，所以，边际利润为=B6-B8*B4。在完成公式的创建后，即可通过"单变量求解"的操作，查找损益平衡点的销售数量是什么，即："调整销售数量"使得"利润"为"0"。

也就是改变可变单元格B4（销售数量），使用目标单元格B12（利润）为目标值0，如图10-14所示。

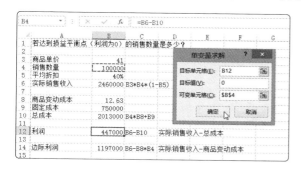
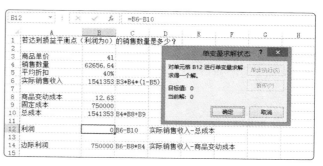

图10-14 单变量求解

借助单变量求解的计算，立即显示出损益平衡点销售数量，在此案例中，即可得知销售数量必须为62656.6416才能损益平衡。

2. 特定利润的销售收入的单变量求解

如图10-15所示，在销售70000个商品时，会有87900的利润，若要达到500000的利润时，要有多少销售收入才能达成呢？

图10-15 求得销售数量

只要通过单变量求解的操作，将理想的利润500000输入为目标值，即可迅速得到结果。只要销售数量达到104427.736，在平均折扣40%的状况下，实际销售收入将达到2568922，此时会有理想的500000利润，如图10-16所示。

图10-16 单变量求解

3. 健全的损益平衡比例的单变量求解

损益平衡点可以用来作为衡量企业经营成败的指标。当然，在生产过程中，也可以用来决定要生产的数量，这在财务管理中是极其重要的。在前面的范例中，当固定成本与边际利润相同时，是没有利润可言的，而当下的销售数量也就称为损益平衡点的销售数量。因此，当销售量提升时，增加的量所造成的收益就是边际效益。

在衡量利润与营业额（销售收入）的关系上，通常会使用到边际利润率，此边际利润率越大越好，而边际利润率的公式为：

$$边际利润率 = \frac{边际利润}{实际销售收入}$$

我们可以归纳出：

损益平衡点的销售收入=利润为零时的销售收入

274

也就是说：

损益平衡点的销售收入=固定成本和边际利润相同时的销售收入

因此，根据上面的收入，也可以理解为：

$$\text{损益平衡点时的边际利润率} = \frac{\text{固定成本 or 边际利润}}{\text{损益平衡点时的销售收入}}$$

而损益平衡点的销售收入是：

$$\text{损益平衡点销售收入} = \frac{\text{固定成本}}{\text{边际利润率}}$$

损益平衡点的销售收入与实际销售收入的比较，可以得到损益平衡的比例，而此比例数据将对于企业在掌控获利的内容上提供很大的帮助。从上述的公式可以再导出损益平衡点比例的公式为：

$$\text{损益平衡点比例} = \frac{\text{损益平衡销售收入}}{\text{实际销售收入}}$$

至于此损益平衡点比例的衡量标准当然是越低越好。例如，通常在60%以内属于很优的收益；在60%～70%以内属于健全的收益；在70%～80%之间属于比较健全的收益；若在80%～90%之间需要格外注意状况，只要超过90%就属于不健全的收益，此时应该要有所警觉并提出改善方案。若超过100%时，就属于亏本的生意了。

在上述范例中，如果想要达到很健全的收益，而制订损益平衡点比例为55%，则至少要销售多少商品？要有多少的实际销售收入才能达成呢？

如图10-17所示，将边际利润率公式输入到单元格G3：

```
=B15/B6
```

将损益平衡点销售收入公式输入到单元格G4：

```
=B10/G3
```

将损益平衡比例公式输入到单元格G5：

```
=G4/B6
```

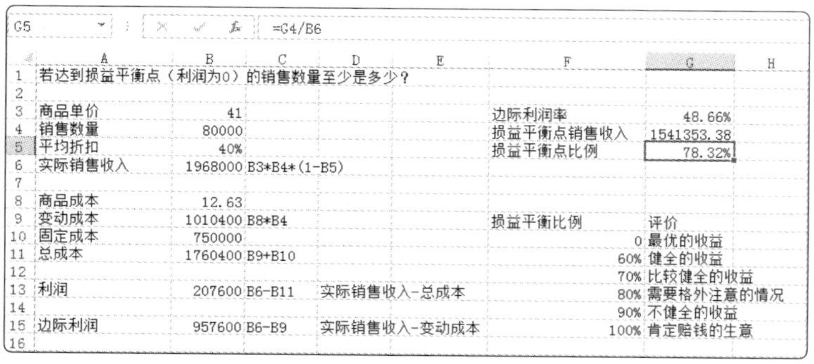

G5　=G4/B6

	A	B	C	D	E	F	G	H
1	若达到损益平衡点（利润为0）的销售数量至少是多少？							
2								
3	商品单价	41				边际利润率	48.66%	
4	销售数量	80000				损益平衡点销售收入	1541353.38	
5	平均折扣	40%				损益平衡点比例	78.32%	
6	实际销售收入	1968000	B3*B4*(1-B5)					
7								
8	商品成本	12.63						
9	变动成本	1010400	B8*B4			损益平衡比例	评价	
10	固定成本	750000				0	最优的收益	
11	总成本	1760400	B9+B10			60%	健全的收益	
12						70%	比较健全的收益	
13	利润	207600	B6-B11	实际销售收入-总成本		80%	需要格外注意的情况	
14						90%	不健全的收益	
15	边际利润	957600	B6-B9	实际销售收入-变动成本		100%	肯定赔钱的生意	
16								

图10-17 输入公式

接着，通过单变量求解的操作，设置目标单元格为损益平衡点比例，也就是单元格G5，并输入期望其目标值为0.55，可变单元格为商品销售数量（单元格B4），如图10-18所示。

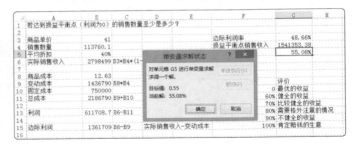

图10-18 单变量求解

从工作表上的结果可以得知，只有商品销售数量达到113760.1时，获得的利润可以达到611709，此时的损益平衡点比例为55.08%，在损益分析上，属于很优的收益。

10.3
创建模拟运算表

在Excel 2016中，用户可以很方便地创建一个模拟运算表。当然，Excel对模拟运算表有一些限制，例如一个模拟运算表一次只能处理1~2个输入单元格，不能创建含有3个或更多输入单元格的模拟运算表。

10.3.1 模拟运算表概述

模拟运算表是工作表中的一个单元格区域，用于显示公式中某些值的更改对公式结果的影响。模拟运算表提供了一种快捷手段，它可以通过一步操作计算出多种情况下的值，还可以查看和比较由工作表中不同变化所引起的各种结果。

模拟运算表是假设公式中的变量有一组替换值，代入公式取得一组结果值时使用的，该组结果值可以构成一个模拟运算表。模拟运算表有两种类型。

- 单变量模拟运算表：输入一个变量的不同替换值，并显示此变量对一个或多个公式的影响。
- 双变量模拟运算表：输入两个变量的不同替换值，并显示这两个变量对一个公式的影响。

模拟运算表在经济管理中起着极其重要的作用。例如，在制定一个新产品的销售计划时，就可以通过模拟找出不同定价、销量、折扣、推销成本的保本点，从而制订出一个切实可行的行销方案。

10.3.2 利用单变量模拟运算表求解数学方程式

当对公式中的一个变量以不同值替换时，该过程将生成一个显示其结果的模拟运算表格。我们既可使用面向列的模拟运算表，也可使用面向行的模拟运算表。表10-1所示为单变量模拟运算表的排列方式之一。

表10-1 单变量模拟运算表的排列方式

变量	公式1	公式2	公式3	……	公式N
变量1					
变量2					
……					
变量N					

例如，一个简单的数学方程式：f(x)=2x3+5x-7中含有一个变量x，只要代入x的值后，即可算出这个方程式的答案。也就是说，如果x代入0，则答案为-7；如果x代入1，则答案为0。当有大量的数字要分别代入此方程式中并分别计算出不同的结果时，可以利用Excel的"模拟运算表"。

如图10-19所示，想创建一个2x3+5x-7的方程式，并代入-5、-4、-3、-2、-1、0之类的数值时，Excel的"模拟运算表"可以快速求出答案。

首先在单元格区域A4:A13中输入数值，然后在单元格B4中输入公式。在输入公式之前，必须先假设公式内的变量x为工作表上的某个空白单元格。例如，本范例中将变量x视为单元格D1，以便让Excel将单元格区域A4:A13的各个数值，逐一代入此单元格D1内，而所计算出来的方程式答案会自动出现在单元格区域B4:B13中。因此，在单元格B4中输入的公式为"=2*D1^3+5*D1-7"，如图10-20所示。

图10-19 利用工作表进行方程式运算

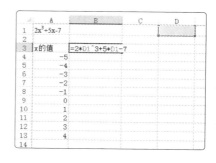

图10-20 输入公式

（1）输入公式后，选择包括各个x数值与公式在内的整个矩形区域，例如A3:B13。

（2）切换到功能区中的"数据"选项卡，在"数据工具"组中单击"模拟分析"按钮，在弹出的菜单中选择"模拟运算表"命令。

（3）弹出"模拟运算表"对话框，在"输入引用列的单元格"中输入"D1"，然后单击"确定"按钮，如图10-21所示。

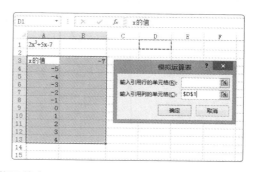

图10-21 模拟运算表

（4）此时，可以看到所有的运算结果已经分别显示在常量区域的右侧的单元格内。通过"模拟运算表"的运算操作，可以快速完成大量数据的计算，如图10-22所示。

图10-22 利用模拟运算表求解

10.3.3 利用单变量模拟运算表求解每月贷款偿还额

例如，用户想购买一套房子，要承担100000元的抵押贷款，需要了解不同利率下每月应偿还的贷款金额。在介绍模拟运算表之前，先熟悉一下需要使用的函数PMT。PMT函数主要是根据固定利率、定期付款和贷款金额，求出每期应偿还贷款金额。

该函数的格式如下：

=PMT(Rate,Nper,Pv,Fv,Type)

其中，各参数的含义如下：

- Rate：每期的利率。
- Nper：付款期数。
- Pv：贷款金额。
- Fv：指未来终值，一般银行贷款此值为0，Fv默认值0。
- Type：如果为0或者默认此值，表明期末付款；如果为1，表明期初付款。

如果要建立单变量模拟运算表，可以按照下述步骤进行操作：

01 在一行或一列中，输入要替换工作表上的输入单元格的数值序列。例如，在单元格区域D3:D9中分别输入了不同的利率，如图10-23所示。

02 如果输入的数值被排成一列，则在第一个数值的上一行且处于数值列右侧的单元格中输入要用的公式；如果输入的数值被排成一行，则在第一个数值左边一列且处于数值列下方的单元格输入所需的公式。例如，本例选定单元格E2，输入公式"=PMT(B4/12,B5*12,B3)"，即可在该单元格中得到年利率在8%的情况下，每月所付的金额，如图10-24所示。

图10-23 建立需要分析的工作表

图10-24 利用函数计算每月所付金额

03 选定包含输入数值和公式的单元格区域D2:E9，然后切换到功能区中的"数据"选项卡，在"数据工具"组中单击"模拟分析"按钮，在弹出的菜单中选择"模拟运算表"命令。

04 出现如图10-25所示的"模拟运算表"对话框，如果模拟运算表是列方向的，则单击"输入引用列的单元格"编辑框；如果模拟运算表是行方向的，则单击"输入引用行的单元格"编辑框，然后在工作表中选定单元格。本例中，单击"输入引用列的单元格"编辑框，然后选定工作表中的单元格B4。

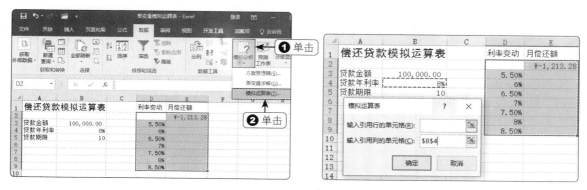

图10-25 "模拟运算表"对话框

05 单击"确定"按钮，结果如图10-26所示。

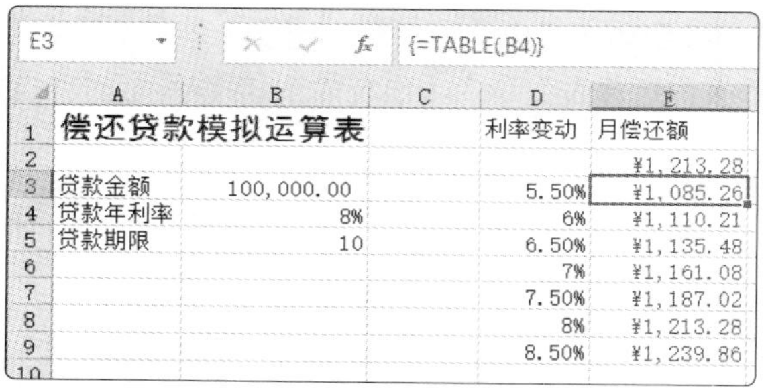

图10-26 创建的单变量模拟运算表

10.3.4 利用双变量模拟运算表求解数学方程式

前面介绍了采用一个变量帮助运算，本节介绍将两个变量输入公式后，系统会自动将两个变量代入公式中逐一运算，并将答案放在对应的单元格中，这样操作会更为便利。如表10-2所示为双变量模拟运算表的排列方式之一。

表10-2 双变量模拟运算表的排列方式

列输入单元格	计算公式	变量1	变量2	变量3	……	变量N
行输入单元格	变量1					
	变量2					
	变量3					
	……					
	变量N					

上一节的f(x)=2x3+5x-7是一个单变量运算的数学方程式，如果方程式中有两个变量，例如f(x)=2x3+3y2-2xy+3x-2y+7，此方程式中有变量x与y，则必须代入x与y的值后，才可算出此方程式的答案。利用Excel的模拟运算表，可以快速算出结果。

例如，x分别代入-2、-1、0、1、2等数值，而y分别代入-2、-1、0、1、2、3等数值，使用Excel能够快速计算出正确答案，参照如图10-27所示的规划。

图10-27 准备输入公式

01 规划好要代入公式内的变量进行运算的各个数据，将要代入变量x的各个数据输入单元格区域D6:H6中，将要代入变量y的各个数据输入到单元格区域C7:C12中。

02 在单元格C6中输入公式"=2*D4^3+3*E4^2-2*D4*E4+3*D4-2*E4+7"，如图10-28所示。

03 选择单元格区域C6:H12，切换到功能区中的"数据"选项卡，单击"数据工具"组中的"模拟分析"按钮，在弹出的菜单中选择"模拟运算表"命令，出现如图10-29所示的"模拟运算表"对话框。

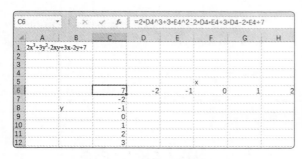

图10-28 输入公式

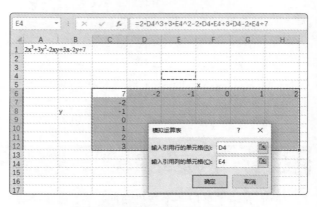

图10-29 "模拟运算表"对话框

04 在"输入引用行的单元格"文本框中输入"D4"，在"输入引用列的单元格"文本框中输入"E4"，然后单击"确定"按钮，结果如图10-30所示。

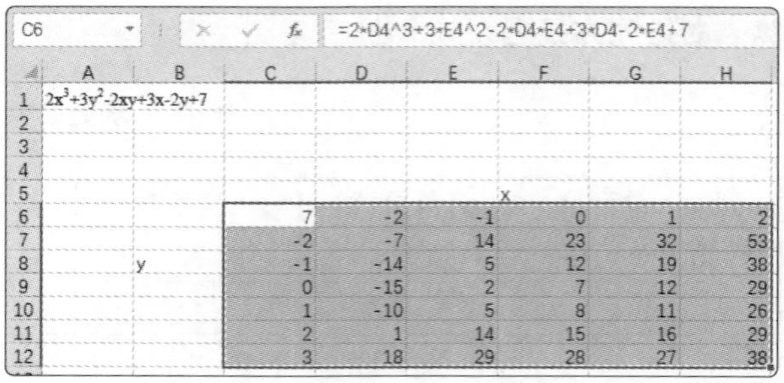

图10-30 双变量求解

10.3.5 利用双变量模拟运算表求解不同贷款与利率的偿还额

例如，在考虑利率变化的同时，还可以考虑贷款额的多少对月偿还额的影响。创建双变量模拟运算表的具体操作步骤如下：

01 在工作表中某个单元格内，输入引用两个输入单元格中替换值的公式。本例中，在单元格D2中输入公式"=PMT(B4/12,B5*12,B3)"。

02 在公式的下面输入一组数值，在公式的右边输入另一组数值。本例中，分别在单元格区域D3:D9中输入不同的年利率；在单元格区域E2:H2中输入不同的贷款金额。

03 选定包含公式以及数值行和列的单元格区域。例如，选定单元格区域D2:H9。

04 单击"数据"选项卡的"数据工具"组中的"模拟分析"按钮，在弹出的菜单中选择"模拟运算表"命令，出现如图10-31所示的"模拟运算表"对话框。

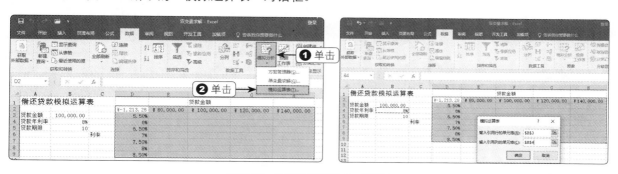

图10-31 "模拟运算表"对话框

05 在"输入引用行的单元格"文本框中，输入要由行数值替换的输入单元格引用。本例中输入"B3"。

06 在"输入引用列的单元格"文本框中，输入要由列数值替换的输入单元格引用。本例中输入"B4"。

07 单击"确定"按钮，结果如图10-32所示。

	A	B	C	D	E	F	G	H
1	偿还贷款模拟运算表					贷款金额		
2				¥-1,213.28	¥ 80,000.00	¥ 100,000.00	¥ 120,000.00	¥140,000.00
3	贷款金额	100,000.00		5.50%	¥ -868.21	¥ -1,085.26	¥ -1,302.32	¥ -1,519.37
4	贷款年利率	8%		6%	¥ -888.16	¥ -1,110.21	¥ -1,332.25	¥ -1,554.29
5	贷款期限	10		6.50%	¥ -908.38	¥ -1,135.48	¥ -1,362.58	¥ -1,589.67
6			利率	7%	¥ -928.87	¥ -1,161.08	¥ -1,393.30	¥ -1,625.52
7				7.50%	¥ -949.61	¥ -1,187.02	¥ -1,424.42	¥ -1,661.82
8				8%	¥ -970.62	¥ -1,213.28	¥ -1,455.93	¥ -1,698.59
9				8.50%	¥ -991.89	¥ -1,239.86	¥ -1,487.83	¥ -1,735.80

图10-32 基于两个变量完成的模拟运算表

10.3.6 清除模拟运算表

创建模拟运算表后，用户无法删除模拟运算表中的单个单元格，如果对单个单元格进行删除操作，Excel将弹出如图10-33所示的提示对话框。模拟运算表的计算结果作为一个数组公式，可以使用下述方法进行清除。

图10-33 提示对话框

1. 清除整个表

如果要清除整个模拟运算表，可以按照下述步骤进行操作：

01 拖动选定整个模拟运算表，包括所有的公式、输入值与计算结果等。
02 切换到功能区中的"开始"选项卡，在"编辑"组中单击"清除"按钮，从弹出的菜单中选择"全部清除"命令。

2. 清除模拟运算表的计算结果

由于模拟运算表的计算结果存放在数组中，因此要清除计算结果，必须将数组全部清除。具体操作步骤如下：

01 选定模拟运算表中的所有计算结果。
02 切换到功能区中的"开始"选项卡，在"编辑"组中单击"清除"按钮，在弹出的菜单中选择"清除内容"命令。

10.4
使用方案

公司在运营过程中，经常会根据需要设计多种方案，根据不同的方案来规划公司的运营或发展。方案是一组称为可变单元格的输入值，并且按照用户指定的名字保存起来。每个可变单元格的集合代表一组模拟分析的前提，我们可以将其用于一个工作簿模型，以便观察它对模型其他部分的影响。方案是用于预测工作表模型结果的一组数值，用户可以在工作表中创建并保存多组不同的数值，并且在这些新方案之间任意切换，从而查看不同的方案结果。

10.4.1 获取最佳的贷款方案

实战练习素材：素材\第10章\原始文件\获取最佳的贷款方案.xlsx
最终结果文件：素材\第10章\结果文件\获取最佳的贷款方案.xlsx

例如，用户准备贷款购买一套房子，现有多家银行愿意提供贷款。

- 银行1：允许贷款200000元，年利率7.5%，贷款年限15年。
- 银行2：允许贷款250000元，年利率8%，贷款年限18年。
- 银行3：允许贷款300000元，年利率8.5%，贷款年限20年。

现在，要求出各自的结果，然后根据自己目前的工资来决定到哪一家银行进行贷款。

为了易于说明，创建如图10-34所示的模型，并在单元格B5中输入公式"=PMT(B2/12,B3*12, B1)"。

为了有利于以后所建的方案摘要报告能够指出可变单元格及目标单元格各位置所代表的意义，可以为单元格命名。选定单元格B1，然后单击"公式"选项卡的"定义的名称"组中的"定义名称"按钮，出现如图10-35所示的"新建名称"对话框，会发现"名称"文本框中显示了默认名为"贷款金额"，单击"确定"按钮，即可将单元格B1命名为"贷款金额"。使用同样的方法，将单元格B2命名为"贷款年利率"，将单元格B3命名为"贷款年数"，将单元格B5命名为"月偿还额"。

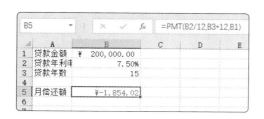

图10-34 数据模型

图10-35 "新建名称"对话框

1. 创建方案

创建方案的具体操作步骤如下：

01 选定单元格B5，然后切换到功能区中的"数据"选项卡，在"数据工具"组中单击"模拟分析"按钮，在弹出的菜单中选择"方案管理器"命令，出现如图10-36所示的"方案管理器"对话框。

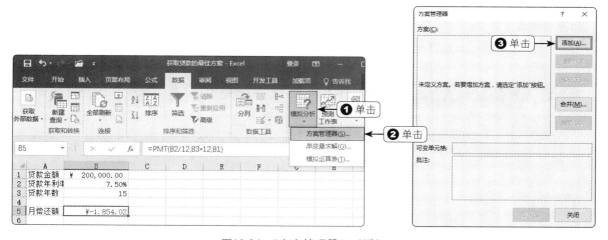

图10-36 "方案管理器"对话框

02 单击"添加"按钮，出现如图10-37所示的"添加方案"对话框（当开始编辑时，该对话框变为"编辑方案"对话框）。

03 在"方案名"文本框中输入该方案的名称，如"银行1"；在"可变单元格"文本框中，输入要修改的单元格引用，如"B1，B2，B3"。

04 单击"确定"按钮，出现如图10-38所示的"方案变量值"对话框。

图10-37 "添加方案"对话框

图10-38 "方案变量值"对话框

05 在"方案变量值"对话框中，输入可变单元格所需的数值。

06 单击"确定"按钮，返回"方案管理器"对话框中，此时就建立了一个名为"银行1"的方案。

07 重复步骤2～6的操作，分别创建"银行2"和"银行3"方案，然后单击"关闭"按钮。

2. 显示方案

创建方案后，可以随时查看模拟的结果。具体操作步骤如下：

01 切换到功能区中的"数据"选项卡，在"数据工具"组中单击"模拟分析"按钮，在弹出的菜单中选择"方案管理器"命令，打开"方案管理器"对话框。

02 单击要显示的方案名，然后单击"显示"按钮，即可在工作表中显示该方案对应的信息，如图10-39所示。

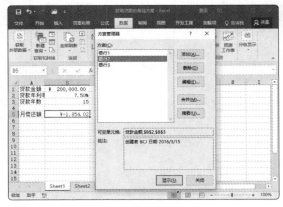

图10-39 选择要显示的方案名

03 重复步骤2的操作，可以显示其他的方案。

04 设置完毕后，单击"关闭"按钮。

3. 创建摘要报告

创建方案后，还可以创建摘要报告，该报告中列出方案以及各自的输入值和结果单元格。创建摘要报告的操作步骤如下：

[01] 切换到功能区中的"数据"选项卡，在"数据工具"组中单击"模拟分析"按钮，在弹出的菜单中选择"方案管理器"命令，打开"方案管理器"对话框。

[02] 单击"摘要"按钮，出现如图10-40所示的"方案摘要"对话框。在"报表类型"选项组中，选中"方案摘要"单选按钮。

[03] 在"结果单元格"文本框中，输入包含每个方案有效结果的单元格引用，多个引用之间用逗号分隔。

[04] 单击"确定"按钮，Excel将创建一个"方案摘要"的工作表，此工作表中包含所有方案的可变单元格数据和计算结果，如图10-41所示。

图10-40 "方案摘要"对话框

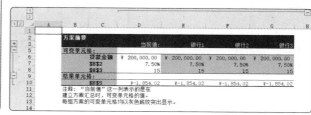

图10-41 创建摘要报告

10.4.2 求解最佳的销售方案

 实战练习素材：素材\第10章\原始文件\求解最佳的销售方案.xlsx
最终结果文件：素材\第10章\结果文件\求解最佳的销售方案.xlsx

例如，"新奇蛋糕专卖店"打算推出新的糕点"青豆派"，请根据下面3种方案的说明输入分析数据，选择最佳的销售方案。

- 方案 A：一个月预计销售 900 个，单价为 80 元，需要两位面包师制作，每个月共需支付 4800 元工资。
- 方案 B：一个月预计销售 700 个，单价为 60 元，需要一位面包师制作，每个月需要支付 2600 元工资。
- 方案 C：一个月预计销售 800 个，单价为 55 元，需要一位面包师制作，每个月需要支持 3000 元工资。

现在，要求出3种方案的结果，并根据目前的需求选择合适的方案。

为了易于说明，可以创建如图10-42所示的模型，并在单元格B6中输入公式"=B3*B4-B5"。

图10-42 创建模型

为了有利于以后所建的方案摘要报告能够指出可变单元格及目标单元格各位置所代表的意义，可以为单元格命名。选定单元格B3，然后切换到功能区中的"公式"选项卡，在"定义的名称"组中单击"定义名称"按钮，出现"新建名称"对话框，会发现"名称"列表框中显示的默认名为"每月预计销售量"，单击"确定"按钮，即可将单元格B3命名为"每月预计销售量"。使用同样的方法，将单元格B4命名为"单价"，将单元格B5命名为"工资"，将单元格B6命名为"利润"。

1. 创建方案

创建方案的具体操作步骤如下：

01 选定单元格区域B3:B5，然后切换到功能区中的"数据"选项卡，在"数据工具"组中单击"模拟分析"按钮，在弹出的菜单中选择"方案管理器"命令，出现如图10-43所示的"方案管理器"对话框。

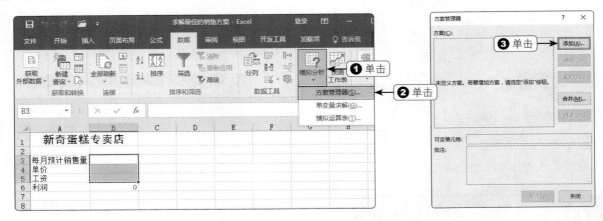

图10-43 "方案管理器"对话框

02 单击"添加"按钮，出现如图10-44所示的"添加方案"对话框。在"方案名"文本框中输入该方案的名称，如"方案A"。在"可变单元格"文本框中，输入要修改的单元格引用，如"B3:B5"。

03 单击"确定"按钮，出现如图10-45所示的"方案变量值"对话框。在"方案变量值"对话框中，输入可变单元格所需的数值。

图10-44 "添加方案"对话框

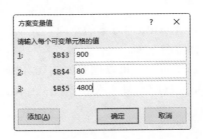

图10-45 "方案变量值"对话框

04 单击"确定"按钮，返回"方案管理器"对话框中，此时建立了一个名为"方案A"的方案。

05 重复步骤2～4的操作，分别创建"方案B"和"方案C"。

06 设置完毕后，单击"关闭"按钮。

2. 显示方案

创建方案后，可以随时查看模拟的结果。具体操作步骤如下：

01 单击"数据"选项卡的"数据工具"组中的"模拟分析"按钮，在弹出的菜单中选择"方案管理器"命令，打开"方案管理器"对话框。

02 单击要显示的方案名，然后单击"显示"按钮，即可在工作表中显示该方案对应的信息。

03 重复步骤2的操作，可以显示其他的方案，如图10-46所示。

图10-46 "方案管理器"对话框

04 查看完毕后，单击"关闭"按钮。

3. 创建方案数据透视表

创建方案后，还可以创建方案数据透视表，该数据透视表中列出方案以及各自的输入值和结果单元格。创建数据透视表的操作步骤如下：

01 切换到功能区中的"数据"选项卡，在"数据工具"组中选择"模拟分析"按钮，在弹出的菜单中选择"方案管理器"命令，打开"方案管理器"对话框。

02 单击"摘要"按钮，出现如图10-47所示的"方案摘要"对话框。在"报表类型"选项组中，选中"方案数据透视表"单选按钮。

03 在"结果单元格"文本框中，输入包含每个方案有效结果的单元格引用，多个引用之间用逗号分隔。

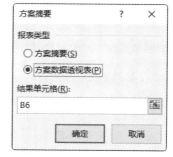

图10-47 "方案摘要"对话框

04 单击"确定"按钮，Excel将创建一个"方案数据透视表"的工作表，此工作表中包含所有方案的可变单元格数据和计算结果，如图10-48所示。

图10-48 方案数据透视表

10.4.3 方案的应用——5年盈收预测分析方案

A公司在前几年的运营中获得了某些成长，让公司的盈收也达到了初期的目标，往后几年也期望获得一定成长的盈余，因此，想要通过工作表的运算能力来预测未来5年中每年的盈余与总盈余。在"收入"方面，根据前几年的统计可知，每年约有8%的成长，而支出的部分大概分为"材料"、"营销"、"运营"、"研发"以及"其他"5大项目的费用，且根据前几年的统计，每年的成长分别为5%、3%、4%、8%以及10%。现在分别由"业务部"、"运营部"以及"委外单位"进行多方面的评估，提出这6大项目的预估年成长率，以了解各方的提案对每年的盈收有什么影响。

其中，"业务部"提出了5项预估年成长率的分析（除了"运营"费用外）；"运营部"也提出了5项预估年成长率的分析（除了"研发"费用外）、"委外单位"提出了完整的6项预估年成长率的分析。如果将各方提出的数据直接输入工作表，虽然可以立即看到新的运算结果，但是当用户再次输入另一组新的数据时，之前的内容将立即被覆盖并又重新计算。因此，为了保留每个方案的各项数据与运算结果，应适当地进行假设分析，这正是方案管理器发挥作用的时候。

1. 创建5年盈收预测表

本节将创建5年盈收预测表，具体操作步骤如下：

01 在工作表的规划上，C列为2014年的数据，如图10-49所示。

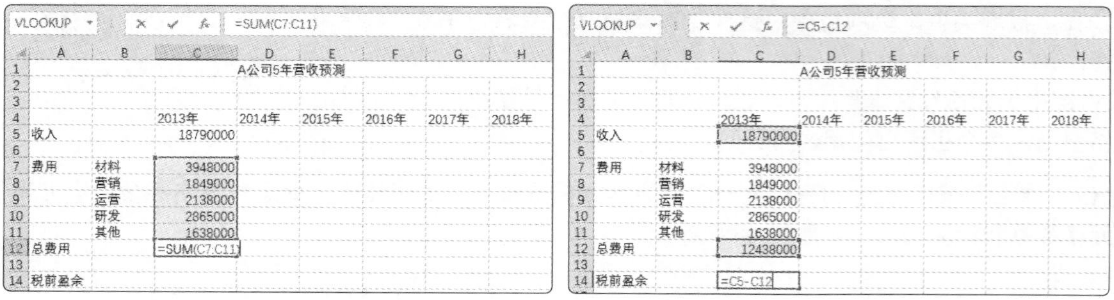

图10-49 输入2014年的数据

02 预估的逐年成长率输入单元格区域K5:K10中，而D列到H列为公式，是根据年成长率计算出来的。例如：2014年的收入，单元格D5是前一年收入单元格C5乘以1加收入的年成长率K5的和的结果，如图10-50所示。

图10-50 计算2014年的收入

03 直接将此单元格的公式复制给后面的4年收入，如图10-51所示。

图10-51 复制公式

04 同理，2014年的材料费，单元格D7是前一年的材料费单元格C7乘以1加材料费的年成长率单元格K6的和的结果。因此，在单元格D7中输入公式"=C7*(1+$K6)"，并将此公式复制到其他费用单元格中，如图10-52所示。

图10-52 复制费用公式

05 将2014年的各项费用复制到后面的4年中，如图10-53所示。

图10-53 复制费用公式

06 将单元格C12的总费用公式复制到其他单元格中，如图10-54所示。

图10-54 复制每年的总费用

07 将单元格C14中的税前盈余公式复制到其他单元格中，如图10-55所示。

图10-55 复制每年的税前盈余公式

08 在单元格J14中求出总税前盈余，如图10-56所示。

图10-56 求出总税前盈余

2. 可变单元格的命名

针对重要的可变单元格，如果能设置其单元格区域名称，那么在方案管理器的操作上会提供更大的便利性。

01 选择单元格区域J5:K10，然后切换到功能区中的"公式"选项卡，单击"定义的名称"组中的"根据所选内容创建"按钮，弹出如图10-57所示的"以选定区域创建名称"对话框。

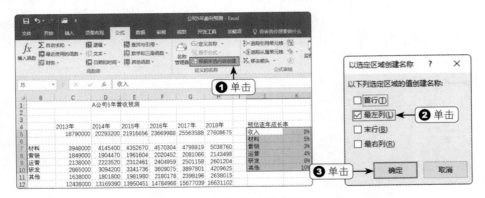

图10-57 "以选定区域创建名称"对话框

02 选中"最左列"复选框，然后单击"确定"按钮。

此时，将左边单元格区域J5:J10的各个单元格的中文名称设置为右边单元格区域K5:K10中各个单元格的名称。例如，将单元格K5命名为"收入"，单元格K6命名为"材料"等。另外，用同样的方法将单元格J14命名为"总税前盈余"，如图10-58所示。

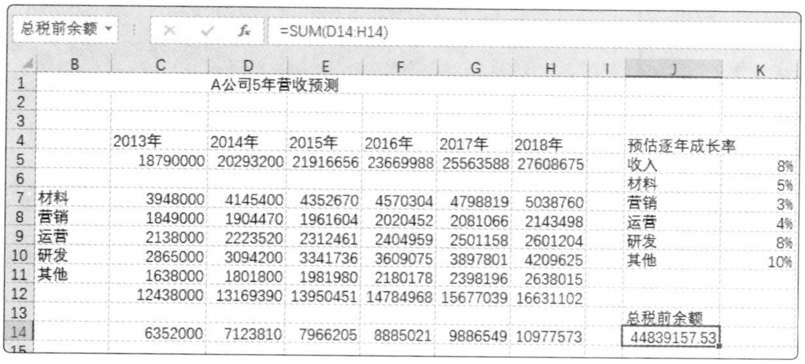

图10-58 命名单元格

3. 创建各组方案

接下来，针对这6项可变单元格提出三组分析方案，其中一组由公司的业务部门针对"收入"、"材料"、"营销"、"研发"和"其他"5项提出成长百分比；而公司的运营部门针对"收入"、"材料"、"营销"、"运营"和"其他"5项提出成长百分比；最后一组的分析数据是由公司委外的各项建议成长百分比，如表10-3所示。

利用原始数据（即去年的成长率），将通过分析方案管理器，创建4组分析方案，分别命名为"原始数据"、"业务部门方案"、"运营部分方案"、"委外方案"，并逐一输入各个可变单元格的数据。

表10-3 不同部门提出的各项成长百分比

项目	原始数据	业务部门方案	运营部门方案	委外方案
收入	8.0%	9.0%	9.5%	10.0%
材料	5.0%	5.5%	6.0%	6.0%
营销	3.0%	4.0%	3.5%	4.0%
运营	4.0%		3.5%	4.5%
研发	8.0%	9.0%		8.5%
其他	10.0%	8.5%	9.0%	9.5%

01 切换到功能区的"数据"选项卡，单击"数据工具"组中的"模拟分析"按钮，从下拉列表中选择"方案管理器"命令，打开如图10-59所示的"方案管理器"对话框。

02 单击"添加"按钮，打开"编辑方案"对话框，在"方案名"文本框中输入"原始数据"，在"可变单元格"文本框中选择单元格区域K5:K10，然后在"备注"框中添加备注，如图10-60所示。

03 单击"确定"按钮，打开"方案变量值"对话框，其中已经显示了相关的数据，如图10-61所示。

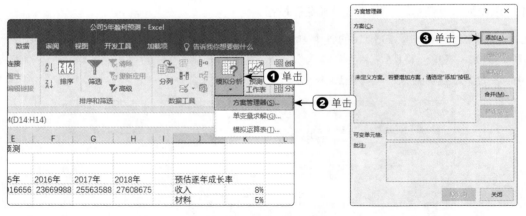

图10-59 "方案管理器"对话框

图10-60 "添加方案"对话框

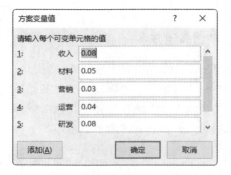

图10-61 "方案变量值"对话框

04 单击"添加"按钮，返回"编辑方案"对话框，为第二组假设数据输入自定义分析方案的名称，例如"业务部门方案"，编辑"可变单元格"为K5:K7，K9:K10，如图10-62所示。

05 单击"确定"按钮，打开"方案变量值"对话框，为第二组分析方案的5项数据输入各项目标，如图10-63所示。

图10-62 创建第二组方案

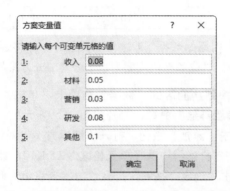

图10-63 设置第二组方案的可变单元格的值

292

06 单击"添加"按钮，返回"编辑方案"对话框，为第三组假设数据输入自定义分析方案的名称，例如"运营部门方案"，编辑"可变单元格"为K5:K8，K10，如图10-64所示。

07 单击"确定"按钮，打开"方案变量值"对话框，为第二组分析方案的5项数据输入各项目标，如图10-65所示。

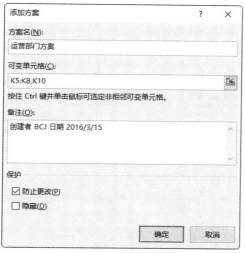
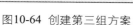

图10-64 创建第三组方案

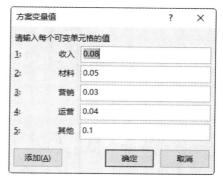

图10-65 设置第三组方案的可变单元格的值

08 单击"添加"按钮，返回"编辑方案"对话框，为第四组假设数据输入自定义分析方案的名称，例如"委外方案"，编辑"可变单元格"为K5:K10，如图10-66所示。

09 单击"确定"按钮，打开"方案变量值"对话框，为第二组分析方案的5项数据输入各项目标，如图10-67所示。

图10-66 创建第四组方案

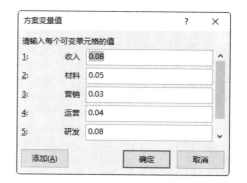

图10-67 设置第四组方案的可变单元格的值

10 最后单击"确定"按钮，返回"方案管理器"对话框，可以看到已经成功定义了4组分析方案，如图10-68所示。用户可以单击任何一组方案，然后单击"显示"按钮，将该组分析方案的可变单元格内容代入工作表中相关的单元格，并显示出计算结果。

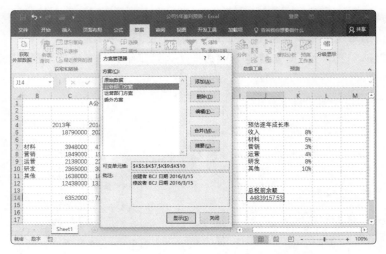

图10-68 显示一组方案的相关数据

10.5
办公实例：制作公司投资方案表

本章主要介绍了数据分析工具在Excel中处理数据时的应用，本节以制作公司投资方案表为例，来巩固本章所学的知识。

10.5.1 实例描述

方案就是解决实际工作的计划，一般的公司都会设置多种方案。当一种方案不能很好地发挥其作用时，就可以使用另一种方案。本实例以制作公司投资方案表为例，制作过程主要包括以下内容：

- 定义单元格名称
- 添加方案
- 创建方案报告表

10.5.2 实例操作指南

实战练习素材：素材\第10章\原始文件\投资方案表.xlsx

本实例的具体操作步骤如下：

01 打开原始文件，单击需要定义名称的单元格，然后切换到功能区中的"公式"选项卡，在"定义的名称"组中单击"定义名称"按钮，打开如图10-69所示的"新建名称"对话框。在"名称"文本框中输入名称，然后单击"确定"按钮。

02 重复步骤1的操作，为其他单元格定义名称，如图10-70所示。

图10-69 "新建名称"对话框

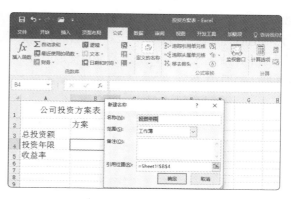

图10-70 定义其他单元格的名称

03 切换到功能区中的"数据"选项卡,在"数据工具"组中单击"模拟分析"按钮,在弹出的菜单中选择"方案管理器"命令,打开如图10-71所示的"方案管理器"对话框。

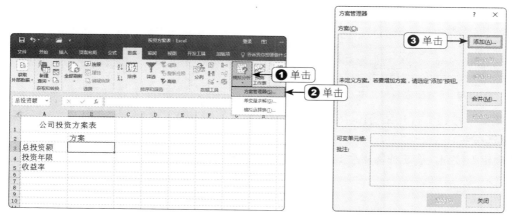

图10-71 "方案管理器"对话框

04 单击"添加"按钮,打开如图10-72所示的"添加方案"对话框,在"方案名"文本框中输入定义的方案名,并单击"可变单元格"文本框右侧的折叠按钮。

05 选定可变单元格区域,返回工作表中拖动鼠标选定设置的可变单元格区域,再单击"编辑方案-可变单元格"对话框中的展开按钮,如图10-73所示。

图10-72 "添加方案"对话框

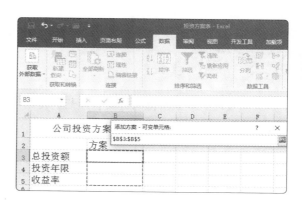

图10-73 选择可变单元格

06 单击"确定"按钮，打开如图10-74所示的"方案变量值"对话框，该对话框中显示了需要输入值的单元格的名称，而不再显示单元格位置，分别输入相应的数值后，再单击"添加"按钮。

07 利用同样的操作方法，继续添加其他的方案。添加完毕后，单击"确定"按钮，返回"方案管理器"对话框，如图10-75所示。

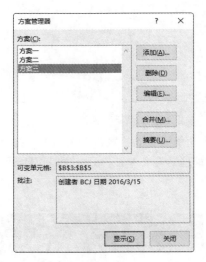

图10-74 "方案变量值"对话框

图10-75 添加了多套方案

08 单击"摘要"按钮，打开如图10-76所示的"方案摘要"对话框，选中"报表类型"选项组中的"方案摘要"单选按钮。

09 单击"确定"按钮，在工作簿中生成新的关于方案摘要的工作表，如图10-77所示。

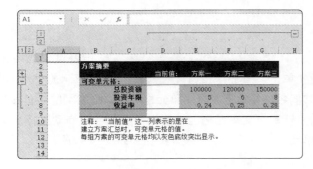

图10-76 "方案摘要"对话框

图10-77 显示方案摘要报表

10.5.3 实例总结

　　本实例复习了本章所讲的方案管理器的使用，用户应仔细研究各项工具的应用方法及应用范围，以便在实际工作中灵活应用。

10.6
提高办公效率的诀窍

窍门1：将工作表输出为PDF格式

通过使用加载项，可以将Excel工作簿以可移植文档格式（PDF）或XML纸张规格（XPS）保存或导出。具体操作步骤如下：

01 单击"文件"选项卡，单击"导出"命令，单击"创建PDF/XPS文档"命令，再单击"创建PDF/XPS"，打开如图10-78所示的"发布为PDF或XPS"对话框，选择保存位置以及文件名称，然后单击"发布"按钮。

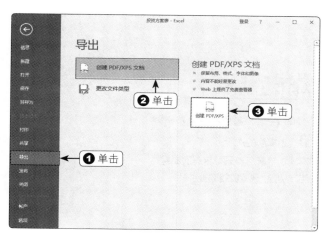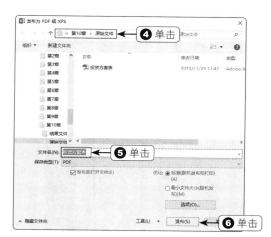

图10-78 "发布为PDF或XPS"对话框

02 如果选中了"发布后打开文件"复选框，则将在发布后自动打开PDF文件。

窍门2：将Excel文档通过电子邮件发送给其他人

用户可以将表格数据通过电子邮件发送给远方的用户或朋友，具体操作步骤如下：

01 打开要发送的工作簿，单击"文件"选项卡，在弹出的菜单中选择"共享"→"电子邮件"命令，再单击"作为附件发送"按钮。

02 打开Outlook程序，在"收件人"文本框中输入对方的邮件地址，而"主题"和"附件"文本框中已经自动填好了要发送的工作簿的相关内容。邮件内容输入完成后，单击"发送"按钮，即可将Excel工作簿发送给对方。

11

一般人在使用Excel时，总会赞叹此软件提供的公式创建与计算能力以及简单易懂的函数应用和极具亲和力的操作界面。Excel还提供了许多辅助运算工具可以轻松协助用户进行复杂的运算、统计与求解，例如"规划求解"功能就是很具有代表性的加载宏，本章将讲解规划求解的各种应用。

第 11 章
规划求解

教学目标 》》》》》》》》》》》》》》》》》》》》》》

通过本章的学习，你能够掌握如下内容：

※　了解规划求解的作用

※　掌握规划求解与单变量求解的差异

※　利用产例熟悉规划求解的用法

11.1
认识规划求解

Excel的单变量求解工具相当有用，但很明显存在着局限性。例如，单变量求解只能对一项可调整单元格求解，且只能返回单一解。Excel强大的规划求解工具将使用户扩充对这一概念的理解。

Excel的规划求解是功能强大的优化和资源配置工具，它可以帮助我们使用最好的方法，利用稀少的资源，尽量达成想要的目标而避免不想要的目标，例如利润最大、成本最小。Excel的规划求解能够回答如下问题：怎样的产品价格或混合奖励能产生最大利润？用户如何在预算内生存？在不超出资金情况下，我们能以多快的速度增长？可以使用Excel的规划求解来寻找最好的运算结果，而不是一再地推测。使用规划求解可进行如下操作：

- 指定多个可调整的单元格。
- 指定可调整单元格可能有的数值约束。
- 求出特定工作表单元格的解的最大值或最小值。
- 对一个问题求出多个解。

11.1.1 启动规划求解加载项

规划求解是Excel的一项重要的分析与评估工具，而这是一个加载宏程序，也就是说，安装完Office后，此软件工具并不会自动启动。如果"规划求解"命令没有出现在功能区中，则需要安装"规划求解"加载宏程序。具体操作步骤如下：

01 单击"文件"选项卡，在弹出的菜单中选择"选项"命令，出现如图11-1所示的"Excel选项"对话框。

02 单击"加载项"选项，然后在"管理"下拉列表框中选择"Excel加载项"，单击"转到"按钮，出现如图11-2所示的"加载宏"对话框，选中"规划求解加载项"复选框，然后单击"确定"按钮。

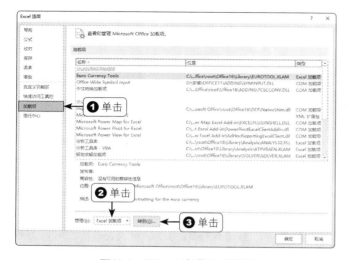

图11-1 "Excel选项"对话框

图11-2 "加载宏"对话框

加载规划求解加载宏后，"规划求解"命令将出现在"数据"选项卡的"分析"组中。

11.1.2 二元二次方程式的求解

前面已经介绍了利用"单变量求解"功能对一元一次与一元多次的方程式求解，但是如果遇到二元方程式的多变量求解时，就不太容易了。此时，使用规划求解将是不错的选择。例如：

$$x^2+2xy+2y^2+2x-2y+5=0$$

这是一个典型的二元二次方程式，在创建此方程式的公式时，假设用户将公式中的变量x视为工作表上的单元格B1，公式中的变量y视为工作表上的单元格B2，即调整这两个可变单元格的内容，该公式将会自动重新计算出新的结果，因此，可以在单元格F1中输入数学公式：

=B1^2+2*B1*B2+2*B2^2+2*B1-2*B2+5

其效果如图11-3所示。

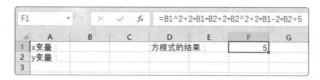

图11-3 二元二次方程式

📵 输入公式后，切换到"数据"选项卡，单击"分析"组中的"规划求解"按钮，出现如图11-4所示的"规划求解参数"对话框。

图11-4 "规划求解参数"对话框

📵 在"设置目标"文本框中输入"F1"，而目标值为"0"，将"通过更改可变单元格"设置为"B1,B2"。

📵 单击"求解"按钮，结果如图11-5所示。也就是说，当单元格B1为-3、单元格B2为2时，方程式的结果为0。

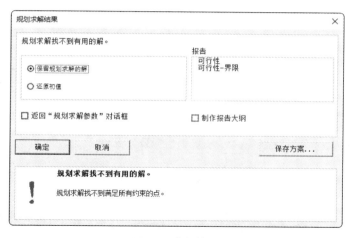

图11-5 求解结果

11.1.3 Excel 规划求解与单变量求解的差异

1. 关于Excel的规划求解

Excel规划求解是一个外挂的加载宏程序，其功能取材于德州大学奥斯丁分校的Leron Lasdon以及克里夫兰州立大学的Allan Waren共同开发的Generalized Reduced Gradient（GRG2）非线性最佳化程序代码。而线性与整数规划是取材自Frontiline Systems公司的John Watson和Dan Fylstra提供的有界变量单纯形法和分支边界法。

Frontline System，这家业界颇有知名度的机构是专精于Excel电子表格的规划求解的公司，也是Excel线性规划外挂程序的提供商，该公司除了提供有标准版的Excel Solver之外，另外一个主力产品是Premium Solver，其功能更加强大，可以执行线性（linear）、非线性（non-linear）、整数（integer）等最佳化的问题，也提供有包含Finance、Invesment、Distribution、Production、Purchasing与Scheduling等领域的问题求解范例，并加入基因算法（Genetic Algorithm），可以求解2000个变量、8000个约束。

2. 规划求解与单变量求解的差异

通过前一小节的规划求解范例介绍，了解了规划求解在数学方程式上的基本应用后，与前面介绍的单变量求解功能进行比较，用户可以更清楚地理解这两者之间的差异与使用时机。

"单变量求解"非常适用于单一变量的求解，其不需要对变量设置任何范围限制，而是通过不断调整引用单元格的值，直至达到所求公式的目标值时，来确定变量的值。简单地说，"单变量求解"可以应用于"改变x使得函数f(x)计算出所要的理想结果"；而x就是单一变量单元格、f(x)就是含有公式的目标单元格，至于理想的结果就是目标值。因此，"单变量求解"只能考虑一个变化因素，并不适用于多变量的应用，而"规划求解"可以应用于多变量的状态，也就是用户可以制定多种因素，而且可以对这些因素设置限制和规范，但必须基于合理的条件状态下，符合制订的限制及规范才能得到最佳的解答。

因此，Excel的单变量求解只是一个单变量获取特定目标值的求解，没有其他的约束与限制式规范。而标准版的Excel规划求解可以用来解决最多达到200个决策变量、100个外在约束和400个简单约束（决策变量整数约束的上下边界）的问题。

11.2

皮鞋销售数量分析

实战练习素材：素材\第11章\原始文件\皮鞋销售数量分析.xlsx
最终结果文件：素材\第11章\结果文件\皮鞋销售数量分析.xlsx

下面使用"皮鞋销售数量分析"实例来说明使用Excel解决规划问题的步骤。

11.2.1 利用单变量求解调整销售量获得理想的边际效益

本节将以某个品牌的皮鞋公司为例，介绍男、女皮鞋的销售量与利润分析，并且从中了解"单变量求解"与"规划求解"的实际应用。首先，在工作表中创建如图11-6所示的分析报告。

	A	B	C	D
1	帅牌皮鞋生产公司			
2		销量	成本	
3	男皮鞋	6000	700	
4	女皮鞋	5000	650	
5				
6	总生产量	11000	B3+B4	
7	每双鞋的统一售价	1200		
8				
9	收入	13200000	B6*B7	
10	变动成本	7450000	B3*C3+B4*C4	
11	边际利润	5750000	B9-B10	
12				

图11-6 销售分析报告

此时，需要在相关单元格中输入公式和数据：男皮鞋销售6000双、每双成本为700元；女皮鞋销售5000双、每双成本为650元；所有的男女皮鞋售价都为1200元等数据，可以求得总生产量为11000双、总收入为13200000元；变动成本为7450000元；边际利润为5750000元。只要调整男、女皮鞋销售量、成本或者售价等数据中的任一数值，即可改变边际利润。如果想要提高女皮鞋的销量，让边际利润达到9000000元，则需要使用"单变量求解"功能。

01 切换到功能区的"数据"选项卡，单击"数据工具"组中的"模拟分析"按钮，在弹出的菜单中选择"单变量求解"命令，打开如图11-7所示的"单变量求解"对话框。

02 在"目标单元格"文本框中输入"B11"；在"目标值"文本框中输入9000000；在"可变单元格"文本框中输入"B4"，然后单击"确定"按钮，即可进行运算，如图11-8所示。此时，女皮鞋要销售10910双，就可以使边际利润达到9000000元。

图11-7 "单变量求解"对话框

图11-8 求解结果

如果要同时调整男皮鞋与女皮鞋的销量，让边际利润达到9000000的话，使用单变量求解功能就不行了。

11.2.2 利用规划求解调整销量取得理想的边际利润

前一节介绍的"单变量求解"有一定的局限性，这时可以使用"规划求解"来解决问题。通过规划求解的操作，不但可以设置多变量，也就是同时调整多个可变单元格的内容。本例中设置可变单元格为B3和B4，选择求解的方式为"非线性GRG"，具体操作步骤如下：

01 将"女皮鞋"的销量还原为5000双，然后切换到"数据"选项卡，单击"分析"组中的"规划求解"按钮，打开如图11-9所示的"规划求解参数"对话框。

02 在"设置目标"文本框中输入或者单击单元格B11；选中"目标值"单选按钮，然后输入9000000；在"通过更改可变单元格"文本框中输入或选择B3:B4；选择求解方法为"非线性GRG"。

图11-9 "规划求解参数"对话框

03 单击"求解"按钮，显示"规划求解结果"对话框，单击"保留规划求解的解"单选按钮，然后单击"确定"按钮，如图11-10所示。此时，求得的男皮鞋销量为9533双；女皮鞋销量为7699双。

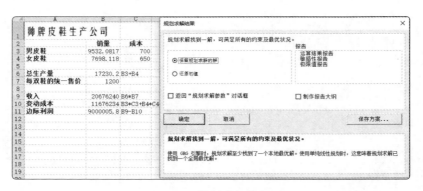

图11-10 规划求解结果

完成规划求解时，工作表上立即显示求解的结果，此时有两种选择可让工作表上的变量数据立即更新为此次求解的结果：其一，选择"保留规划求解的解"单选按钮；其二，如果觉得计算结果与预想的结果有些出入，则可以选择"还原初值"单选按钮，让工作表上的变量数据恢复为原来的数据或虚拟的数值。

11.2.3 添加规划求解的约束

上面的求解方案仍然没有获得实际所需的答案，因为与之前的单变量求解所获得的结果一样，此次的求解仍然带有小数的答案而销售的数量应该为整数才对。因此，需要为单元格B3和B4的值限制为整数。

01 将单元格B3的值改为6000，将单元格B4的值改为5000，然后切换到"数据"选项卡，单击"分析"组中的"规划求解"按钮，打开"规划求解参数"对话框。

02 相关设置值与上一节相同，单击"添加"按钮，打开"添加约束"对话框，输入或选择单元格区域B3:B4，从下拉列表中选择"int"，然后单击"确定"按钮，如图11-11所示。

图11-11 "添加约束"对话框

03 返回"规划求解参数"对话框，可以看到已经设置的约束，如图11-12所示。单击"求解"按钮，完成规划求解后，自动打开"规划求解结果"对话框，结果如图11-13所示。

图11-12 添加了约束条件

图11-13 显示计算结果

此时，可以发现男、女皮鞋的销量已经为整数。

11.2.4 对变量设限的规划求解

如果在上面的实例中，不调整男、女皮鞋的成本，也不改变皮鞋的售价，只提高男、女皮鞋的销量，那么男、女皮鞋的销量要提高到多少时，边际利润才可以达到9000000元以上。

要想边际利润"至少"达到9000000元以上，那么只要将男、女皮鞋的销量提高到20000双以上即可。销售数量越大，边际利润可以越轻松达到9000000元以上，这样，规划求解的结果就越多。而我们获得的结果是：男皮鞋销量为8936双、女皮鞋销量为8240双，就可以达到至少9000000元的边际利润。

当然，在实际应用中，不可能将男、女皮鞋的销量不断提升，在提高销量以增加边际利润的同时，势必要对销量的提高有所限制。例如，要考虑市场的供求关系、考虑工作的生产能力等因素。一个完整且复杂的数据分析要考虑的因素（即变量）也非常多，而且在调整这些因素时，也要有一定的合理规范，这也是"单变量求解"做不到的，因为"单变量求解"只能考虑一个变量，并且也无法对变量进行设限的定义，只能借助于"规划求解"来解决。

因此，要调整男、女皮鞋的销量，也需要针对这两个数据加以限制和规范，否则可能会产生无数个解。在男、女皮鞋销量的限制上，可以根据业务部门和企划部门的建议，并且综合往年的销售记录与增长报告进行分析：

- 女皮鞋的销量不超过 6500 双。
- 男皮鞋的销量与女皮鞋的销量百分比约为 70%:30%，也就是男皮鞋的销量不可超过男、女皮鞋总销量的 70%。
- 目标是边际利润"至少"在 9000000 元以上。
- 因此，需要设置三个约束：

    B4<=6500
    B3<=B6*70%
    B11>=9000000

305

具体操作步骤如下：

01 切换到功能区的"数据"选项卡，单击"分析"组中的"规划求解"按钮，打开"规划求解参数"对话框。

02 单击"添加"按钮，打开"添加约束"对话框，设置单元格B11>=9000000，如图11-14所示。

图11-14 添加约束条件

03 单击"添加"按钮，打开"添加约束"对话框，设置单元格B4<=6500，如图11-15所示。

图11-15 添加约束条件

04 单击"添加"按钮，打开"添加约束"对话框，设置单元格B3<=B6*70%，如图11-16所示。

05 单击"确定"按钮，返回"规划求解参数"对话框，可以看到设置的"遵守约束"条件，然后单击"求解"按钮，结果如图11-17所示。此次求解结果为：男皮鞋销量为10850双。

图11-16 添加约束条件

图11-17 求解结果

11.3

鸡兔同笼问题

实战练习素材：素材\第11章\原始文件\鸡兔同笼.xlsx
最终结果文件：素材\第11章\结果文件\鸡兔同笼.xlsx

鸡兔同笼是中国古代著名趣题之一。大约在1500年前，《孙子算经》中就记载了这个有趣的问题，书中是这样叙述的："今有鸡兔同笼，上有三十五头，下有九十四足，问鸡兔各几何？"意思是：有若干只鸡和兔同在一个笼子里，从上面数有35个头，从下面数有94只脚，问笼中各有几只鸡和兔？

虽然只要使用二元一次方程式即可轻松算出，在这里我们采用Excel的规划求解工具也可以一试。将单元格B2作为小鸡的数量，将单元格B3作为小兔的数量，即可轻松列出鸡兔的总数与共有多少只脚的公式。

鸡兔的总数公式为：

=B2+B3

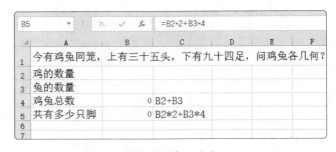

并输入到单元格B4中。至于共有多少只脚的公式则为：

=B2*2+B3*4

并输入到单元格B5中，如图11-18所示。

图11-18 输入公式

在规划求解的操作上，B2:B3即为可变单元格，目标单元格可以设置为单元格B4，也就是目标为35。至于约束条件有两个，第一个约束条件是可变单元格B2:B3必须是整数；第二个约束条件是表明鸡兔总共有94只脚。

具体操作步骤如下：

01 切换到功能区的"数据"选项卡，单击"分析"组中的"规划求解"按钮，打开如图11-19所示的"规划求解参数"对话框。

02 在"设置目标"文本框中输入B4，选中"目标值"单选按钮，输入目标值为35，设置"通过更改可变单元格"为B2:B3。

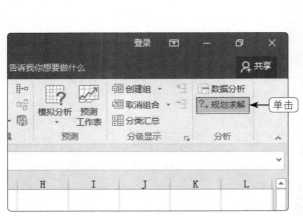

图11-19 "规划求解参数"对话框

03 单击"添加"按钮，打开"添加约束"对话框，设置单元格B2和B3为整数，如图11-20所示。

04 单击"添加"按钮，打开"添加约束"对话框，设置单元格B5=94，如图11-21所示。

图11-20 将B2:B3约束为整数 　　　　　　　　图11-21 设置单元格B5=94

05 单击"确定"按钮，返回"规划求解参数"对话框，可以看到设置约束条件，如图11-22所示。

06 单击"求解"按钮，自动打开"规划求解结果"对话框，在工作表中显示计算结果，如图11-23所示。此时，显示鸡的数量为23，兔的数量为12。

图11-22 添加的约束条件 　　　　　　　　　　图11-23 求解结果

11.4

规划求解报告

> 实战练习素材：素材\第11章\原始文件\规划求解报告.xlsx
> 最终结果文件：素材\第11章\结果文件\规划求解报告.xlsx

　　规划求解工具除了可以设置目标单元格、可变单元格、设置条件等，还提供了几种解答报告，即"运算结果报告"、"敏感性报告"和"极限值报告"，其以不同的角度与需求分析，显示规划结果提供给用户参考。

　　例如，竞龙食品有限公司提出燕麦片和芝麻糊生产计划，燕麦片每公斤成本10元，芝麻糊每公斤成本13元，若燕麦片和芝麻糊每公斤售价都为22元，在燕麦片销售4000公斤、芝麻糊销售5000公斤的情况下，计算获利的多少，如图11-24所示。

图11-24 生产计划

现在燕麦片的销量不可超过4500公斤，芝麻糊不可超过总销量的65%，毛利至少要75000元以上，请问在这些条件下，燕麦片和芝麻糊的销量要调整到多少公斤才能符合这些规范？

01 切换到功能区中的"数据"选项卡，单击"分析"组中的"规划求解"按钮，打开如图11-25所示的"规划求解参数"对话框。

02 在"设置目标"框中选择B11，选中"最小值"单选按钮，设置可变单元格为B3:B4，然后单击"添加"按钮，添加约束条件。

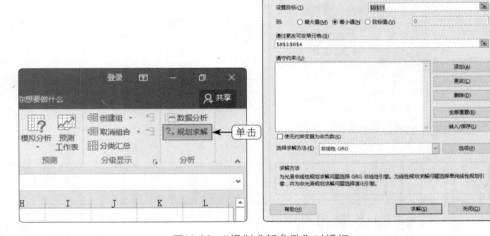

图11-25 "规划求解参数"对话框

03 打开"添加约束"对话框，设置B3<=4500，如图11-26所示。

04 单击"添加"按钮，设置B4<=B6*65%，如图11-27所示。

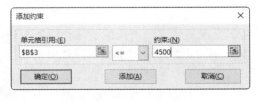

图11-26 设置B3<=4500　　　　　　　　　　　图11-27 设置B4<=B6*65%

05 单击"添加"按钮，设置B11>=75000，然后单击"确定"按钮，如图11-28所示。

06 返回"规划求解参数"对话框，可以看到设置的条件，如图11-29所示。

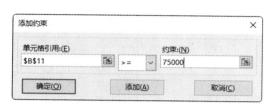

图11-28 设置B11>=75000

图11-29 查看设置的条件

07 单击"求解"按钮，打开"规划求解结果"对话框，选中"保留规划求解的解"单选按钮，分别单击"运算结果报告"、"敏感性报告"和"极限值报告"选项，然后单击"确定"按钮，如图11-30所示。

08 完成规划求解后，即可看到燕麦片的销量要达到3040公斤、芝麻糊的销量要达到4280公斤，就会产生至少75000元的利润，如图11-31所示。

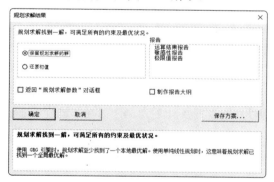

图11-30 选择要创建的报告

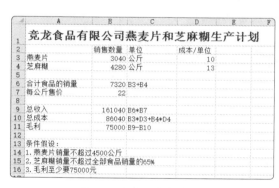

图11-31 显示求解结果

除了在工作表中可以看到这些规划求解的结果数据外，还增加了三张工作表，分别命名为"运算结果报告1"、"敏感性报告1"和"极限值报告1"。

单击"运算结果报告1"工作表标签，可以切换到运算结果报告，在此可以看到通过规划求解的分析运算结果，用户可以同时看到目标单元格与可变单元格的初值和终值以及各约束规范中哪些条件已经达到约束值，如图11-32所示。

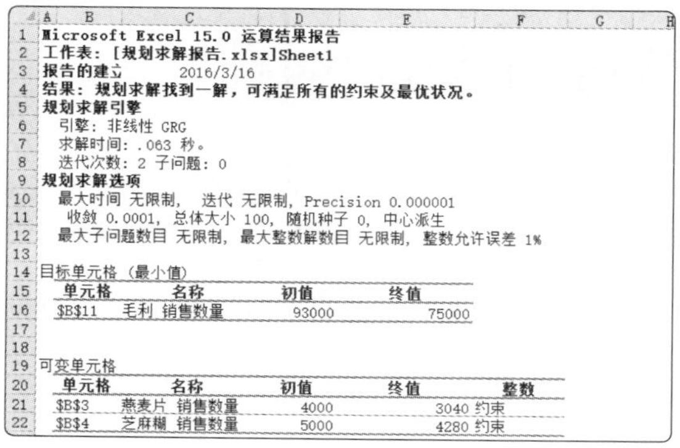

图11-32 运算结果报告

从"敏感性报告"中可以看到可变单元格与约束的信息或微小变化的敏感性信息,如图11-33所示。

从"极限值报告"中可以看到,燕麦片要销售2612公斤、芝麻糊要销售4851公斤,就可以达到至少75000元毛利的目标,如图11-34所示。

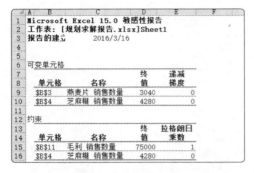

图11-33 敏感性报告

图11-34 极限值报告

11.5
办公实例:获取月开支计划

本章主要介绍了规划求解在Excel中处理数据时的一些应用,本节以获取月开支计划为例,来巩固本章所学的知识。

11.5.1 实例描述

用户可以使用Excel的规划求解来寻找最好的运算结果,例如,可以指定多个可变单元格、指定单元格的约束条件,也可以对一个问题求出多个解等。本实例以获取月开支计划为例,在制作过程中主要包括以下内容:

- 创建模型
- 添加规划求解的约束条件
- 创建报告

11.5.2 实例操作指南

实战练习素材:素材\第11章\原始文件\规划求解.xlsx
最终结果文件:素材\第11章\结果文件\规划求解.xlsx

下面用一个实例来说明使用Excel解决规划问题的步骤。

1.创建模型

假设公司要将开支约束在50000元之内,其中房租费为20000元,广告费为8000~12000元,耗材费为10000~13000元,津贴费为10000~12000元。

在工作表中输入如图11-35所示的数据。单元格B7中总开支的公式为"=B3+B4+B5+B6"。这里，只有单元格B3中的房租费是固定不变的。

用户已经完成对该问题进行规划求解的基本工作，然后就可以利用规划求解功能求出结果。

图11-35 创建模型

2. 利用规划求解获得结果

利用规划求解获得结果的操作步骤如下：

01 切换到功能区中的"数据"选项卡，在"分析"组中单击"规划求解"按钮，出现如图11-36所示的"规划求解参数"对话框。

02 在"设置目标单元格"文本框中输入目标单元格引用。例如，本例为输入"B7"。

03 选中"目标值"单选按钮，然后输入50000。

04 单击"可变单元格"文本框放置插入点，然后在工作表中选定单元格区域B4:B6。

05 单击"约束"框右侧的"添加"按钮，出现如图11-37所示的"添加约束"对话框。

图11-36 "规划求解参数"对话框

图11-37 "添加约束"对话框

06 在"单元格引用"框中指定一个单元格，本例为指定B4；然后在比较运算符列表中选择一个比较运算符，例如选择"<="；最后在"约束"框中输入12000。

07 设置完毕后，单击"添加"按钮。

08 重复步骤6~7的操作，分别指定以下约束条件：

```
$B$4>=8000
$B$5<=13000
$B$5>=10000
$B$6<=12000
$B$6>=10000
```

09 单击"确定"按钮，返回"规划求解参数"对话框。添加的约束条件出现在"约束"列表框中。

10 单击"求解"按钮，Excel将自动开始求解，如图11-38所示。

当屏幕上出现"规划求解结果"对话框时，表明Excel已经求出了结果，如图11-39所示。

图11-38 单击"求解"按钮 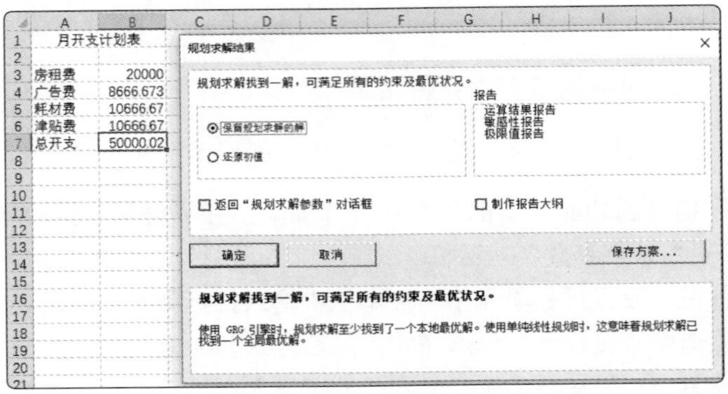　　　　图11-39 "规划求解结果"对话框

在该对话框中，可以进行如下选择：

● 保留规划求解的解。接受求解结果，并将其输入可变单元格中。
● 还原初值。在可变单元格中恢复初始值。
● 创建3个报告（"运算结果报告"、"敏感性报告"和"极限值报告"）中的一个或全部。
● 保存方案。打开"保存方案"对话框，并通过Excel"方案管理器"保存单元格数值。

例如，选中"保留规划求解的解"单选按钮，单击"确定"按钮，即可得到所需的结果，如图11-40所示。

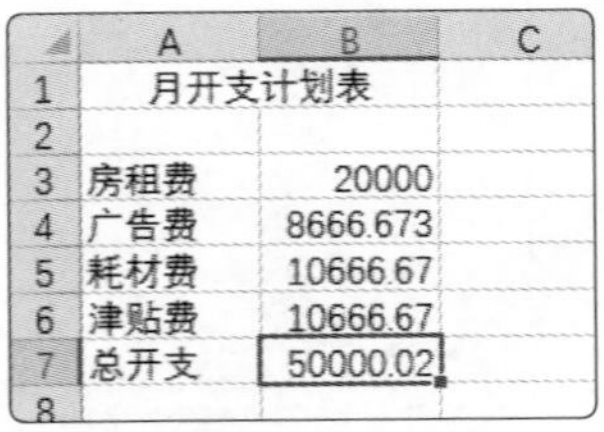

图11-40 显示规划求解的结果

3. 创建报告

如果要创建报告，则在"规划求解结果"对话框中选择一个或多个报告，例如，从"报告"列表框中选择"运算结果报告"选项，然后单击"确定"按钮。如图11-41所示，即可显示规划求解的运算结果报告。

4. 将可变单元格中的数值保存为方案

如果要将可变单元格中的数值保存为方案，可以按照下述步骤进行操作：

01 在"规划求解结果"对话框中，单击"保存方案"按钮，出现如图11-42所示的"保存方案"对话框。

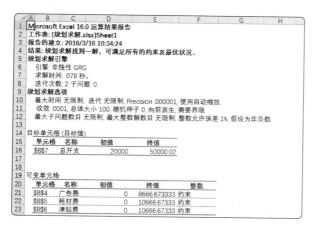

图11-41 运用规划求解创建了一个运算结果报告

图11-42 "保存方案"对话框

02 在"方案名称"文本框中输入方案名称，然后单击"确定"按钮。

11.5.3 实例总结

本实例复习了本章所讲的规划求解的使用，用户应仔细研究规划求解与单变量求解的区别，以及规划求解参数和约束条件的设置，从而在实际工作中灵活应用。

12

本章将介绍一些提高Excel工作效率的方法，例如如何通过样式制作统一格式的工作表，如何使用Excel共享工作簿来实现多人共同处理一个工作簿等，最后通过一个综合实例巩固所学内容。

第 12 章
使用Excel高效办公

教学目标 »»»»»»»»»»»»»»»»»»

通过本章的学习，你能够掌握如下内容：

※　灵活使用样式制作统一格式的工作表

※　让多人同时共享工作簿

※　多人同时编辑工作簿

※　快速处理多人编辑后的工作簿

12.1
使用样式制作统一格式的工作表

在Excel中可以根据格式要求预先创建具有多个格式的样式，然后按照不同的数据区域套用不同的样式，这样可以快速格式化工作表数据。

12.1.1　创建样式

> 实战练习素材：素材\第12章\原始文件\创建样式.xlsx
> 最终结果文件：素材\第12章\结果文件\创建样式.xlsx

创建样式的具体操作步骤如下：

01 切换到功能区中的"开始"选项卡，在"样式"组中单击"单元格样式"按钮，在弹出的菜单中选择"新建单元格样式"命令，出现如图12-1所示的"样式"对话框，在"样式名"文本框中输入新样式的名称，如"设置标题格式"，然后单击"格式"按钮。

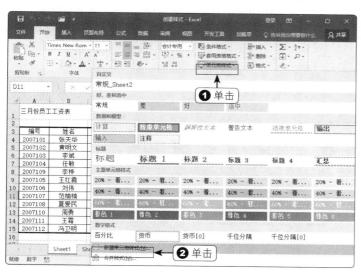
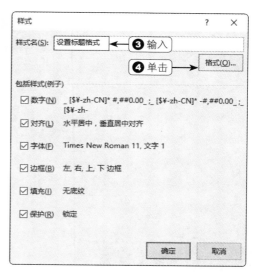

图12-1 "样式"对话框

02 打开"设置单元格格式"对话框，根据需要在各选项卡中设置样式的格式。例如，将对齐设置为"水平居中"和"垂直居中"，字体设置为隶书，字号设置为18，填充色设置为黄色。设置好后单击"确定"按钮，返回"样式"对话框，可以看到设置后的样式格式，如图12-2所示。

03 确认无误后单击"确定"按钮，完成样式的创建。

04 在工作表中选择要设置格式的单元格，然后切换到功能区中的"开始"选项卡，在"样式"组中选择刚创建的样式，即可为选择的单元格应用样式中的格式，如图12-3所示。

 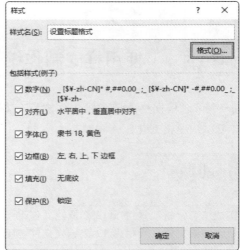

图12-2 设置格式后的样式

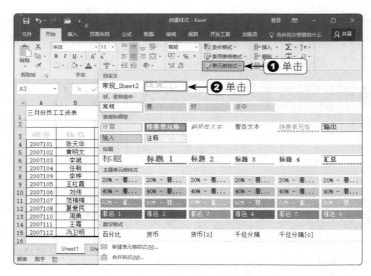

图12-3 使用样式设置格式

12.1.2 修改样式

实战练习素材：素材\第12章\原始文件\修改样式.xlsx
最终结果文件：素材\第12章\结果文件\修改样式.xlsx

对于创建好的样式，还可以随时根据需要进行修改。具体操作步骤如下：

01 切换到功能区中的"开始"选项卡，在"样式"选项卡中单击"单元格样式"按钮，鼠标右键单击弹出的菜单中要修改的样式名，在弹出的快捷菜单中选择"修改"命令，如图12-4所示。

02 打开"样式"对话框，单击"格式"按钮，即可对样式进行修改。例如，可以将"隶书"改为"黑体"，将填充色改为蓝色等。

03 修改完毕后，单击"确定"按钮。

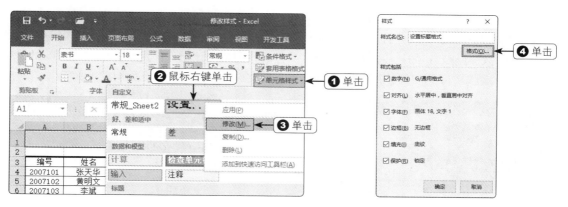

图12-4 选择"修改"命令

如果要删除样式，可切换到功能区中的"开始"选项卡，在"样式"组中单击"单元格样式"按钮，鼠标右键单击弹出的菜单中要删除的样式名，在弹出的快捷菜单中选择"删除"命令即可。

12.2
多人共享工作簿

在无纸化办公的今天，办公室之间流转的不再是纸质的文件，而是电子文档。通过Excel的共享工作簿功能，允许网络上的多位用户同时查看和修订工作簿。每位保存工作簿的用户都可以看到其他用户所做的修订。

12.2.1 在网络上打开工作簿

如果用户的计算机被连接到一个网络上，那么就可以打开保存在网络上共享文件夹中的工作簿文件。要打开网络上的文件，单击"文件"选项卡，在弹出的菜单中选择"打开"命令，单击"计算机"，然后单击"浏览"按钮，在"打开"对话框的"文件夹"列表框中选择"网络"选项，然后选择网络计算机、共享文件夹以及共享文件，最后单击"打开"按钮，如图12-5所示。

图12-5 使用"打开"对话框来打开网络上的工作簿

当用户要打开的工作簿正被另一个用户访问时，会出现如图12-6所示的对话框提示该文件正在使用。

用户可以单击"只读"按钮，以只读方式打开该文件，如果对只读工作簿做了更改，将出现对话框询问是否放弃所做的更改并打开该工作簿的最新版本，还是将工作簿保存为另一个名称，然后与最新版的原工作簿进行比较；如果用户单击"通知"按钮，则使用该文件的用户退出时，可以得到对这个文件进行操作的通知。单击"读-写"按钮，即可对当前文件进行读写操作，如图12-7所示。

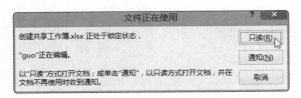

图12-6 要打开的文件正被另一个用户访问

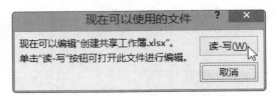

图12-7 通知可以对当前文件进行读写操作

12.2.2 创建共享工作簿

 实战练习素材：素材\第12章\原始文件\创建共享工作簿.xlsx

在网络共享文件夹中使用工作簿比较方便，但也只能由一个用户对工作簿进行操作。想要使几个用户能够同时工作于一个工作簿，则应将工作簿保存为共享工作簿。在创建共享工作簿后，每位保存工作簿的用户都可以看到其他用户所做的更改。

创建共享工作簿的操作步骤如下：

01 打开要共享的工作簿。

02 切换到功能区中的"审阅"选项卡，在"更改"组中单击"共享工作簿"按钮，出现"共享工作簿"对话框并单击"编辑"选项卡，如图12-8所示。

图12-8 "编辑"选项卡

03 选中"允许多用户同时编辑，同时允许工作簿合并"复选框。

04 在"高级"选项卡中可以设置一些共享选项，如保存修订记录的天数、自动更新的时间间隔等，如图12-9所示。

图12-9 "高级"选项卡

05 单击"确定"按钮，在打开的提示对话框中单击"确定"按钮对工作簿进行保存。返回Excel编辑窗口，在标题栏中的工作簿名称右侧显示"[共享]"字样。最后将其保存到网络的共享文件夹中，以便网络中的其他用户可以访问该共享工作簿。

12.2.3 撤销工作簿的共享状态

如果不再需要其他人对共享工作簿进行更改，可以将自己作为唯一用户打开并操作该工作簿。

如果要撤销工作簿的共享状态，可以按照下述步骤进行设置：

01 切换到功能区中的"审阅"选项卡，在"更改"组中单击"共享工作簿"按钮，出现"共享工作簿"对话框。

02 在"编辑"选项卡中，撤选"允许多用户同时编辑，同时允许工作簿合并"复选框。

03 单击"确定"按钮，会出现如图12-10所示的对话框提示是否取消工作簿的共享。

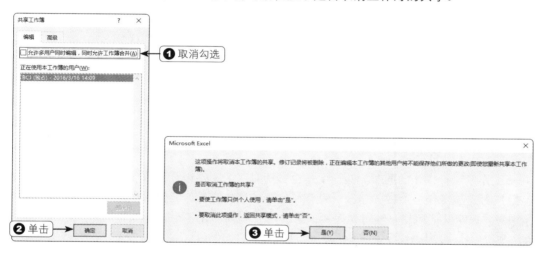

图12-10 提示是否取消工作簿的共享

04 设置完毕后，单击"是"按钮。

为了确保其他用户不会丢失工作内容，应该在撤销工作簿共享之前确认其他用户都已经得到通知。这样，他们就能事先保存并关闭共享工作簿。

12.2.4 保护并共享工作簿

为了避免他人取消共享状态，用户可以为共享工作簿设置保护措施，以保障工作簿一直处于共享状态。具体操作步骤如下：

01 打开要保护的工作簿。

02 切换到功能区中的"审阅"选项卡，在"更改"组中单击"保护并共享工作簿"按钮，出现如图12-11所示的"保护共享工作簿"对话框。

03 选中"以跟踪修订方式共享"复选框，可以为工作簿提供共享保护，其他用户就不能撤销工作簿共享状态或者关闭冲突日志了，除非输入共享工作簿密码。

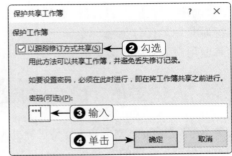

图12-11 "保护共享工作簿"对话框

04 在"密码"文本框中输入密码。

05 单击"确定"按钮,在出现的"确认密码"对话框中再次输入同一密码。

06 单击"确定"按钮。此时,已为工作簿提供共享保护。

如果要取消保护共享工作簿,则切换到功能区中的"审阅"选项卡,在"更改"组中单击"撤销对工作共享工作簿的保护"按钮;若给工作簿设置了密码,必须输入正确的密码。

12.2.5 编辑与查看共享工作簿

 实战练习素材:素材\第12章\原始文件\编辑与查看共享工作簿.xlsx
最终结果文件:素材\第12章\结果文件\编辑与查看共享工作簿.xlsx

对共享工作簿进行操作的同时,其他用户也可能对这个文件进行修改,但是在保存该文件之前,看不到其他用户对共享工作簿所做的修改。只有在保存该文件时,若其他用户修改过原来的文件,此时将看到一条消息,表明其他用户已经对文件做了修改,而且其他用户所做的修改将显示在工作表上。

例如,要将表格设置为突出显示修订,时间为起始日期,修订人为每个人,在屏幕上突出显示。具体操作步骤如下:

01 打开要修改的共享工作簿。

02 切换到功能区中的"审阅"选项卡,在"更改"组中单击"修订"按钮,在弹出的菜单中选择"突出显示修订"命令,出现如图12-12所示的"突出显示修订"对话框。

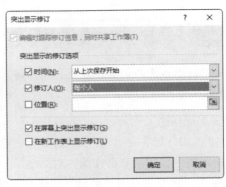

图12-12 "突出显示修订"对话框

03 选中"编辑时跟踪修订信息,同时共享工作簿"复选框;选中"时间"复选框,在右侧的下拉列表框中选择起始日期;选中"修订人"复选框,在右侧的下拉列表框中选择"每个人"。

04 如果要在工作表上查看突出显示的修订内容,选中"在屏幕上突出显示修订"复选框,然后单击"确定"按钮。

05 根据要求修改单元格中的数据。

此时,每个修改的单元格将出现蓝色的边框,让用户能够更方便地查看在共享工作簿中所做的修改,如图12-13所示。

如果要查看有关每处修改的详细内容,请将鼠标指针停留在突出显示的单元格上,Excel会用批注的形式告知用户是谁在何时对这个单元格做了修改,如图12-14所示。

图12-13 每个修改的单元格出现蓝色的边框	图12-14 查看每一处修改的详细内容

12.2.6 解决修改中的冲突

如果多个用户都修改了共享工作簿的同一单元格,那么在保存时就会发生冲突,此时会出现如图12-15所示的"解决冲突"对话框,让用户选择解决冲突的方法。

图12-15 "解决冲突"对话框

阅读冲突信息以后,单击"接受本用户"按钮可以保留自己所做的更改;单击"接受其他用户"按钮可以保留其他用户所做的更改。

对每一处发生冲突的单元格都将在此对话框中依次询问,单击"全部接受本用户"或者"全部接受其他用户"按钮,可以一次性选择全部保留自己的更改或者接受其他用户的更改。

12.2.7 完成对工作簿的修订

在多个用户完成对工作簿的修订后,可以决定接受或拒绝某些修订。具体操作步骤如下:

01 切换到功能区中的"审阅"选项卡，在"更改"组中单击"修改"按钮，在弹出的菜单中选择"接受/拒绝修订"命令，出现如图12-16所示的"接受或拒绝修订"对话框。

图12-16 设置自动接受或拒绝修订

02 根据需要设置选项，单击"确定"按钮，可以看到如图12-17所示的"接受或拒绝修订"对话框。在该对话框中可以看到文档的修订信息，如时间、内容和用户。此外还有5个按钮："接受"、"拒绝"、"全部接受"、"全部拒绝"和"关闭"。

图12-17 查看修订的历史记录

03 在该对话框中，可以根据需要单击相应的按钮。例如单击"接受"按钮，系统将自动移到下一个修改的单元格。单击"全部接受"按钮，可确认所有的修改。单击"全部拒绝"按钮，系统将放弃对工作表进行的修改。

12.3
办公实例：制作公司月销售报表

企业在运营与发展的过程中，经常需要制作各类报表。例如，制作销售报表有助于用户了解一个公司的销售状况，可使用户通过销售报表反映的情况对公司的销售计划与销售项目进行调整。本节将通过一个实例——制作公司月销售报表，来巩固本章所学的知识。

12.3.1 实例描述

本实例将制作公司月销售报表，在制作过程中主要包括以下内容：

- 设置表格标题的格式
- 设置表格内容的格式
- 创建月销售报表模板
- 套用模板新建月销售报表

12.3.2 实例操作指南

实战练习素材：素材\第12章\原始文件\公司月销售报表.xlsx
最终结果文件：素材\第12章\结果文件\公司月销售报表.xlsx

本实例的具体操作步骤如下：

01 打开原始文件，切换到功能区中的"开始"选项卡，在"样式"组单击"单元格样式"按钮，在弹出的菜单中选择"新建单元格样式"命令，打开如图12-18所示的"样式"对话框。

02 单击"格式"按钮，打开如图12-19所示的"设置单元格格式"对话框，在"对齐"选项卡中将"水平对齐"设置为"居中"，在"字体"选项卡中将字体设置为"宋体"，字形设置为"加粗"，字号设置为20。单击"确定"按钮，完成表格标题样式的设置。

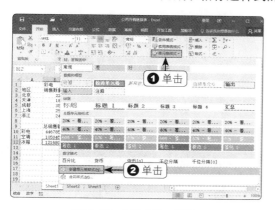

图12-18 "样式"对话框

图12-19 设置格式

03 再次打开"样式"对话框，在"样式名"文本框中输入"表格标题栏样式"，然后单击"格式"按钮，设置表格标题栏样式的格式，将"水平对齐"设置为"居中"，将"字体"设置为"楷体"，字号设置为18，填充色设置为浅灰色，如图12-20所示。

04 重复步骤3的操作，新建一个"表格格式"样式，如图12-21所示。

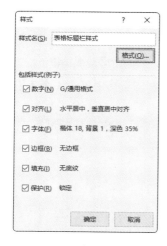

图12-20 设置表格标题栏样式

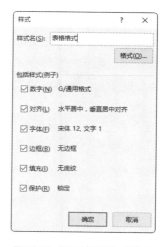

图12-21 设置表格格式样式

05 选择表格的第一行,然后从"单元格样式"下拉菜单中选择"表格标题样式",如图12-22所示。

06 选择表格的标题栏,然后从"单元格样式"下拉菜单中选择"表格标题栏样式",如图12-23所示。

图12-22 应用表格标题样式

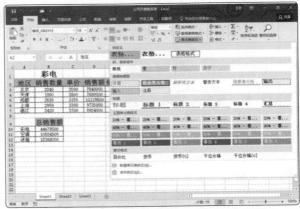

图12-23 应用表格标题栏样式

07 选择表格的正文内容,然后从"单元格样式"下拉菜单中选择"表格格式",结果如图12-24所示。

08 单击"文件"选项卡,在弹出的菜单中选择"另存为"命令,选择"计算机"选项,再单击"浏览"按钮,打开"另存为"对话框,将"保存类型"设置为"Excel 模板",然后输入模板名称,单击"保存"按钮,如图12-25所示。

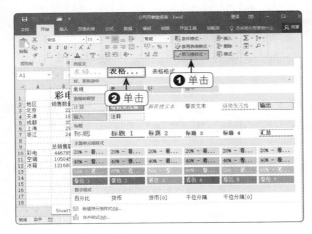

图12-24 应用样式后的表格

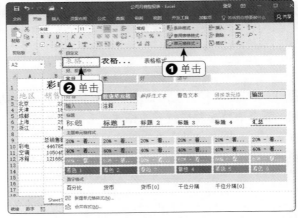

图12-25 保存模板

09 单击"文件"选项卡,在弹出的菜单中选择"新建"命令,在右侧窗格中单击"个人"选项卡,选择"公司月销售报表",如图12-26所示。

10 单击"确定"按钮,用户只需修改下个月相应的销售数据,即可快速创建新的月销售报表,如图12-27所示。

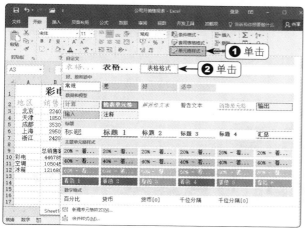

图12-26 选择新建的模板

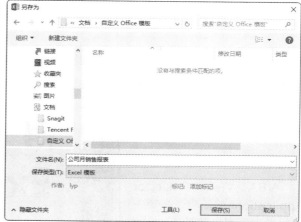

图12-27 利用模板新建的月销售报表

12.3.3 实例总结

本实例复习了关于创建和应用样式以及创建和使用模板的知识和操作，主要用到以下知识点：

- 创建样式
- 应用样式
- 创建模板
- 利用模板新建工作簿

13

VBA是Visual Basic for Applications的简称，是新一代标准宏语言，其基于Visual Basic for Windows发展而来，VBA提供了面向对象的程序设计方法以及相当完整的程序设计语言。VBA易于学习掌握，可以使用宏记录用户的各种操作并将其转换为VBA程序代码，有效地提高工作效率。

第 13 章
Excel VBA的应用

教学目标)))))))))))))))))))))

通过本章的学习，你能够掌握如下内容：

※ 了解Excel VBA的主要用途

※ 录制与运行宏

※ 认识VBA的开发环境

※ 认识VBA的代码和过程

13.1
Excel VBA 和宏概述

用户可以结合宏记录器学习VBA，宏记录器可以记录宏，如果不是功能很强大的VBA程序，用宏记录器就足够了。

13.1.1 Excel VBA 的主要用途

Excel VBA的主要用途有如下几点：

- 将重复的工作定义为模块，利用按钮功能可方便操作。可以将大量或重复的工作组定义成模块，并且采用设置按钮进行控制和操作，以简化大量重复工作的操作过程，从而提高工作效率。
- 根据业务需要定制操作界面，使 Excel 环境成为一个业务系统。可利用 VBA 就业务系统和特殊功能界面进行简单的定制，从而使 Excel 成为一种虚拟的业务系统，如利用 Excel VBA 定制开发一个管理环境，从而在一个简单界面中完成所有客户的资料管理。
- 创建报表系统，定制开发系统报表功能，简化实际报表设计操作过程。可以设计和定制一套全面的报表系统，并且在其中加以设计，从而达到一个比较科学、方便的生成系统。

创建工作需要的特殊计算公式。可以通过VBA进行开发和定制一个从小写模式转换成大写模式的公式，从而提高输入的速度和效率。

13.1.2 如何学习 Excel VBA

如果想学好Excel VBA，就要做到如下几点：

- 保持良好的心态，思路要清晰，扎扎实实，切忌急于求成。
- 基础知识很重要，许多复杂技术都是由简单而基本的东西组成的。在 Excel 中，与其一开始就是函数、公式、VBA，不如先将 Excel 的基本功能理解清楚，只有对基本功能了解清楚了，才能为自己的工作带来便利，从而上升到更高层次。另外，不要被复杂的东西所吓倒，例如有些结果的实现用到了很长、很复杂的公式和函数，把这个公式一分解就知道它是按步骤且由简单的公式和函数组合而成的。再就是考虑问题要尽可能地简单，有些实现结果的方式和程序实际上很简单，也很有用。
- 要选好参考书并经常在优秀的网络论坛交流。在网络上有一些很好的 Excel 论坛，可以在上面交流自己的学习成果、学习别人的做法和经验，同时，对别人提出的问题进行思考和解答，一方面可以帮助别人解决问题，另一方面也可以看看别的网友是怎么解决问题的，从中获得思路和灵感。
- 多使用、多练习、多思考、多归纳、多记忆。注意学习方法和技巧，养成良好的 Excel 应用操作和 VBA 编程习惯。对在使用过程中发现的问题尽量自己思考解决，对知识点进行系统归纳，不仅便于用户查找和应用，也便于记忆。

13.1.3 宏和宏录制器

由于工作需要，有的用户每天都在使用Excel进行表格的编制、数据的统计等，每种操作可以称为一个过程。而在这个过程中，经常需要进行很多重复性操作。如果希望在Excel中重复进行某些操作，那么可以利用"宏"功能使这些操作自动执行。

1. 认识宏

什么是宏？简单地说，宏就是一组命令的集合。用户可以事先将操作步骤录制成宏，再指定该宏名，以后要使用这些命令时，只要执行该宏，即可完成所有的命令。下面来看看哪些时候可以使用宏来简化工作流程。

- 重复性高的操作：如果要处理的数据量很大，并且需要不断重复执行Excel的某些功能来达成操作，就可以使用宏来简化人工处理的时间。
- 避免人工疏失：在以人工的方式处理繁杂的操作流程时，可能会发生失误的情况。例如，一时疏忽打错字、计算错误、甚至误删了某条记录等。如果将这些烦琐的工作交给宏处理，即可避免一些人工的疏失。
- 繁杂的处理流程：例如有一份报告，想将这份报告中的所有标题都设置为"16磅"、字形设置为加粗、颜色改为"红色"；虽然可以使用不同的方法来完成，但是这些方法都需要经过好几个步骤，如果将这些步骤全部制作成一个宏，就可以简化复杂的步骤了。
- 创建工作需要的特殊计算公式。Excel中有一个强大的功能就是函数公式，但是有些功能并没有设计到公式中去。例如，在Excel中有一个连加公式，但在实际工作中需要连减公式的话，Excel中就没有这项功能。又如，在Excel中进行财务处理有很多的财务公式，但是缺乏将小写字母转换成大写字母的公式，在国内企业中，财务部和许多其他部门都需要使用到这个公式。这时，就可以通过VBA进行开发和定制一个从小写模式转换成大写模式的公式。

宏是保存在Visual Basic模块中的一组代码，正是这些代码驱动着操作的自动执行。当单击按钮时，这些代码组成的宏就会执行代码记录中的操作，如图13-1所示。

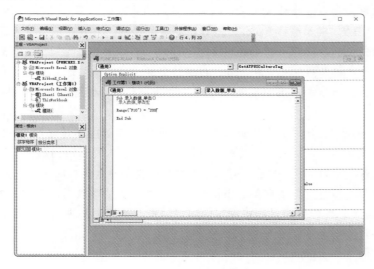

图13-1 由代码构成的宏

在上述宏代码中，"录入数据_单击"是宏的名称，语句"Range("F10")="200""是用代码方式表示的操作过程，即在活动单元格F10中录入数字200，如图13-2所示。

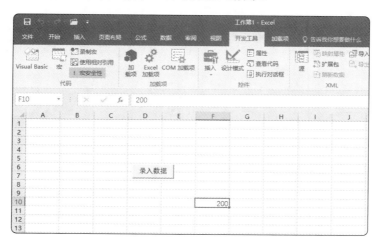

图13-2 运行宏显示的结果

2. 宏的制作

在Excel中制作宏的方法有两种：一种是利用宏录制器录制宏；另一种是在VBA程序编辑窗口中直接手动输入代码编写。使用宏录制器录制宏是获取Excel VBA代码最简单的方式，尤其是对于没有任何编辑经验的VBA学习者而言。录制宏和编写宏有如下两点区别：

- 录制宏是用录制法形成自动执行的宏，而编写宏是在 VBA 编辑器中手工输入 VBA 代码。
- 录制宏只能执行和原来完全相同的操作，而编写宏可以识别不同的情况以执行不同的操作。编写的宏要比录制的宏在处理复杂操作时更加灵活。

13.1.4 录制宏

实战练习素材：素材\第13章\原始文件\录制宏.xlsx
最终结果文件：素材\第13章\结果文件\录制宏.xlsx

了解什么是宏以及宏的使用时机后，下面以一个简单的例子来示范宏的录制。

01 选定数据区域中的任意一个单元格，切换到功能区中的"开发工具"选项卡，在"代码"组中单击"录制宏"按钮。

办公专家一点通

如果在功能区中没有显示"开发工具"选项卡，可以单击"文件"选项卡，在弹出的菜单中单击"选项"命令，在出现的"Excel选项"对话框的"自定义功能区"选项卡中，选中右侧的"自定义功能区"列表框中的"开发工具"复选框，然后单击"确定"按钮。

02 出现如图13-3所示的"录制宏"对话框，在"宏名"文本框中输入宏的名称。例如，输入"美化表格"。

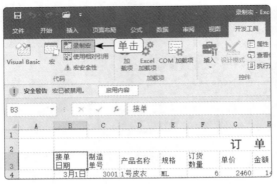

图13-3 "录制宏"对话框

03 如果要通过键盘快捷键来运行宏，则在"快捷键"文本框中输入一个字母，以后就可以通过按Ctrl+字母（小写字母）键或Ctrl+Shift+字母（大写字母）键的方式来运行宏了。快捷键应使用字母而不能是数字或特殊字符。

04 在"保存在"下拉列表中选择该宏的存放位置。如果希望任何时候使用Excel时宏都有效，则选择"个人宏工作簿"将宏保存到个人宏工作簿中；如果要将宏保存到新的工作簿中，则选择"新工作簿"；如果要将宏保存到当前工作簿中，则选择"当前工作簿"。

05 在"说明"文本框中输入对宏的说明，以免时间久了忘记宏的功能。

06 单击"确定"按钮，进入录制宏状态，如图13-4所示。

07 如果在录制宏时选定了某些单元格，则该宏在每次运行时都将选定这些单元格，因为宏记录的是单元格的绝对引用。如果要让宏在选定单元格时不考虑活动单元格的位置，则必须将宏设置成记录单元格的相对引用，单击"开发工具"选项卡"代码"组中的"使用相对引用"按钮，Excel将按相对引用格式继续记录宏，直到退出Excel或者再次单击"使用相对引用"按钮为止。

08 切换到功能区中的"开始"选项卡，在"对齐方式"组中单击"居中"按钮，使选定的内容在单元格内居中对齐，如图13-5所示。

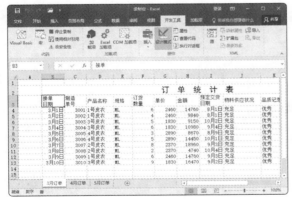

图13-4 进入录制宏状态

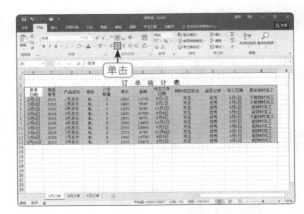

图13-5 使单元格的内容居中对齐

09 切换到功能区中的"开始"选项卡，在"字体"组中单击"边框"按钮右侧的向下箭头，在弹出的菜单中选择"所有框线"命令，为选定的单元格四周添加框线，如图13-6所示。

10 选定表格的第3行（也就是表格的标题行），切换到功能区中的"开始"选项卡，在"字体"组中单击"加粗"按钮，即可得到排版后的效果，如图13-7所示。

332

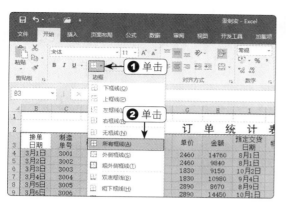
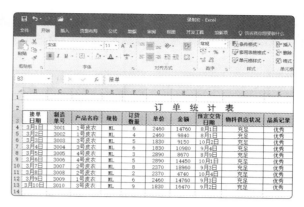

图13-6 为选定的单元格区域添加外框 　　　　　图13-7 设置表格的标题

11 切换到功能区中的"开发工具"选项卡,在"代码"组中单击"停止录制"按钮。

办公专家一点通

如果不停止宏的录制,系统将继续录制用户的所有操作,直到关闭工作簿或退出Excel应用程序为止。因此,宏中所有操作完成后,需要及时停止宏的录制。

13.1.5 查看录制的宏内容

Excel中的宏录制器不仅能够生成可用的VBA代码,而且可以发现相关的对象、方法和属性的名称。虽然由宏生成的代码不是最有效的,但却可以提供很多有用的信息。

宏录制器的功能是将鼠标和键盘的操作转换成VBA代码。下面查看录制的宏的程序代码,并且对该VBA程序代码进行优化。

在"视图"选项卡中,单击"宏"组中的"宏"按钮,在弹出的下拉菜单中选择"查看宏"命令,即可打开如图13-8所示的"宏"对话框,在其中选择"美化表格"选项,单击"编辑"按钮,即可打开VBA窗口,在其中可看到录制的宏命令存储在"模块1"代码窗口中,如图13-9所示。

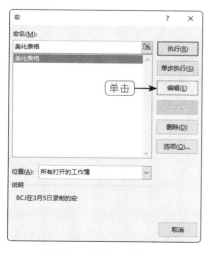
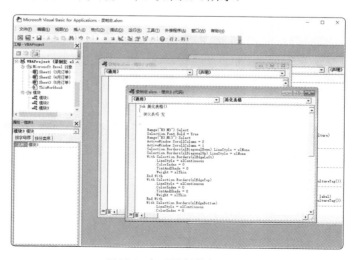

图13-8 "宏"对话框 　　　　　图13-9 查看录制的宏代码

在该模块窗口中可以看到，宏命令的内部代码是由两部分组成的，即注释语句和主体语句。其中，注释语句部分是让用户对宏代码有一个大概的认识，例如标明录制该宏的操作者和录制时间等信息，但是对"美化表格"宏的功能来说没有任何的实际意义，而且对应用程序的运行也没有任何影响。为了优化VBA代码，可以删除这些注释语句。

在宏代码中除注释语句以外的代码就是主体语句部分。任何宏都是以"Sub 宏名()"开头、以"End Sub"结束的。用户可以对录制的宏代码进行简化操作，在框架中删除不必要的注释语句和其他与操作无关的语句。

13.1.6　保存带宏的工作簿

保存工作簿是非常重要的操作，特别是保存带宏的工作簿。具体操作步骤如下：

01 单击"文件"选项卡中的"另存为"命令，选择"计算机"，然后单击"浏览"按钮，即可打开"另存为"对话框，在其中选择文件的保存路径，在"文件名"文本框中输入保存文件的名称，在"保存类型"下拉列表框中选择"Excel启用宏的工作簿"选项，如图13-10所示。

02 单击"保存"按钮，即可成功保存带宏的工作簿。带宏的工作簿显示的图标和一般工作簿保存后的图标有所区别，带宏的工作簿的图标上带有一个叹号，如图13-11所示。

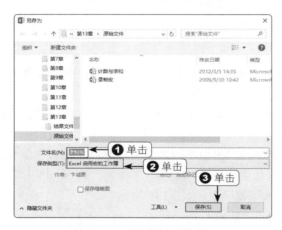

图13-10　"另存为"对话框

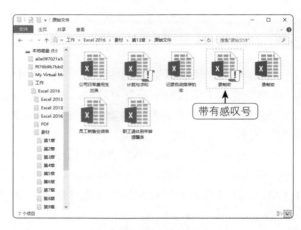

图13-11　带宏的工作簿显示图标

13.1.7　录制宏的应用实例 1：记录自动排序的宏

> 实战练习素材：素材\第13章\原始文件\记录自动排序的宏.xlsx
> 最终结果文件：素材\第13章\结果文件\记录自动排序的宏.xlsm

通过录制宏的方法可以得到实现自动排序功能的宏代码，从而了解关于排序功能的VBA代码的内部构造。具体的操作步骤如下：

01 在Excel中制作一个如图13-12所示的销售表，在"视图"选项卡中单击"宏"按钮，选择"录制宏"命令，即可打开"录制宏"对话框，在其中设置宏名与快捷键，并在"保存在"下拉列表框中选择"当前工作簿"选项，如图13-13所示。

图13-12 销售表

图13-13 "录制宏"对话框

02 单击"确定"按钮,即可开始录制新宏。在工作表中选定单元格区域C6:G24后,在"数据"选项卡中单击"排序"按钮,打开如图13-14所示的"排序"对话框,在"主要关键字"下拉列表框中选择"销售总量",在"排序依据"中选择"数值",在"次序"中选择"升序"。单击"确定"按钮返回工作表,即可看到排序的结果,如图13-15所示。

图13-14 "排序"对话框

第一季度产品销售完成情况			
姓名	1月份	2月份	3月份	销售总量
胡雪莲	83	99	96	278
沁园	90	188	69	347
李华	124	123	196	443
张建	156	180	185	521
张阳	178	190	164	532
张乐	195	213	173	581
王军伟	138	198	273	609
李飞	314	181	165	660
王浩	313	169	193	675
闫秀娟	310	240	146	696
马丹君	179	226	317	722
张翔	241	278	220	739
李斌	261	236	271	768
迟金平	273	280	231	784
沈波	322	207	261	790
张良	258	340	213	811
何芊	285	311	246	842
曲影	262	380	310	952

图13-15 排序的结果

03 切换到功能区中的"视图"选项卡,单击"宏"按钮,在弹出的菜单中选择"停止录制"命令,即可停止录制宏。此时,系统就完成了实现自动排序功能的宏的录制操作。在完成宏的录制后,打开VBA窗口,就可以查看到录制的宏代码了,如图13-16所示。

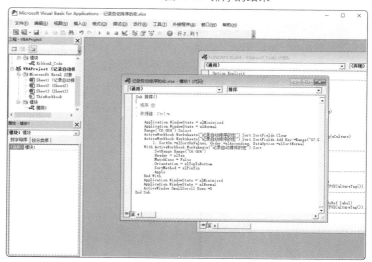

图13-16 查看录制的宏代码

具体的宏代码如下：

```
Sub 排序()
'
' 排序 宏
' 对工作表中的数据排序
'
' 快捷键: Ctrl+m
'
    Range("C6:G24").Select
    ActiveWorkbook.Worksheets("记录自动排序的宏").Sort.SortFields.Clear
    ActiveWorkbook.Worksheets("记录自动排序的宏").Sort.SortFields.Add Key:=
    Range("G7:G24"_),SortOn:=xlSortOnValues, Order:=xlAscending,
    DataOption:=xlSortNormal
    With ActiveWorkbook.Worksheets("记录自动排序的宏").Sort
        .SetRange Range("C6:G24")
        .Header = xlYes
        .MatchCase = False
        .Orientation = xlTopToBottom
        .SortMethod = xlPinYin
        .Apply
    End With
End Sub
```

上述代码的作用是对选定的单元格区域C6:G24实现"销售总量"从小到大的自动排序功能。首先是注释语句，包括宏名、设置的快捷键等内容。接下来是主体语句，在主体语句中首先选定单元格区域C6:G24，然后使用Sort方法对选定的单元格区域进行自动排序。

录制完成一个宏命令后，它就会被保存在当前的工作簿中，因此用户可以随意调用这个宏命令。例如，在本例中可以使用设置的快捷键，即在工作表中按下Ctrl+m组合键，即可自动对工作表中的数据进行排序。

需要注意的是，如果在主体语句中首先选定单元格区域C6:G24，那么再次执行该宏命令时，只会在单元格区域C6:G24中执行该命令。如果要在其他单元格中调用该命令，则用户可以将"Range("C6:G24").Select"语句更改为"With Selection"，并在结束语句"End Sub"的前面一行加上与之对应的"End With"语句，此时选择要排序的任意单元格区域后，按下Ctrl+m组合键即可随意执行该宏命令。实际上Sort方法很容易理解，该方法可以设置多个排序字段，并且每个排序字段都有Key、Order和Header等多个参数。

本例中仅使用了一个排序字段，该排序字段中各个参数的功能和含义如下。

- Key:=Range("G7:G24")：Key用于设置第一个排序字段或者排序依据，它可以是文本，也可以是Range对象。这里使用的是Range对象，即设置以单元格区域"G7:G24"所在的列为排序依据。
- Order:=xlAscending：Order用于设置在"Key"中所指定的字段或者区域的排列顺序，它有xlDescending（升序）和xlAscending（降序）两个参数。系统默认为升序排序。
- Header = xlYes："Header"用于设置是否有标题行，如果有则需确定标题位于何处。Header可以有xlGuess、slNo和xlYes三种类型。

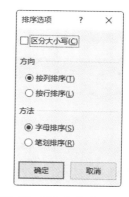

当在"排序"对话框中单击"选项"按钮时，可以打开如图13-17所示的"排序选项"对话框，以下几个参数的内容都与该对话框中的选项设置相对应。

- MatchCase=False："MatchCase"用于设置"区分大小写"复选框。它有 False 和 True 两个参数，撤选该复选框时，该参数的值为 False。
- Orientation = xlTopToBottom："Orientation"用于设置排序的方向，它有 xlTopToBottom 和 xlLeftToRight 两个参数，分别对应于"排序选项"对话框的"方向"选项组中的"按列排序"和"按行排序"单选按钮。

图13-17　"排序选项"对话框

- SortMethod = xlPinYin："SortMethod"用于设置排序的方法，它有 xlPinYin 和 xlStroke 两个参数，分别对应于"排序选项"对话框的"方法"选项组中的"字母排序"和"笔划排序"单选按钮。
- DataOption:=xlSortNormal："DataOption"用于指定如何对 Key 中的文本进行排序。它有 xlSortTextAsNumbers 和 xlSortNormal 两个参数，前者表示用户可以将文本作为数字型数据排序，后者则需要分别对数字和文本数据进行排序。xlSortNormal 为默认值。

13.1.8 录制宏的应用实例2：记录创建图表的宏

实战练习素材：素材\第13章\原始文件\公司日常费用支出表.xlsx

下面通过录制创建图表的宏来了解图表中的相关对象。图表是由很多个对象组合而成的，每个对象都有它自己的属性和方法。用户如果要使用VBA创建或处理一个图表，可能会遇到一些困难。这里介绍通过录制宏的方法得到一个创建图表的宏，以供用户参考和使用。

具体操作步骤如下：

01 新建如图13-18所示的"公司日常费用支出表"。在"视图"选项卡中单击"宏"按钮。

02 在弹出的菜单中选择"录制宏"命令，打开如图13-19所示的"录制宏"对话框。在其中设置"宏名"为"创建图表"，快捷键为"Ctrl+g"，保存在"当前工作簿"中，单击"确定"按钮，即可开始宏的录制过程。

图13-18　新建"公司日常费用支出表"

图13-19　"录制新宏"对话框

337

03 在工作表中选定单元格区域C7:I14，如图13-20所示。在"插入"选项卡的"图表"组右下角单击"查看所有图表"按钮，打开如图13-21所示的"插入图表"对话框。

图13-20 选择单元格区域C7:I14

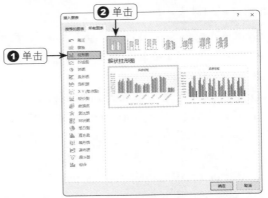

图13-21 "插入图表"对话框

04 单击"所有图表"选项卡，选择左侧的"柱形图"分类，在其子图表类型中选择"簇状柱形图"，然后单击"确定"按钮，即可得到日常费用支出图表，如图13-22所示。用鼠标拖动图表，适当调整其位置。

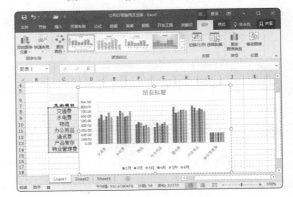

图13-22 日常费用支出图表

05 切换到功能区中的"视图"选项卡，单击"宏"按钮，在弹出的菜单中选择"停止录制"命令，即可停止录制宏。单击"宏"按钮，在弹出的菜单中选择"查看宏"命令，在"宏"对话框中选择刚才录制的宏。单击"编辑"按钮，即可打开VBA窗口，得到实现创建图表功能的宏代码，如图13-23所示。

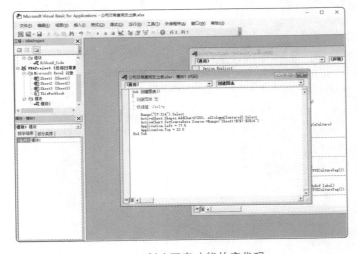

图13-23 创建图表功能的宏代码

具体的代码如下：

```
Sub 创建图表()
'
' 创建图表 宏
' 利用工作表创建图表
'
' 快捷键: Ctrl+g
'
    Range("C7:I14").Select
    ActiveSheet.Shapes.AddChart.Select
    ActiveChart.ChartType = xlColumnClustered
    ActiveChart.SetSourceData Source:=Range("Sheet1!$C$7:$I$14")
    ActiveSheet.Shapes("图表 1").IncrementLeft 2.25
    ActiveSheet.Shapes("图表 1").IncrementTop 24.75
    ActiveSheet.Shapes("图表 1").IncrementLeft 7.5
    ActiveSheet.Shapes("图表 1").IncrementTop 12
End Sub
```

在这段代码的主体语句中，选择单元格区域C7:I14，利用Add法插入一个Chart对象，设置该对象的图表类型为"簇状柱形图"。设置图表的数据来源及显示的位置，即选定工作表Sheet1中的单元格区域$C$7:$I$14为源数据，再设置该图表作为其中的一个对象显示在工作表Sheet1中。其实，每一个生成图表的宏代码都大同小异，只要找到它们的共同点，就可以直接使用这些宏代码生成图表。将这段宏代码作为图表的一个生成模板，用户可以对其中的图表类型、数据区域、显示位置以及显示格式等重新进行定义。

对于录制完成的宏命令，如果用户对其实现的功能不满意或还想进行细节的设置，可对这个宏命令进行修改，从而得到符合自己实际需要的图表。具体的操作步骤如下：

01 选定单元格区域C7:C14和I7:I14，如图13-24所示。为选定的单元格区域录制一个创建条形图的宏，并且宏名为"六月份费用支出"，创建的图形如图13-25所示。

图13-24 选定单元格区域 "C7:C14" 和 "I7:I14"

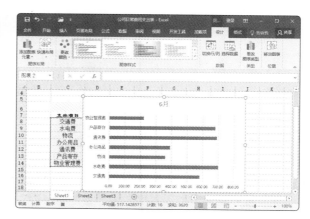

图13-25 创建的六月份费用支出图

02 完成录制宏的操作后，打开VBA窗口，在其模块窗口中的代码如下：

```
Sub 六月份费用支出()
'
' 六月份费用支出  宏
'
    Range("C7:C14,I7:I14").Select
    ActiveSheet.Shapes.AddChart.Select
    ActiveChart.ChartType = xlBarClustered
    ActiveChart.SetSourceData Source:=
        Range("Sheet2!$C$7:$C$14,Sheet2!$I$7:$I$14" _)
    ActiveSheet.Shapes("图表 1").IncrementLeft -3
    ActiveSheet.Shapes("图表 1").IncrementTop 48
End Sub
```

在录制的"六月份费用支出"宏代码的基础上修改代码，以实现其他功能。例如，这里要创建显示1月份费用支出情况的折线图，具体操作步骤如下：

01 在模块中修改"六月份费用支出"的宏代码，将过程名称改为"一月份费用支出"，并删除多余的注释语句，对应工作表中一月份数据的单元格区域，将选择单元格区域的语句更改为：Range("C7:C14,D7:D14").Select。

02 在VBA窗口选择"xlBarClustered"参数并单击鼠标右键，在弹出的快捷菜单中选择"属性/方法列表"命令，即可得到图表类型参数的下拉列表，在其中选择"xlLineMarkers"参数，如图13-26所示。

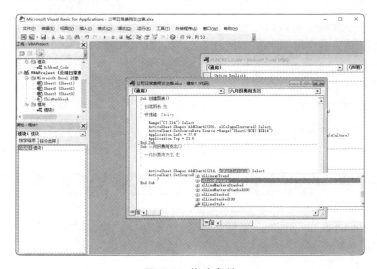

图13-26 修改参数

03 将选择数据源语句中的单元格区域变为与一月份数据对应的单元格区域，即将"$I$7:$I$14"变为"$D$7:$D$14"，重新运行修改后的程序代码，即可得到显示一月份费用支出情况的柱形图，如图13-27所示。

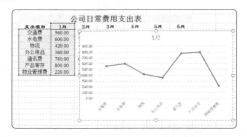

图13-27 一月份费用支出折线图

经过修改之后，可以实现创建一月份费用支出折线图的代码如下：

```
Sub 一月份费用支出()
' 一月份费用支出 宏
    Range("$C$7:$C$14,$D$7:$D$14").Select
    ActiveSheet.Shapes.AddChart.Select
    ActiveChart.ChartType = xlLineMarkers
    ActiveChart.SetSourceData Source:=
        Range("Sheet2!$C$7:$C$14,Sheet2!$D$7:$D$14"_)
    ActiveSheet.Shapes("图表 1").IncrementLeft 15
    ActiveSheet.Shapes("图表 1").IncrementTop 76.5
End Sub
```

实际上，利用录制宏的方法得到的宏代码，只要对比录制宏的操作步骤，即可了解每条语句对应的功能。在Excel中使用录制的宏，可以为用户编写VBA代码提供很多参考信息。

13.1.9 运行宏的几种方式

在Excel中执行VBA程序的方法有很多种，本节介绍几种常用的方法及其具体操作步骤。

1. 通过"宏"对话框执行宏

通过"宏"对话框运行宏的方法很简单：切换到"视图"选项卡中，单击"宏"按钮，选择"查看宏"命令，打开如图13-28所示的"宏"对话框，在其中选择要运行的宏名。单击"执行"按钮，即可运行选定的宏。

2. 通过图形运行宏

可以运行宏的图形包括如下几种：

- 绘制各种图形和自定义图形。
- 绘制文本框。
- 添加的艺术字。
- 插入的剪贴画。
- 插入到工作表中的图片。

图13-28 "宏"对话框

通过图形运行宏的具体操作步骤如下：

01 在Excel工作表中插入一个剪贴画并将其选定，如图13-29所示。鼠标右键单击剪贴画，在弹出的快捷菜单中选择"指定宏"命令，打开"指定宏"对话框，在其中选择执行的宏，如图13-30所示。

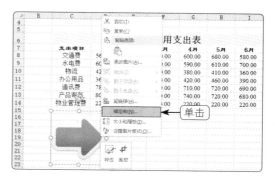

图13-29 插入剪贴画

02 单击"确定"按钮,即可完成宏的指定。完成为图形指定的宏后,将鼠标指针指向该图形时,指针会变成🖑状,如图13-31所示。这时,可以直接单击该图形运行已指定的宏。

图13-30 "指定宏"对话框

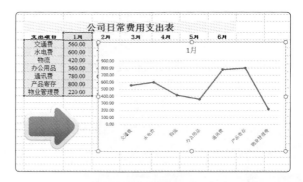

图13-31 单击图形运行宏

3. 通过控件按钮运行宏

控件按钮是在"开发工具"选项卡中"插入"下的"表单控件"中拖动出来的控件,它可以很方便地指定宏和运行宏。具体操作步骤如下:

01 在"开发工具"选项卡中单击"控件"组中的"插入"按钮,在"表单控件"工具栏中选择"按钮"控件,如图13-32所示。

02 将鼠标移动到工作表中鼠标会变成"十"字状,这时按住鼠标左键不放,在工作表中拖动鼠标,如图13-33所示。

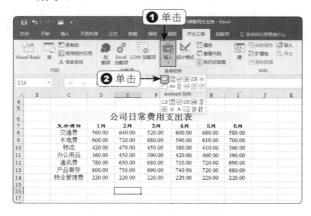

图13-32 选择"按钮"控件

图13-33 拖动控件按钮

03 将控件按钮拖动完成后,即可弹出"指定宏"对话框,在其中选择要运行的宏名,完成给按钮指定宏的操作,如图13-34所示。

04 单击"确定"按钮返回工作表中,如果要重命名按钮,可以鼠标右键单击按钮,在弹出的快捷菜单中选择"编辑文字"命令,然后在按钮中输入名字,如图13-35所示。

05 单击按钮运行宏,每次单击按钮就可以运行一次指定的宏操作。

图13-34 为按钮指定宏

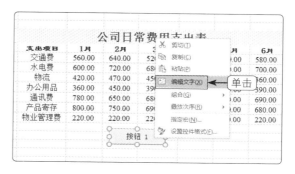

图13-35 重命名按钮

13.2
认识 VBA 的开发环境

任何一门语言都有自己的开发环境，VBA虽然与Microsoft Office套装办公软件绑定，但是也拥有自己的开发界面。Office提供了VBA的开发界面，在其中用户可实现应用程序的编写、调试和运行等操作。

13.2.1 VBA 的启动方式与操作界面介绍

VBA编辑器窗口不能单独打开，必须依附于它所支持的应用程序，只有在运行Excel的前提下才能打开。打开VBA编辑器窗口有如下几种方法。

● 在 Excel 工作簿中选择"开发工具"选项卡，单击"Bisual Basic"按钮，打开"Microsoft Visual Basic for Applications"窗口，如图 13-36 所示。

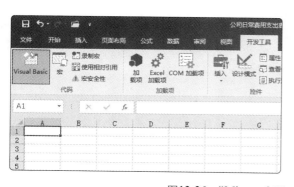

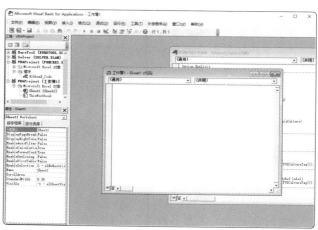

图13-36 "Microsoft Visual Basic for Applications"窗口

- 按 Alt+F11 组合键，也可以快速打开"Microsoft Visual Basic for Applications"窗口。VBA 窗口具有一定的灵活性，对于其中一些暂时不使用的窗口可以将其关闭，而且这些窗口的大小及位置都可以调整。VBA 窗口由以下几个部分组成，如图 13-37 所示。

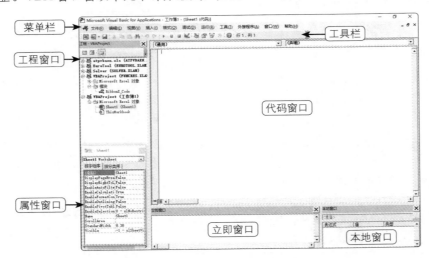

图13-37 VBA操作界面

- 菜单栏位于标题栏的下方，包括"文件"、"编辑"等菜单项，每个菜单项都包含若干个菜单命令，分别选择菜单项中的相关命令就可以执行相应的操作。
- 工具栏提供有"标准"、"编辑"、"调试"和"用户窗体"4 种工具栏。默认情况下显示的是"标准"工具栏，用户单击菜单栏或工具栏的空白处，在弹出的快捷菜单中选择"编辑"、"调试"或"用户窗体"命令，即可打开相应的工具栏。
- 工程窗口中以树形图示的形式显示了 Excel 工作簿和工作表等对象，其中也有插入的窗体和编制的模块。将每个打开的 Excel 工作簿都作为一个工程，并且工程的默认名称为"VBAProject（工作簿名称）"。
- 属性窗口类似于产品说明书，从中列出了所选 Excel 对象的属性及其当前设置。当选定多个控件时，属性窗口则包含全部已选定控件的属性设置，可以分别切换到"按字母序"和"按分类序"选项卡查看控件的属性，也可以在属性窗口中编辑对象的属性。
- 代码窗口的功能是编辑和存放 VBA 代码，相当于文字编辑器。
- 立即窗口、本地窗口主要是为调试和运行应用程序提供的，用户可以在这些窗口中看到程序运行中的错误点或某些特定的数据值。例如，在立即窗口中可以对测试的代码马上给出结果，以供程序设计者参考。

在实际应用中，VBA窗口界面中所有的功能窗口不一定都能够同时显示出来，用户可以通过"视图"菜单下的命令进行选择，对于暂时不需要的窗口可以将其关闭。

13.2.2 工程窗口

在VBA的工程窗口中可以把每个打开的Excel工作簿看作一个工程，并且工程的默认名称为"VBAProject（工作簿名称）"。一个新建的工作簿中仅包含Excel对象，如图13-38所示。如果工程中包含VBA模块或用户窗体等，工程列表中同样会显示出相应节点，如图13-39所示。如果在打开的VBA窗口中没有显示"工程"窗口，可以选择"视图"→"工程资源管理器"命令或按Ctrl+R组合键将其打开。

图13-38 新建工作簿的工程窗口

图13-39 包含VBA模块、用户窗体的工程窗口

当打开VBA时，不能认定当前显示的代码窗口就是工程窗口中高亮显示的对象所对应的程序窗口，为确保在正确的代码窗口中编辑VBA代码，通常需要在工程窗口中双击需要编辑VBA代码的对象。

如果用户想要在工程窗口中进行插入模块、插入窗体、导入文件或导出文件等操作，在选中相应的对象工程名称后单击鼠标右键，在弹出的快捷菜单中选择相应的命令即可完成。另外，在工程窗口中可以删除VBA模块，但不能移除与工作簿或工作表相关联的代码模块。

13.2.3 代码窗口与用户窗体

工程中的每一个对象都有一个相关联的代码窗口，主要作用是编辑和存放程序。每个对象的代码窗口都由"对象"下拉列表、"过程/事件"下拉列表、"过程视图"图标和过程编辑区等部分组成，如图13-40所示。

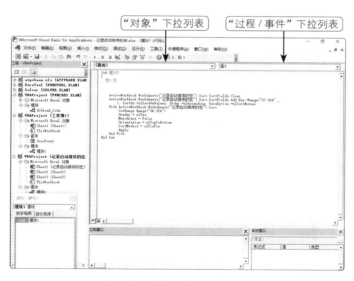

图13-40 对象代码窗口的组成

其中"对象"下拉列表中会显示所选对象的名称。"过程/事件"下拉列表中会列出指定对象控件所选的程序，并且在程序代码窗口中在同一时间只能显示一个程序，但是"全模块视图"模式在同一时间可以显示多个程序。如果要查看某个对象的代码窗口或在指定的对象中编写程序，只需在"工程"窗口中双击该对象即可打开其代码窗口。

用户窗体是显示在应用程序中的对话框，用户窗体是VBA中一个非常重要的组成部分。

1. 插入用户窗体

窗体可以使用户有更多的机会与程序对话。如果要插入用户窗体，除了在"工程资源管理器"中单击鼠标右键外，用户还可以通过如下方法实现。

- 在 VBA 编辑窗口中，选择"插入"菜单的"用户窗体"命令，即可插入用户窗体。
- 在"标准"工具栏上单击"插入用户窗体"按钮右侧的向下箭头，在弹出的下拉列表中选择"用户窗体"选项。

上述两种方法都可以插入用户窗体，新插入的用户窗体默认名称为"UserForm1"、"UserForm2"等。在插入用户窗体时系统还会自动打开控件工具箱，如图13-41所示。

2. 更改名称

为了更容易识别用户窗体，可在其对应的属性窗口中选择"按字母序"选项卡，在"（名称）"文本框中输入设置的名称，即可更改工程窗口中该用户的显示名称，在"（Caption）"文本框中输入新名称后可更改用户窗体标题栏的名称，如图13-42所示。

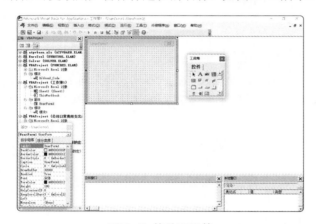

图13-41 控件工具箱

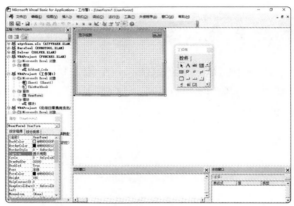

图13-42 更改用户窗体名称

3. 利用控件工具箱

可以利用控件工具箱中的"命令按钮"按钮、"文字框"按钮和"标签"按钮等，在用户窗体上添加相应的控件。

如果用户不小心关闭或隐藏了控件工具箱，可以选择"视图"菜单中的"工具箱"命令，或单击"标准"工具栏上的"工具箱"按钮 将其重新调出。

4. 用户窗体与代码窗口之间的切换

在用户窗体上双击即可打开用户窗体的代码窗口，还可以在工程窗口中进行切换，即单击"查看对象"按钮，可以由代码窗口转换为用户窗体界面，单击"查看代码"按钮，可由用户窗体界面转换为代码窗口，如图13-43所示。

5. 移除用户窗体

在工程窗口中选择要移除的用户窗体，如这里要移除"UserForm1"，单击鼠标右键，在弹出的快捷菜单中选择"移除UserForm1"命令，系统即可弹出一个如图13-44所示的提示对话框，单击"否"按钮即可将其移除。

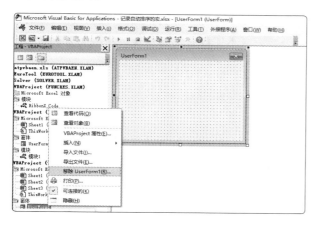

图13-43 用户窗体与代码窗口间的切换　　　　　图13-44 提示对话框

6. 使用属性窗口

通过属性窗口不仅能够更改用户窗体的名称，还可以设置窗体的背景色、添加背景图片以及设置图片的显示效果等。如果要设置窗体颜色，可以在用户窗体对应的属性窗口中选择"按字母序"选项卡，单击"BackColor"文本框右侧的向下箭头，在"调色板"选项卡中选择合适的颜色，如图13-45所示。

如果添加背景图片，则可在属性窗口中设置图片的显示效果。例如，在"Picture"文本框中添加背景图片，在"PictureAlignment"文本框中设置图片的对齐方式，在"PictureSizeMode"文本框中设置背景图片的显示方式，在"PictureTiling"文本框中设置图片在窗体中是否平衡显示等效果，如图13-46所示。

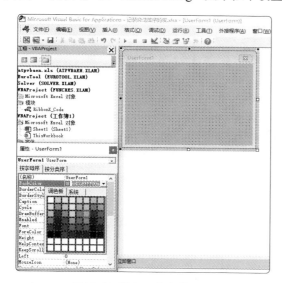

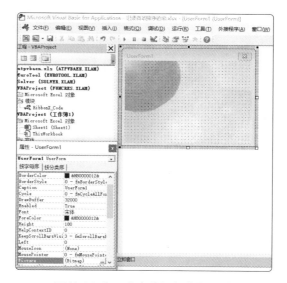

图13-45 设置用户窗体颜色　　　　　图13-46 为用户窗体添加背景图片

13.3
认识 VBA 的代码与过程

使用Excel VBA的目的是要自动完成指定的任务。要完成的任务有时较为简单，有时则较为复杂，即可由多个小任务组成一个大任务。这些能独立完成一个或大或小任务的代码集合，就是一个独立的程序，而程序又根据有无执行的对象，分为过程程序和事件程序。

13.3.1 过程程序

过程程序简单地说就是通过代码完成一个任务，其与事件程序的主要区别是它有明确的服务对象，但是可以被其他程序所调用。过程程序又根据是否有返回值分为子过程程序和函数过程程序两种，前者运行后不能返回值，后者运行后可以返回值。返回值是代码运行后返回给程序的一个值，以便被其他程序或语句所使用。

1. 添加过程程序

添加过程程序主要有如下几种方法。

- 添加一个模块，打开模块代码窗口并新建一个过程程序，如图 13-47 所示。

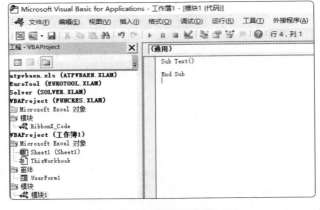

图13-47 新建模块并新建过程

- 打开一个原模块代码窗口，在其基础上添加一个新过程程序，如图 13-48 所示。

图13-48 在原来的模块中添加过程程序

348

● 打开一个 Excel 对象代码窗口、窗体代码窗口或控件代码窗口，在该窗口中添加一个过程程序，如图 13-49 所示。

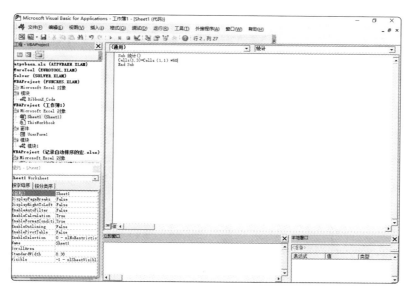

图13-49 在Excel对象代码窗口中添加过程

2. 子过程程序

子过程程序是可以单独执行一个任务但不能返回值的程序，例如设置字体格式、设置单元格颜色或插入工作表等。

（1）最常见的子过程结构

Sub子过程的语法格式为：

```
[Public | Private]Sub <过程名> (<形式参数>)
    <语句块>
End Sub
```

Public或Private用于定义过程是"公有的"还是"私有的"，如果为Public，则该过程在整个的程序范围内被调用；如果为Private，则该过程只能被本窗体或本工作表中的过程所调用。当省略[Public | Private]时，系统被默认为Public。

每录制一个宏，就会建立一个Sub过程，也就是常说的"宏"，它可以被其他程序或对象所调用或指定。Sub子过程必须有开始语句和结束语句，即以"Sub过程名()"开始，以"End Sub"结束，它们之间的语句被称为过程体。当过程执行到"End Sub"语句时，系统会自动退出该过程体。如果在过程中未执行到"End Sub"语句时就要退出子程序，可以在过程体内添加一个"Exit Sub"语句，当程序执行到该语句时，便会退出Sub子过程。

例如，在单元格D5中输入数字50，需要插入一个模块1并输入如下代码：

```
Sub 填充数字()
Range("D5").Value = 50
End Sub
```

办公专家一点通

Range（"D5"）.Value=50是在单元格D5中输入50，Range("D5")表示单元格D5。

插入一个模块2，并输入如下代码：

```
Sub 调用填充()
填充数字
End Sub
```

由以上两组代码可以看出： Sub语句必须有开始语句和结束语句，以"Sub过程名()"开始，以End Sub结束。Sub语句可相互调用，调用时只需在另一个语句块中输入该过程名称。

（2）过程的调用

下面查看只能在本模块中调用的过程：

```
Private Sub 过程名()          ' 程序开始语句
    语句块
End Sub                       ' 程序结束
```

在这段代码中可以看到，Sub前添加了Private关键字，Private是私有的意思，在Excel VBA中带Private的语句不能被其他模块或程序所调用，如下面两组代码中，模块2的过程就是错误的，因为模块1的过程为私有过程且两个过程不在同一个模块内。

模块1的一个过程：

```
Private Sub 填充数字()
    Range（"D5"）.Value = 50
End Sub
```

模块2的一个过程：

```
Sub 引用宏()
    填充数字
End Sub
```

如果运行模块2中的过程，则会弹出如图13-50所示的错误提示信息。

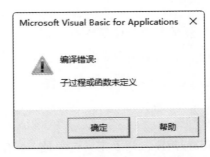

图13-50 模块2过程运行后的错误提示

办公专家一点通

Private是针对模块内的私有，其不可能被模块外的其他程序所调用，但可以被模块内部的其他过程所调用。存放在对象模块（非正常插入的模块）内的子过程，只能被对象模块内的程序所调用，而不能被其他模块内的程序所调用。

除了可以直接利用过程名进行调用外，还可以使用Call语句调用过程。使用Call语句调用过程的语法格式为：

```
Call <过程名> [(<实际参数>)]
```

利用该语句，可以将程序执行的流程跳转到指定的过程中执行该过程。其中，"实际参数"的参数类型和个数要与被调用过程的"形式参数"类型和个数一一对应，实际参数可以是常量、已赋值的变量或表达式。如果过程是一个无参数过程，则可以将Call语句中的实际参数和括号省略。例如，在新插入的模块1中输入一个"销售"子过程，其中的参数salecount表示销售量，price表示销售单价，变量total为销售额，并且销售额等于销售量与销售单价的乘积，代码如下，如图13-51所示。

```
Sub 销售(salecount As Long, price As Long)
    Dim total As Long
    total = salecount * price
    Debug.Print "销售额为: "& "? & total
End Sub
```

在新插入的模块2中输入"汇总"子过程代码，即在该过程中利用Call语句调用了"销售"子过程，代码如图13-52所示。

```
Sub 汇总()
    Dim salecount As Long
    Dim price As Long
    salecount = 80
    price = 15
    Call 销售(salecount, price)
End Sub
```

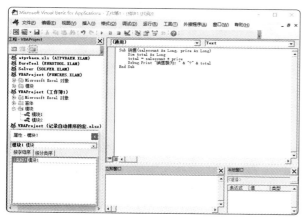

图13-51 "销售"子过程代码　　　　　　图13-52 "汇总"子过程代码

在模块2中运行"汇总"子过程可以在立即窗口中显示相应结果，如图13-53所示。当定义的过程是Public属性子过程时，如果在工作表中定义该过程，则可以在整个程序范围内直接调用。如果在窗体模块中定义该过程，则可在该窗体其他模块中直接调用。但此时需要注意，如果要在其他窗体过程中调用该过程，则需要在过程名前面加上窗体的名称。

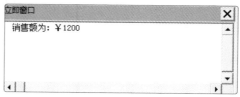

图13-53 显示结果

351

（3）带参数传递的过程

在上述两种过程的开始语句中，都可以看到过程名后跟着的括号，即过程名( )。其实，这是为过程中的自变量传递所准备的。带参数传递的过程结构如下：

```
(Private) Sub 过程名 (参数)
语句块
End Sub
```

在程序代码中可以调用括号中提供的参数。在过程中设置自变量，扩展了过程的灵活性。但是由于存在指定的参数，该过程须被其他过程调用时才能发挥作用。如要求分别设置两个宏，运行一个宏时，要求在E2填入B列非空单元格个数（对B列计数）；运行另一个宏时，要求在F2填入B列非空单元格之和（对B列求和），如图13-54所示。

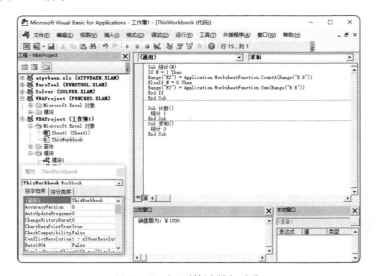

图13-54 对B列的计数与求和

这两个要求有一个共同点，即对B列进行计算，区别是一个计数，另一个求和，所以这里可以考虑设置一个带参数的公共模块，以便两个程序都可以调用。当其他过程中再需要对B列进行计数或求和时，也可以直接调用该计数或求和的过程，省去编写同样代码的过程。

公共过程代码如下：

```
Sub 统计(N)
If N = 1 Then
Range("E2") = Application.WorksheetFunction.CountA(Range("B:B"))
ElseIf N = 0 Then
Range("F2") = Application.WorksheetFunction.Sum(Range("B:B"))
End If
End Sub
```

计数过程代码如下：

```
Sub 计数()
  统计 1
End Sub
```

求和过程代码如下：

```
Sub 求和()
   统计 0
End Sub
```

"统计"过程代码是一个含有参数N的过程，本身并不能得到某种结果，因为参数存在于程序中并且参数N数值不固定。而在"计数"过程代码中直接调用该过程，并且设置参数N为1后可得到计数结果。因为在"统计"过程中，当N=1时(If N = 1 Then)，单元格E2 (Range("E")) 的值等于B列非空单元格个数(Application.WorksheetFunction.CountA(Range("B:B")))。求和过程的原理同计数过程一样，最终的结果如图13-55所示。

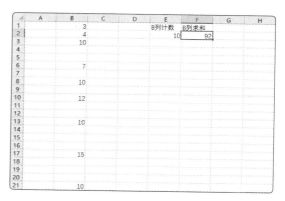

图13-55 运行的结果

3. Function函数过程程序

与Sub子过程相比，如果过程程序运行后可以返回值，则该程序就是函数过程程序。也就是说，函数过程运行的结果是返回值而不是达到某种效果。函数过程又称为自定义函数的过程，自定义的函数不但可以在程序中使用，而且还可以和Excel的内置函数（如SUM）一样在工作表中使用。Function过程的语法格式为：

```
Function <过程名> [( <形式参数> )] [ As <类型> ]
     <语句块>
End Function
```

Function过程的语法要求与Sub过程相同，也可以进行公有或者私有声明，默认为Public。在Function过程中，"AS<类型>"用来定义函数返回值的数据类型，可以是Integer、Long、Single、Double、String或Variant。当省略该部分时，系统将默认为Variant数据类型。

13.3.2 事件程序

对于编写完成的宏过程代码，一般需要手动去执行，在编写程序代码时更需要让其随某个事件的发生自动执行。这种当某一特定事件发生时才执行的程序称为事件程序，如在选取单元格时触发某个程序的运行，选取单元格的动作就是一个事件。

当单击按钮时运行某段程序时，单击按钮也是一个驱动程序运行的事件。使用事件程序的好处是极大地增强了操作者与程序的互动性。

1. 添加事件程序

添加事件程序与添加过程程序有所不同，事件程序有指定的对象，在添加前要先选取该对象并打开该对象的代码窗口。

例如，为Book1工作簿添加一个"工作簿打开"的事件程序，具体操作步骤如下：

01 在"开发工具"选项卡中单击"Visual Basic"按钮，打开"Microsoft Visual Basic for Application"窗口，在其选择工作簿1的"ThisWorkbook"对象处双击打开工作簿代码窗口，如图13-56所示。

02 在代码窗口中的对象下拉列表中选择Workbook，在代码窗口中自动添加事件程序的开始和结束语句，如图13-57所示。如果还需要设置其他工作簿的事件程序，则需在"过程"列表中选取相应的事件。

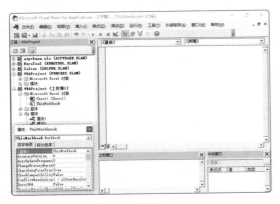
图13-56 打开工作簿代码窗口

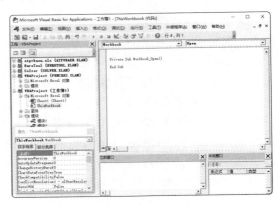
图13-57 添加工作簿打开事件程序

2. 事件程序的基本结构

事件程序包括对象和发生在该对象上的事件两个要素。事件程序的基本结构如下：

```
(Private) Sub 对象名称_事件名称(自变量)
    程序代码
End Sub
```

其中，过程的名称是选择对象及其事件后自动添加的，并且添加后的名称不能修改。如果修改名称，此事件程序将失效。自变量也是由系统指定的，同样不可以修改。例如，要设置保存工作簿前清除Sheet1工作表中的C1:C9区域的内容，具体操作步骤如下：

01 在VBA代码编辑器中选取指定工程并选择"ThisWorkbook"对象，在后面的过程列表中选择BeforeClose事件，如图13-58所示。

02 在开始和结束语句之间，输入删除Sheet1工作表中的C1:C9区域内容的语句"Sheets("sheet1").Range("C1:C9").ClearContents"，完成该事件程序的设置，如图13-59所示。

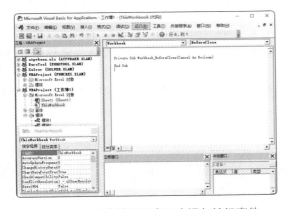
图13-58 在工作簿代码窗口中添加关闭事件

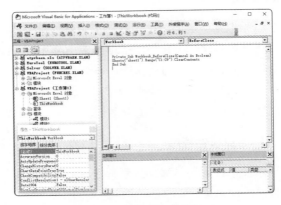
图13-59 完成代码设置

354

3. 事件程序中的自变量传递

在大多数工作簿和工作表的事件中，VBA代码编辑器会自动提供自变量。当事件发生时，所操作的当前对象就会通过自变量传递到程序中。如下代码的作用是当单元格区域发生改变并且当前选择单元格列数为3时，当前单元格的值填充为600。

```
Private Sub Worksheet_SelectionChange (ByVal Target As Range)
    If Target.Column = 3 Then
        Target.Value = 600
    End If
End Sub
```

在该事件程序中，Target即为"Selection- Change（工作表单元格选择改变）"事件传递给程序的自变量。在程序中使用Target表示当前选取的单元格。

4. 工作簿级别的事件

工作簿级别的事件发生在某个特殊的工作簿中，在工程窗口中双击"ThisWorkbook"对象进入其代码编辑窗口，在"对象"下拉列表中选择"Workbook"选项，在"过程"下拉列表中可看到工作簿对象所包含的事件。

下面介绍常用的工作簿级别事件。

（1）Open事件

打开工作簿时将触发这类事件并执行Workbook_Open过程。例如输入如下代码，如图13-60所示。

```
Private Sub Workbook_Open()
    MsgBox "此文档含有机密数据", vbInformation
End Sub
```

利用该过程可以在打开工作簿时弹出相应的信息提示框，然后保存并关闭该工作簿，当再次打开时即可弹出显示相应提示信息的消息框，如图13-61所示。

图13-60 输入程序代码

图13-61 弹出显示相应提示信息的消息框

（2）Activate事件

该事件为激活工作簿，例如输入下面的程序代码，无论何时激活工作簿，都会执行上述过程，即将活动窗口最大化。

```
Private Sub Workbook_Activate()
    ActiveWindow.WindowState = xlMaximized
End Sub
```

（3）SheetActivate事件

该事件为激活任意工作表。例如下面的程序可实现当用户在工作簿中激活任意工作表时，就会选中工作表中的单元格C1。如果不是工作表就不会触发任何事情，该过程中利用Typename函数判断激活的工作表是Worksheet类型（而不是图表工作表等）。

```
Private Sub Workbook_SheetActivate(ByVal Sh As Object)
    If TypeName(Sh) = "Worksheet" Then
        Range("C1").Select
    End If
End Sub
```

（4）NewSheet事件

该事件是在工作簿中新建工作表事件，如图13-62所示。

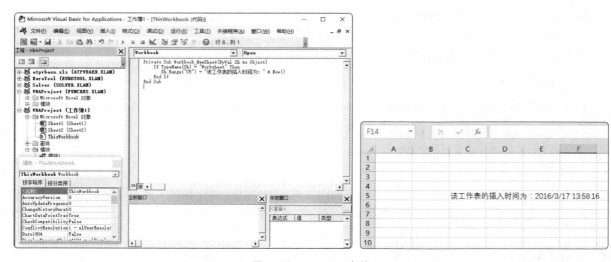

图13-62 NewSheet事件

例如下面的这段代码：

```
Private Sub Workbook_NewSheet(ByVal Sh As Object)
    If TypeName(Sh) = "Worksheet" Then
        Sh.Range("C5") = "该工作表的插入时间为：" & Now()
    End If
End Sub
```

这段代码的作用是无论什么时间在工作簿中插入新的工作表，都会执行下面的过程，即在新工作表的单元格C5中显示当前的时间信息。工作簿事件处理程序的过程存储在ThisWorkbook对象的代码模块中，关于其他的工作簿事件，可以参照表13-1所示。

表13-1 工作簿级别的事件说明

事件	触发事件的动作
Activate	激活工作簿
AddinInstall	作为加载宏安装工作簿
AddinUninstall	作为加载宏卸载工作簿
AfterXmlExport	已经导出某个XML文件
AfterXmlImport	已经导入某个XML文件，或已经刷新XML数据链接
BeforeClose	准备关闭工作簿
BeforePrint	准备打印或预览工作簿
BeforeSave	准备保存工作簿
BeforeXmlExport	准备导出某个XML文件，或准备刷新XML数据链接
BeforeXmlImport	准备导入某个XML文件
Deactivate	使工作簿处于非活动状态
NewSheet	在工作簿中插入新的工作表
Open	打开工作簿
PivotTableCloseConnection	关闭某个数据透视表外部数据源链接
PivotTableOpenConnection	打开某个数据透视表外部数据源链接
SheetActivate	激活任意的工作表
SheetBeforeDoubleClick	双击任意的工作表
SheetBeforeRightClick	鼠标右键单击任意的工作表
SheetCalculate	计算（或重算）任意的工作表
SheetChange	用户或外部链接更改任意的工作表
SheetDeactivate	使工作表处于非活动状态
SheetFollowHyperlink	单击某个工作表上的超链接
SheetPivotTableUpdate	用新数据更新数据透视表
SheetSelectionChange	在任意工作表上的选区发生改变
Sync	成为文档工作区一部分的工作簿与服务器上的它的副本同步
WindowActivate	激活任意的工作簿窗口
WindowDeactivate	使任意的工作簿窗口处于非活动状态
WindowResize	重新调整任意工作簿窗口的大小

5. 工作表级别的事件

用户可以在工程窗口中双击工作表对象（如Sheet1）进入其代码编辑窗口，在"对象"下拉列表中选择"Worksheet"选项，在"过程"下拉列表中可看到工作表对象所包含的全部事件，如图13-63所示。

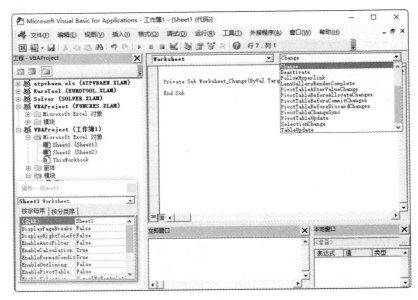

图13-63 工作表级别的事件

关于工作表级别的事件及其简要说明，用户可以参照表13-2进行了解。

表13-2 工作表级别的事件及其简要说明

事件	触发事件的动作
Activate	激活工作表
BeforeDoubleClick	双击工作表
BeforeRightClick	鼠标右键单击工作表
Calculate	计算（或重算）工作表
Change	更改工作表中单元格的内容
Deactivate	使工作表处于非活动状态
FollowHyperlink	单击工作表上的某个超链接
PivotTableUpdate	更新数据表上的数据透视表
SelectionChange	改变工作表上的选择区域

Excel可以监视很多不同的事件，除工作簿级别的事件和工作表级别的事件外，还包括图表事件（针对某个特殊的图表触发）和用户窗体事件（针对某个特殊的用户窗体或用户窗体上包含的某个对象触发）等。

13.3.3 对象、属性和方法

对象、属性和方法是代码的重要组成部分，所以在了解代码的含义和编制方法之前，要先了解对象、属性和方法的含义及用法。

1. 对象

在Excel中处理数据时需要面对的是工作簿、工作表、单元格和图表等内容，实际上这些就是Excel

VBA中的对象。如果要查看Excel VBA中的对象，在VBA代码编辑器中选择"视图"→"对象浏览器"命令或按F2功能键，即可打开"对象浏览器"窗口进行查看，如图13-64所示。

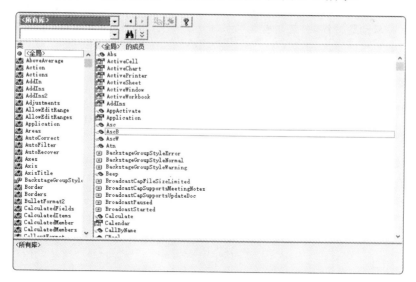

图13-64 "对象浏览器"窗口

2. 属性

属性是指对象的特征。如果把手机看作一个对象，那么手机的颜色、款式和型号等都是该对象的属性。对Excel VBA来说，属性是Excel对象所具有的特征，如单元格的值、列的宽度、行的高度以及工作表的个数等。

（1）在程序中设置对象属性的代码结构

对象名.属性=属性值

例如代码"Application.ScreenUpdating = False"可将Excel的程序对象（Application）的屏幕刷新（ScreenUpdating），其属性设置为否（False）。

（2）在程序中取得对象属性的代码结构

变量=对象.属性

例如代码"h = Range ("A4:C9").Cells.Count"可求出单元格区域A4:C9中单元格的个数，并将该数值赋给变量h，其中Cells和Count都是Range对象的属性。

3. 方法

方法是作用在对象上的操作，如开门或关门。对Excel VBA的对象来说，方法是指复制单元格内容、删除工作表或打开要查看的工作表等，这里的"复制"是单元格对象的方法，"删除"是针对工作表对象的方法，"打开"是针对工作簿对象的方法。

对象方法的语法格式为：

对象.方法 （自变量）

对象和方法之间要用"."隔开，方法和自变量之间要用空格隔开。自变量是对方法作用于对象时的补充，如工作表移动是一个操作工作表的方法，但移动的具体位置可通过设置后面的自定量来补充。

13.3.4 VBA 中的常用语句

例如语句"Range ("B3:B10").ClearFormats"是清除单元格区域B3:B10的格式，其中ClearFormats是作用于单元格Range对象的方法。

Sheets（"Sheet1"）.Move after:=Sheets（"Sheet2"），该语句的功能是将工作表Sheet1移动到工作表Sheet2之后，其中Move是作用于工作表对象上的方法，自变量after补充移动的位置。

语句是程序代码的主要构架，语句可以执行循环、逻辑判断及声明变量等。在Excel VBA中语句有70多种，这里仅介绍常用的几类语句。

1. With语句

在编写程序过程中，如果需要设置一个对象的多个属性，一般可以用"对象.属性=属性值"的形式去设置该对象的属性。但这样操作时，指定对象会在程序中连续出现多次，而With语句恰好能解决这个问题，让对象在语句中只出现一次。

With语句结构如下（在With语句的属性前都要加"."）：

```
With 对象
.属性1 = 属性值
.属性2 = 属性值
...
.属性N = 属性值
End with
```

下面以单元格D3的字体为宋体，字号为16号、加粗，字体颜色为紫色为例，分别使用With语句和不使用With语句进行演示。不使用With语句的代码如下：

```
Sub 字体格式1()
    Range("D3").Font.Name = "宋体"
    Range("D3").Font.Size = 16
    Range("D3").Font.ColorIndex = 13
    Range("D3").Font.Bold = True
End Sub
```

具体注释如下。

- Range("D3")：单元格 D3 的表示方法。
- Font.Name：字体名称。
- Font.Size：字体大小。
- Font.ColorIndex：字体颜色。
- Font.Bold：是否为粗体。

在运行这段不使用With语句的代码后，在Excel中即可实现如图13-65所示的效果。

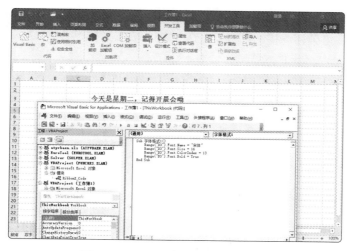

图13-65 不使用With语句的显示效果

使用With语句的代码如下：

```
Sub 字体格式()
    With Range("D3").Font
        .Name = "宋体"
        .Size = 16
        .ColorIndex = 13
        .Bold = True
    End With
End Sub
```

运行使用With语句的代码后，在Excel中即可显示出如图13-66所示的效果。从图中可以看出，以上两组代码均可实现同样的设置效果。使用With语句可为同一个对象的不同属性指定程序代码内容，并且可以省略对象名称，实现简化代码。

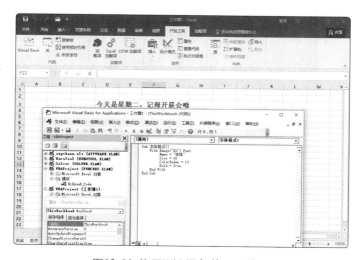

图13-66 使用With语句的显示效果

2. 选择结构语句

在程序中要经常进行各种选择，并且选择后会根据不同情况返回不同的结果或进行不同的操作。选择语句分为单条件选择和多条件选择。

（1）单条件选择

在Excel VBA中可以使用IF进行选择，根据不同的条件执行不同的过程或返回不同的结果。IF语句进行单条件选择的结构如下：

```
IF <逻辑表达式> Then
    语句1
Else
    语句2
End IF
```

当逻辑表达式的值为True时，执行语句1，否则执行语句2。例如在代码窗口中输入如下代码，判断单元格C3中的数值是否大于100，如果大于100则在单元格E3中输入判断结果"恭喜，业绩上升"，如图13-67所示；否则在单元格E3中输入"警告，业绩下滑"，如图13-68所示。Range("C3").Value表示单元格C3的值，Range("C3")是单元格C3的表示方法。

```
Sub 判断数值()
If Range("C3").Value > 100 Then
    Range("E3").Value = "恭喜，业绩上升"
Else
    Range("E3").Value = "警告，业绩下滑"
End If
End Sub
```

 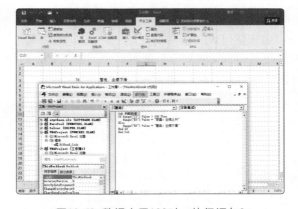

图13-67 数据大于100，执行语句1　　　　　　　图13-68 数据小于100时，执行语句2

（2）多条件选择

多条件选择是在程序设计过程中经常会遇到的，设置多条件选择有如下两种语句。

语句一：

```
IF 表达式1 Then
    语句1
ElseIF 表达式2 Then
```

```
        语句2
ElseIF 表达式3  Then
        语句3
……
Else
        语句n
End  IF
```

例如判断单元格C3中的数值，如果小于零则在单元格E3中输入"小于零"；如果等于零则在单元格E3中输入"等于零"；如果大于零则在单元格E3中输入"大于零"。使用IF…Then…ElseIF…语句输入如下代码，再运行该代码，即可在单元格E3中显示相应信息，如图13-69所示。

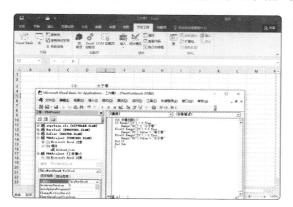 

图13-69 使用IF…Then…ElseIF…语句判断数值

```
Sub 多重判断1()
If Range("C3") < 0 Then
    Range("E3") = "小于零"
ElseIf Range("C3") = 0 Then
    Range("E3").Value = "等于零"
ElseIf Range("C3") > 0 Then
    Range("E3").Value = "大于零"
End If
End Sub
```

语句二：

```
Select Case<测试表达式>
    Case (Is) <表达式1>
        <语句块1>
    Case (Is) <表达式2>
<语句块2>
……
Case (Is) <表达式n>
<语句块n>
    [Case Else]
        <语句块n+1>
End Select
```

363

Select Case语句的执行过程是根据"测试表达式"的值，找到第一个与该值相匹配的表达式，再执行其后面的语句块。如果找不到与之匹配的表达式且有Case Else的语句，则执行Case Else后面的语句块，否则跳转到End Select后面的语句，示例代码如下：

```
Sub 多重判断()
Select Case Range("C3")              ' 选择单元格C3作为判断的对象
          Case Is < 0                ' 如果值小于零
    Range("E3") = "小于零"           ' 在E3中输入"小于零"
          Case Is = 0                ' 如果值等于零
    Range("E3").Value = "等于零"     ' 在E3中输入"等于零"
          Case Is > 0                ' 如果值大于零
    Range("E3").Value = "大于零"     ' 在E3中输入"大于零"
End Select                           ' 结束选择判断
End Sub
```

在使用IF…Then…ElseIF…语句和使用Select Case语句的示例中可以看出，使用Select Case可以更加简化条件表达式。

3. 循环语句

在编写程序时经常要进行循环和反复的执行代码，在VBA中有For-Next循环、While-Wend循环和Do-Loop循环3种经常使用的不同风格的循环语句。

（1）For-Next语句

在循环语句中，有的循环指定了循环的次数，有的循环却不方便或无法指定循环次数。这两种情况在编写程序时都会遇到，下面分别进行介绍。

① 指定循环次数

指定循环次数可以直接用For…Next循环语句实现，例如：

```
For <循环变量> = <初值> To <终值> [Step <步长值>]
    <循环体>
Next <循环变量>
```

其中，循环变量是一个数值变量。初值、终值和步长值均为数值表达式（可以为变量），如果语句中没有强行中止循环语句，则循环会一直从初值循环到终值结束。步长值如果是正数则表示循环变量的值递增，如果是负数则表示循环变量的值递减。当省略Step时，默认步长值为1。循环体可以是单个程序语句，也可以是多个程序语句，当循环变量超过终值时，循环过程将正常结束。如果要在正常结束前退出循环，就需要在循环体内使用"Exit For"语句。该语句只能出现在循环体内，用来跳出循环并执行Next语句的下一条语句。

例如，在单元格区域A1:A16的数据中，统计出小于0的数值个数。

在VBA代码窗口中输入如下代码并运行，即可弹出相应的结果，如图13-70所示。

```
Sub 统计()
Dim N As Integer
Dim i As Integer
For i = 1 To 16
    If Range("A" & i).Value < 0 Then
```

```
        N = N + 1
    End If
Next i
MsgBox  "负数的个数" & N
End Sub
```

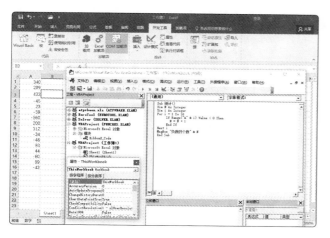
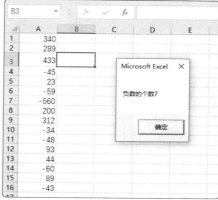

图13-70 指定循环次数的循环

② 没有指定循环次数

如果要设置在一个集合对象内进行循环（如在工作簿中所有的工作表内循环），或在一个不规则区域内进行循环，用For…Next语句不容易完成，因为此时循环次数很难指定，此时可用For…Next的变体For Each…Next语句实现循环：

```
For Each <循环变量> In <指定的集合>
    <循环体>
Next <循环变量>
```

在For Each…Next控制结构语句中会自动对集合中每一个变量循环执行指定的语句块，直到所有变量执行完毕，如在Excel的A1:A16区域和B3:B17区域中，统计出小于0的数值个数。在VBA代码窗口中输入如下代码并运行，即可弹出相应结果，如图13-71所示。

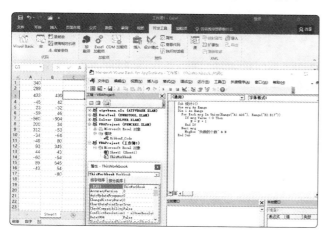

图13-71 没有指定循环次数的循环

365

```
Sub 统计1()
Dim mrg As Range
Dim i As Range
  For Each mrg In Union(Range("A1:A16"), Range("B3:B17"))
    If mrg.Value < 0 Then
        N = N + 1
    End If
  Next mrg
    MsgBox "负数的个数" & N
End Sub
```

用Union(Range("A1:A16"), Range("B3:B17"))建立一个联合区域作为集合对象，并设置一个自变量，让它在该联合区域内进行循环。Union是把多个不相邻单元格区域作为一个整体。

（2）While-Wend语句

While-Wend循环语句通常用在指定条件为True时的一系列重复性操作中。While-Wend循环语句的语法格式为：

```
While <逻辑表达式>
      <循环体>
Wend
```

执行While-Wend循环语句的过程是先判断逻辑表达式的值是否为True，如果为True则执行循环体并执行Wend语句，再返回While语句对逻辑表达式进行判断。直到逻辑表达式的值为False时，不执行循环体，直接执行Wend后面的语句。

While-Wend循环语句没有自动修改循环条件的功能，因此在循环体内必须有设置修改循环条件的语句，否则会出现"死循环"。例如下面的VBA程序：

```
Sub 求和()
Dim i As Long
Dim s As Integer
While s <= 100
   i = i + s
   s = s + 1
Wend
Debug.Print "1~100的整数之和为: " & i
End Sub
```

上述程序中的"s = s + 1"语句即为修改循环条件的语句。运行这段程序后，即可在立即窗口中显示运行结果，如图13-72所示。

（3）Do-Loop语句

只有在满足指定条件的时候才执行Do-Loop语句。Do-Loop语句的语法格式为：

```
Do [While|Until<逻辑表达式>]
      <循环体>
Loop [While|Until<逻辑表达式>]
```

图13-72 While-Wend循环语句

使用Do-Loop循环语句有如下两种格式。

- 当逻辑表达式的值为 True 时，使用 While 关键字执行循环体，直到逻辑表达式的值为 False 时跳出循环体，即执行 Do While-Loop 循环语句。
- 当逻辑表达式的值为 False 时，使用 Until 关键字执行循环体，直到逻辑表达式的值为 True 时跳出循环体，即执行 Do Until-Loop 循环语句。

在大多数情况下，Do While-Loop循环语句与Do Until-Loop循环语句可以互换使用，只需将循环条件取反即可。对于需要先判断再执行的操作，最好使用Do While-Loop循环语句。

另外，使用Do-Loop循环语句时，需要在循环体内使用"Exit Do"语句跳出Do-Loop循环，进而执行Loop后面的一条语句。例如输入如下代码：

```
Sub 循环()
Dim C As Integer
Dim N As Integer
Count = 0
N = 9
Do Until N = 10
   N = N - 1
   C = C + 1
   If N < 3 Then Exit Do
Loop
MsgBox "循环次数为: " & C & Chr(10) & "N值为: " & N
End Sub
```

上述代码的功能是当变量Num<5时，利用"Exit Do"语句跳出Do-Loop循环，输出程序的循环次数和此时变量Num的值。运行该代码后，即可弹出如图13-73所示的结果。

4. 输入与输出语句

输入语句是用户向应用程序提供数据的主要途径，而输出语句则是应用程序将运算结果或其他的一些信息提供给用户的主要途径。

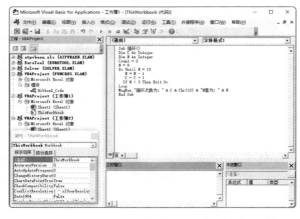

图13-73 计算循环次数

（1）输入语句

输入语句有两种方法，一种是使用InputBox函数输入，另一种是使用InputBox方法输入。

① InputBox函数输入

InputBox函数的作用是弹出一个输入对话框，等待用户输入一条文本信息或单击某个按钮，从而向系统返回用户在该对话框中操作的内容。该函数的语法格式为：

```
InputBox(prompt[, title][, default][, xpos][, ypos][, helpfile,context])
```

其中各参数的语法含义如下：

- prompt 是一个必选参数，用来显示输入对话框中的提示信息。
- title 为可选项，显示对话框标题栏中的字符串表达式。如果省略 title，则把应用程序名放入标题栏中。
- default 为可选项，显示在文本框的字符串表达式中，在没有其他的输入时作为默认值。如果省略该参数，文本框则为空。
- xpos 为可选项，表示弹出的对话框的左边框距离屏幕左边界的距离。如果省略该参数，对话框则会在水平方向居中。
- ypos 为可选项，表示弹出的对话框的上边框距离屏幕上边界的距离。如果省略这个参数，则对话框被放置在屏幕垂直方向距下边大约三分之一的位置。
- helpfile 和 context 均为可选项，表示在输入对话框中显示的帮助信息，两者须同时使用。下面以输入学生的学籍号为例，介绍 InputBox 函数的使用，在代码窗口中输入如下程序：

```
Sub 输入学籍号()
Dim Message, Default, MyValue
    Message = "输入学籍号0001--1200"
    Defalut = "0001"
    MyValue = InputBox(Message, X, Defalut)
End Sub
```

在这段代码中先设置各变量的值，再利用InputBox函数弹出显示相应信息的输入对话框，如图13-74所示。

图13-74 InputBox函数输入

② InputBox方法输入

在VBA中InputBox也可以作为方法来使用。在利用InputBox函数向显示的对话框中输入数据时，如果输入的数据类型不匹配，运行过程时会产生错误。例如，在VBA代码窗口中输入如下程序代码：

```
Sub  输入数字()
Dim z As Integer
z = InputBox("你好，请输入数字：")      ' 将对话框中输入的值赋给变量z
If Len(z)>0 Then      ' 如果字符串长度大于0，则说明用户单击了"确定"按钮，再执行下一条语句
    Cells(6, 2).Value = z      ' 将z值赋给单元格B6
  End If
End Sub
```

运行这段代码，则会弹出输入对话框，如图13-75所示。在其中输入数字后，单击"确定"按钮，即可将输入的数值赋给单元格B6，如图13-76所示。

图13-75 输入对话框

图13-76 将输入的值赋给单元格B6

如果在其中输入的不是数字（如输入字符"tg"），单击"确定"按钮，即可弹出"类型不匹配"提示对话框。为了避免上述错误的产生，可以使用另一种获得用户输入信息的方法，即InputBox方法。

例如，将上述"输入数字"代码过程的代码更改为如下形式：

```
Sub 输入数字1()
Dim z As Integer
    z = Application.InputBox(Prompt:= "您好，请输入数字：", Type:=1)
  If z <> False Then
    Cells(6, 2).Value = z
Else
  MsgBox "您好，您已经取消了输入！", vbInformation
  End If
End Sub
```

运行这段代码，即可弹出如图13-77所示的"输入"对话框。如果在其中输入数字并单击"确定"按钮，即可将输入的数值赋给单元格B6；如果在"输入"对话框中输入的不是数字（如输入"tg"），单击"确定"按钮，即可弹出如图13-78所示的信息提示框；如果在"输入"对话框中单击"取消"按钮，即可弹出已取消输入的提示，如图13-79所示。

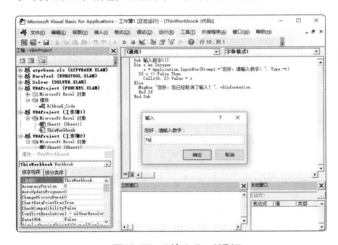

图13-77 "输入"对话框

图13-78 无效的数字
信息提示框

图13-79 取消输入
信息提示

通过以上实例可以了解到，InputBox方法的功能是显示一个接收用户输入的对话框，并返回此对话框中输入的信息。其语法格式为：

```
expression.InputBox(Prompt, Title, Default,Left, Top, HelpFile, HelpContextId,
Type)
```

其中，各参数的语法含义如下：

- expression 为必选参数，返回一个 Application 对象。
- Prompt 为必选参数，表示对话框中显示的信息。
- Title 为可选参数，表示输入框的标题。如果省略该参数，则在标题栏上将显示"输入"字样。
- Default 为可选参数，表示在对话框显示时出现在文本框中的初始值。如果省略该参数，文本框则为空。

- Left 为可选参数，指定对话框相对于屏幕左上角的 x 坐标。
- Top 为可选参数，指定对话框相对于屏幕左上角的 y 坐标。
- HelpFile 和 HelpContextId 均为可选参数，表示在输入对话框中显示的帮助编号，两者须同时使用。
- Type 为可选参数，指定返回的数据类型。如果省略该参数，对话框将返回文本。

实际上InputBox方法和InputBox函数的语法类似，最大的区别在于最后一个参数Type，通过该参数可以指定返回值的数据类型，具体说明如表13-3所示。

表13-3 参数Type返回值类型说明

数值	含义
0	公式
1	数字
2	文本（字符串）
4	逻辑值（True或False）
8	一个单元格引用
16	错误值（如#N/A）
64	数值数组

（2）输出语句

在VBA中，可以使用Print和MsgBox两种函数进行数据的输出。

① 使用Print函数输出

Print函数是输出数据最常用的方法。该函数的语法格式为：

`[<对象>.]Print[<表达式表>][;l][<表达式表>]`

例如Debug.Print "欢迎使用Excel" 的功能是将字符串在立即窗口中输出，如图13-80所示。在使用Print函数进行数据的输出时，应该注意以下几个问题：

- 当输出项为多个表达式时，表达式之间可以用","或";"隔开。如果使用的是";"，各输出项将连续输出（但是如果表达式是数值，则需要在前面留空格和一个符号位），这种格式称为"紧凑格式"；如果使用的是","，各个输出项将按照固定的位置输出，即每隔 14 列输出一项，这种格式称为"标准格式"。如果最后一个输出项的后面有","或";"，下一个 Print 则不会换行，否则下一个 Print 将换行输出。
- 如果要将表达式的值输出到指定的位置，则可以添加若干个空格或使用 Tab 函数来实现。Tab 函数的作用是将光标移到指定的列上。Tab 函数的语法格式为：Tab(< 整数 >)。其中，参数"整数"的作用是用来表示光标移向的列号，其列号必须大于光标所在单元格的列号，否则光标将移到下一行的指定位置处。例如，运行下面的语句，其结果显示效果如图 13-81 所示。

```
Sub 显示()
Debug.Print Tab(50); "欢迎使用Excel"
End Sub
```

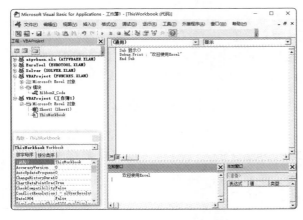

图13-80 在立即窗口中显示字符串

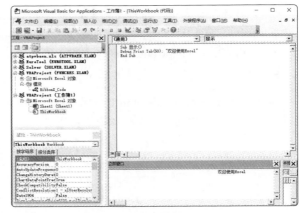

图13-81 调整字符串显示位置

② 使用MsgBox函数输出

MsgBox函数是最有用的VBA函数之一。该函数的语法格式为：

```
MsgBox(prompt[,buttons][,title][,helpFile,context])
```

其中各参数的含义如下：

- prompt 为必选参数，表示需要输出的字符串内容，并且可以使用连接符"&"来输出多个不同的字符串。
- buttons 为可选参数，表示输出对话框中显示的按钮和图标形式等。如果省略，则默认值为0，消息框只显示"确定"按钮。
- title 为可选参数，表示输出对话框中显示的文本，如果省略该参数，则在标题栏上显示"Microsoft Excel"。
- helpFile 和 context 为可选参数，表示输出对话框中显示的帮助信息，两者须同时使用。

调用MsgBox函数的时候，可以将输出对话框返回的值赋给一个变量，也可以不使用赋值语句而直接使用该函数，用户可以根据程序代码需要得到返回值的情况而定。

例如运行下面这段代码，系统会弹出如图13-82所示的删除提示框。

```
Sub 显示()
Dim Msg, Sryle, Title, xs
    Msg = "你好，确定要继续吗？"                          '定义显示的提示信息
    Style = vbYesNo + vbCritical + vbDefaultButton2    '定义按钮
    Title = "删除提示"                                   '定义标题
    xs = MsgBox(Msg, Style, Title)
End Sub
```

代码中"Style = vbYesNo + vbCritical + vbDefaultButton2"用于设置显示"是"和"否"按钮以及相应的图标，将默认按钮设置为第二个按钮，即默认情况下"否"按钮处于选中状态。

利用MsgBox函数输出对话框时，其参数buttons可选择不同形式的按钮或图标常数，这些常数都是由VBA指定且具有相应数值的。一般情况下，可以在程序代码中使用这些常数名称，而不使用实际数值。VBA中相关按钮或提示图标的名称常数及功能描述如表13-4所示。

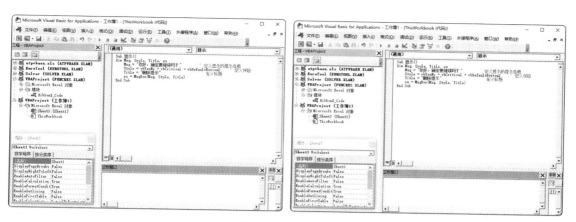

图13-82 提示信息

表13-4 VBA中相关按钮或提示图标的名称常数及功能

常数	值	描述
vbOKOnly	0	只显示"确定"按钮
vbOKCancel	1	显示"确定"和"取消"按钮
vbAbortRetryIgnore	2	显示"终止"、"重试"和"忽略"按钮
vbYesNoCancel	3	显示"是"、"否"和"取消"按钮
vbYesNo	4	显示"是"和"否"按钮
vbRetryCancel	5	显示"重试"和"取消"按钮
vbCritical	16	显示Critical Message图标 ⊗
vbQuestion	32	显示Warning Query图标 ❓
vbInformation	64	显示Information Message图标 ⓘ
vbDefaultButton1	0	第1个按钮是默认值
vbDefaultButton2	256	第2个按钮是默认值
vbDefaultButton3	512	第3个按钮是默认值
vbDefaultButton4	768	第4个按钮是默认值
vbApplicationModal	0	应用程序强制返回,应用程序一直被挂起,直到用户对消息框做出响应才继续工作
vbSystemModal	4096	系统强制返回,全部应用程序被挂起,直到用户对消息框做出响应才继续工作
vbMsgBoxHelpButton	16384	将"帮助"按钮添加到消息框
vbMsgBoxSetForeground	65536	指定消息框窗口作为前景窗口
vbMsgBoxRight	524288	文本为右对齐
vbMsgBoxRtlReading	1048576	指定文本应为在希伯来和阿拉伯语系统中的从右到左显示

　　如果希望根据用户对信息框的不同选择来进行相应的操作,则可对MsgBox的返回值进行判断。例如下面的VBA代码:

```
Sub 获取消息框的返回值()
Dim i As Integer
i = MsgBox("是否要退出？", vbYesNo + vbQuestion)
    If i = 6 Then
        MsgBox "你好，确定要退出？"
    Else
        MsgBox "你好，确定不退出？"
    End If
End Sub
```

运行这段代码，即可弹出如图13-83所示的信息提示对话框，单击"是"按钮，则其返回值为8并弹出"你好，确定要退出？"提示信息，如图13-84所示。如果在信息提示对话框中单击"否"按钮，则弹出"你好，确定不退出？"提示信息，如图13-85所示。

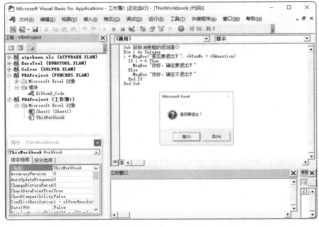

图13-83 提示信息1

图13-84 提示信息2

图13-85 提示信息3

MsgBox是一个函数，这意味着它将返回一个值。如果不需要函数的返回值，可以去掉函数参数的括号。例如：MsgBox "你好，确定要退出？"。

如果希望获得返回值，则需要使用括号将参数括起来。例如：MsgBox("是否要退出？"，vbYesNo + vbQuestion)。关于MsgBox函数的返回值如表13-5所示。

表13-5 MsgBox函数的返回值

常数	值	描述
vbOK	1	"确定"按钮
vbCancel	2	"取消"按钮
vbAbort	3	"终止"按钮
vbRetry	4	"重试"按钮
vbIgnore	5	"忽略"按钮
vbYes	6	"是"按钮
vbNo	7	"否"按钮

13.4
函数的使用

函数的作用是可以返回一个值，这在Excel VBA代码编写中也被广泛使用。在Excel VBA中常用的函数有VBA函数、工作表函数和自定义函数。

13.4.1 使用 VBA 函数

VBA函数是Excel VBA所提供的函数，这些函数可以在程序中直接使用，并返回需要的值。例如使用Round函数对单元格D3中的数值"189.3267"进行四舍五入计算后将结果显示在单元格E3中，具体的代码如下：

```
Sub 四舍五入()
Range("E3").Value = Round(Range("D3"), 2)
End Sub
```

运行这段代码，即可将单元格D5中的数值进行四舍五入计算，并将结果显示在单元格E5中，如图13-86所示。

在Excel VBA中查找可以使用的VBA函数方法，即在代码窗口中输入"vba"，再输入"."，即可在弹出的列表框中显示出VBA中所有的函数，如图13-87所示。

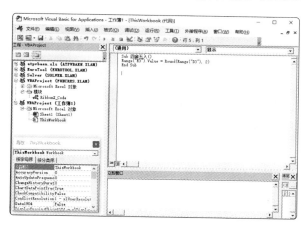

图13-86 进行四舍五入计算

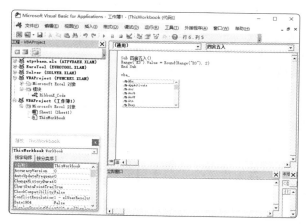

图13-87 查找可以使用的VBA函数

13.4.2 调用工作表函数

在Excel VBA中也可以使用部分工作表函数，调用方法为：

```
Application.WorksheetFunction.工作表函数
```

例如使用CountA调用函数统计工作表中A列到G列的非空单元格个数。

在代码窗口中输入如下代码：

```
Sub 非空单元格个数()
MsgBox "显示非空单元格" & Application.WorksheetFunction.CountA(Range("A:G"))
End Sub
```

运行上述代码，即可弹出一个提示信息，显示统计出的工作表中A列到G列的非空单元格个数，如图13-88所示。在调用工作表函数时，函数的语法结构和在单元格输入公式时一致。在Excel VBA中函数的参数要使用VBA语言，如CountA(Range("A:G"))不能表示为CountA ("A:G")。查找可调用的工作表函数和查找VBA函数类似，在代码窗口中输入Application. WorksheetFunction，再输入"."，在弹出的列表框中显示的函数都可在VBA调用。

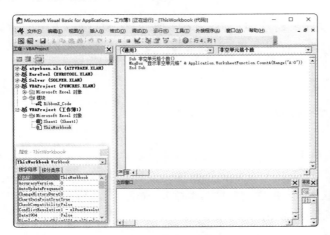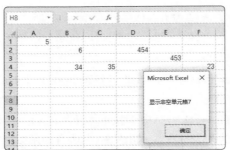

图13-88 统计非空单元格个数

13.4.3 自定义函数

使用Excel内置函数既快捷又方便，大大增强了Excel数据计算与分析的能力。还可以通过在"加载宏"对话框中加载Analysis ToolPak（分析工具库）得到更多函数。不过内置函数并不一定总能满足需求，这时，就可以通过自定义函数解决问题。

1. 在工作表公式中使用自定义函数

定义的自定义函数可以如内置函数一样正常使用。例如，使用自定义函数计算当前工作簿中工作表的个数，具体操作步骤如下：

01 新建或打开一个Excel工作簿，按Alt+F11组合键打开VBA代码窗口，在"工程资源管理器"中单击任意位置，在弹出的快捷菜单中选择"插入"→"模块"命令，即可插入一个模块，双击该模块，在其中输入如下函数代码，如图13-89所示。

```
Function 工作表个数()
    工作表个数 = ThisWorkbook.Sheets.Count
End Function
```

02 在输入完毕后返回工作表中，使用定义的函数设置公式"=工作表个数()"，即可计算出当前工作簿中工作表的个数，如图13-90所示。

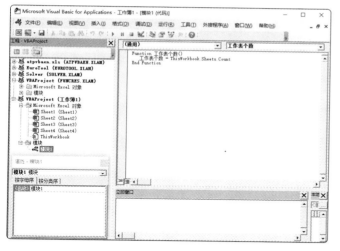

图13-89 添加模块并输入代码

图13-90 在工作表中使用自定义函数

2. 在其他程序中使用自定义函数

自定义函数不但可以在公式中使用，也可以被其他程序调用。例如编写一段程序，运行后把工作簿中的工作表名称修改为第1季、第2季……具体操作步骤如下：

01 新建或打开一个Excel工作簿，按Alt+F11组合键打开VBA代码窗口，在"工程资源管理器"中单击任意位置，在弹出的快捷菜单中选择"插入"→"模块"命令，即可插入一个模块，双击该模块，在其中输入如下两段代码，如图13-91所示。

自定义函数代码：

```
Function 工作表个数()
    工作表个数 = ThisWorkbook.Sheets.Count
End Function
修改工作表名称代码：
Sub 修改工作表名称()
    Dim i As Integer
    Dim s As Integer
    s = 工作表个数()
    For i = 1 To s
        Sheets(i).Name = "第" & i & "月"
    Next i
End Sub
```

02 单击"运行子过程/用户窗体"按钮，运行"修改工作表名称"程序，即可按要求将各工作表名称进行修改，如图13-92所示。在代码中，"s=工作表个数()"利用自定义的"工作表个数"函数得到当前工作簿中工作表的个数，把结果赋予变量s。在程序中使用函数时，如果没有参数，可以省略后面的"()"（括号）。

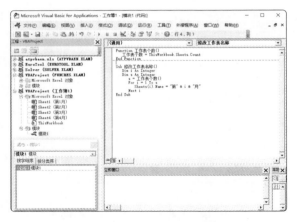

图13-91 在其他程序中使用自定义函数

图13-92 修改工作表名称

3. 自定义函数代码的存放位置

自定义函数一般存放在添加的模块中，但是也可以存放在指定对象（如工作表对象）的代码窗口中。不同的是，在模块中的函数可以在任何一个程序中调用，而存放在对象代码窗口中的函数只能被本代码窗口内的程序所调用。如果是要编写在工作表公式中使用的函数，就必须在添加的模块中编写。例如，要编写一个自定义函数，可以在单元格中返回指定区域的不重复值的个数。编写在工作表公式中使用的函数，需要在添加的模块中编写。

新建一个Excel工作簿，按Alt+F11组合键打开VBA代码窗口，在"工程资源管理器"中单击任意位置，在弹出的快捷菜单中选择"插入"→"模块"命令，即可插入一个模块，双击该模块，进入该模块的代码窗口中。

4. 自定义函数代码的编制

添加模块以后，接下来开始编写自定义函数的代码。函数过程程序是以Function开始、以End Function结束的语句。

```
Function 函数名称 (自变量)
    程序代码
End Function
```

其函数名称可以由字母、字符、数字和一些标点符号组成，但是开头必须是字符。要注意的是，函数名称不能使用空格、句号、#、$、%、（、？、）、！等，自变量的多少根据题目的需要而定。程序代码中一定要包含函数名称的等式，如函数名称为取不重复值，那么程序中必须包含"取不重复值=可以返回值的代码或表达式"。

在打开的模块代码窗口中输入以下代码，如图13-93所示。

图13-93 在模块中添加函数过程代码

```
Function 取不重复值个数(Rng As Range)
 Application.Volatile
Dim Mr As Range
 Dim X As Integer, K As Integer
 X = Application.CountA(Rng)
' 计算出给定区域非空单元格的字符或数字总个数，并赋予变量x
  For Each Mr In Rng            ' 设置在给定的Rng单元格区域进行循环
     If Application.WorksheetFunction.CountIf(Rng, Mr) > 1 Then
' 调用工作表函数CountIf计算当前单元格在给定Rng单元格区域中的个数
      K = K + 1                 ' 使用K对重复的个数进行累计
     End If
   Next Mr
取不重复值个数 = X - (K / 2)    ' 建立函数名称和计算内容关联，这句代码是必不可少的
 End Function
```

对上述代码的说明如下。

- Function 取不重复值个数：Function 关键字说明这是函数过程。
- "取不重复值个数"是函数的名称。
- Rng As Range：设置自变量 Rng 并声明它的类型为单元格。
- X = Application.CountA(Rng)：这里调用了工作表函数 CountA，Application 后省略了WorksheetFunction。

X -（K/2）是总个数减去重复的个数再除以2的值，即是所求的不重复值的个数。如A、B、C、D、A的总个数是5（代码中X值），重复的值分别是第一个A和第二个A，总个数是2（代码中K的值），所以不重复值的个数为5-2/2=4。

5. 在其他Excel VBA代码中使用

编写完成的自定义函数可以直接被当前工作簿内的其他程序调用，例如，用MsgBox对话框提示指定不重复值的个数。具体的操作步骤如下：

在模块1代码窗口中输入如下程序代码，如图13-94所示。

```
Sub 提示不重复个数()
Dim X As Integer
X = 取不重复值个数(Range("B3:B12"))
'在使用带参数的函数返回值时，应在该函数参数两边添加括号
MsgBox "该区域不重复值的个数为：" & X & "个"
End Sub
```

运行该程序代码，即可弹出当前工作表中指定区域内值的不重复个数，如图13-95所示。

在进行复杂的VBA程序编写时，一个功能可能会被多次使用，如本例中的"求出不重复值个数"的任务，可能在其他多个程序中使用。如果没有自定义函数，只得在每一个程序中都重复编写"取不重复值"的代码，而编写自定义函数后，在需要取不重复值的个数时，只需输入"取不重复值个数(Range("单元格区域"))"即可大大简化代码。

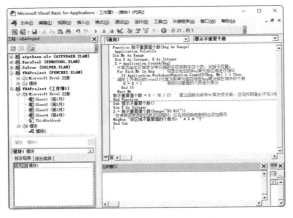

图13-94 输入提示不重复个数的程序代码

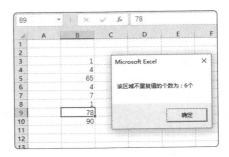

图13-95 提示不重复个数

6. 在公式中使用自定义函数

在工作表中使用自定义函数，与内置函数的使用方法相同。例如，在单元格D4中计算单元格区域B3:B12中不重复值的个数。具体操作步骤如下：

01 在单元格D4中输入公式"=取不重复值个数(B3:B12)"，如图13-96所示。

02 按Enter键确认，即可计算出单元格区域B3:B12中不重复值的个数，如图13-97所示。

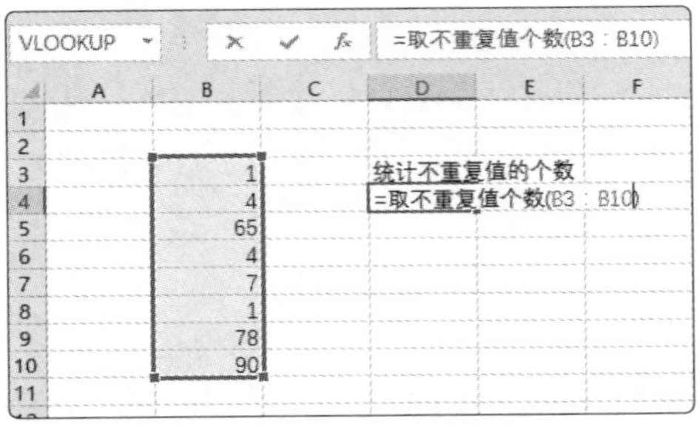

图13-96 输入自定义函数

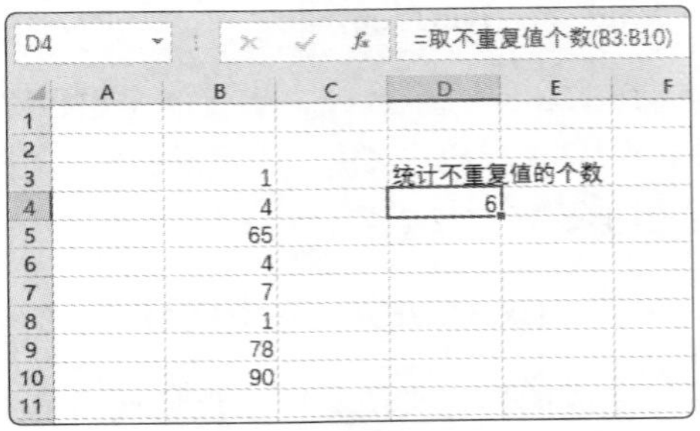

图13-97 计算结果

13.5
办公实例：利用 VBA 编制员工销售业绩表

正确运用Excel VBA，可以使用户的工作自动化、效率提高70%以上。本节提供了一种简单易行的方法，帮助用户学会Excel VBA，并将其应用到实际工作中。本节通过一个实例——利用VBA编制员工销售业绩表，来巩固本章所学的知识。

13.5.1 实例描述

本实例将编制员工销售业绩表，在制作过程中主要包括以下内容：

- 了解 For…Next 语句
- 熟悉 Do…Loop Until 语法
- 熟悉 Do…Loop While 语法

13.5.2 实例操作指南

实战练习素材：素材\第13章\原始文件\员工销售业绩表.xlsx
最终结果文件：素材\第13章\结果文件\员工销售业绩表.xlsm

1. 使用For…Next语句

For…Next语句将以特定的次数来重复运行一段程序。For循环使用一个叫作计数器的变量，每重复一次循环之后，计数器变量的值就会增加或者减少。在For循环中可以使用Exit For语句随时退出该循环。

语法：

```
For 计数器变量名称=起始值 To 终止值(Step 间隔值)
```

程序代码

```
Next 计数器变量名称
```

例如，通过For…Next循环求1~100之间数的和，具体程序如下：

```
Dim Total,Counter    ' 声明两个变量
Total=0    ' 设置变量初始值
For Counter=1 To 100
Total=Total+Counter    ' 累加求和
Next
```

MsgBox "1到100的和为:" & Total ' 以对话框的形式显示计算结果。

下面以一个具体的示例介绍该语句的使用方法。具体操作步骤如下：

01 创建如图13-98所示的表格，需要求出相应的销售冠军。

02 单击"开发工具"选项卡的"代码"组中的"Visual Basic"按钮，如图13-99所示。

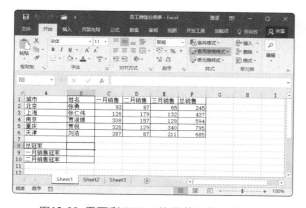

图13-98 需要利用VBA编程获取相关的数据

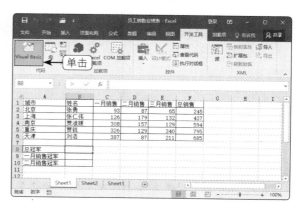

图13-99 单击"Visual Basic"按钮

381

03 打开如图13-100所示的Visual Basic编辑窗口，单击"插入"→"模块"命令，打开一个模块窗口。单击"插入"→"过程"命令，打开如图13-101所示的"添加过程"对话框。

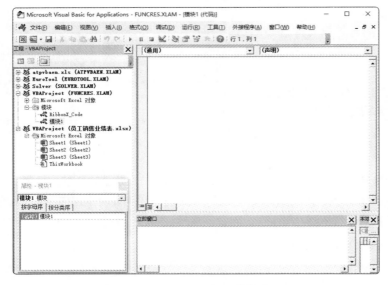

图13-100 Visual Basic编辑窗口　　　　　　　　　图13-101 "添加过程"对话框

04 在"名称"文本框中输入"销售排行"，然后单击"确定"按钮。

05 在模块窗口的Public_Sub以及End Sub之间输入程序代码。

```
'  声明变量
Dim Cell_c As integer    ' 声明Cell_c变量，保存当前单元格的行数
Dim MaxS As Integer      ' 声明MaxS变量，保存最高销售的值
Dim Cell_i As Integer    ' 声明Cell_i变量，记录最大值单元格的行数
Dim Area As String       ' 声明Area变量，保存单元格地址
'  设置变量初始值
Cell_i=0    ' Cell_i初始值为0
MaxS=0      ' MaxS初始值为0
'  使用循环For…Next
For Cell_c=2 To 6                      ' 这个循环会由Cell_c=2 TO 6，共5次
Area="F" & Cell_c                      ' Area表示的地址，在第一次时，Area为F2
If Range(Area).Value>MaxS Then         ' 当Area地址的值大于最大值时，运行下面程序
MaxS=Range(Area).Value                 ' 最大值变成Area地址中的值
Cell_i=Cell_c                          ' 让最大值单元格的行数存入当前的行数
End If
Next Cell_c                            ' 符合范围，就回到循环语句的开始
Area="B" & Cell_i                      ' 跳出循环之后，就记录最大值人名的字段
Range("B8").Value=Range(Area).Value    ' 总名次人名的地址，等于上一行程序值
```

06 单击"标准"工具栏上的"视图Microsoft Excel"按钮，切换到Excel工作表中，如图13-102所示。

07 单击"开发工具"选项卡"代码"组中的"宏"按钮，出现如图13-103所示的"宏"对话框。选择刚才创建的"销售排行"宏命令，单击"执行"按钮，在单元格B8中出现宏计算的结果，如图13-104所示。

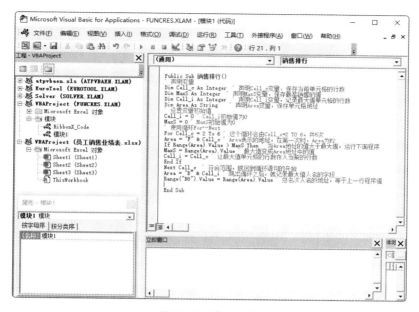

图13-102 输入代码

图13-103 "宏"对话框

图13-104 显示执行结果

2. 使用Do…Loop Until语法

Do…Loop Until语句将重复运行一段程序代码，直到条件表达式成立为止。在Do循环中可以使用Exit Do语句中途退出该循环。

语法：

```
Do
    程序代码
Loop Until 条件语句
```

下面就使用此语法，计算出单元格区域C2:C6中"一月销售"最高的销售员。

01 在Visual Basic编辑窗口中，单击"插入"→"模块"命令，新建一个模块窗口。

02 单击"插入"→"过程"命令，打开如图13-105所示的"添加过程"对话框。

03 在模块窗口的Public_Sub和End Sub之间输入程序代码，如图13-106所示。

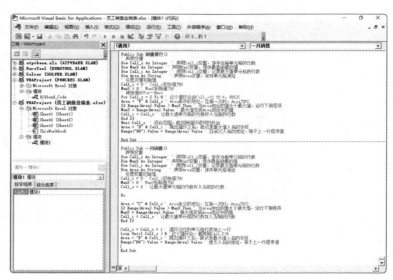

图13-105 "添加过程"对话框　　　　　　　　　图13-106 输入程序代码

04 返回工作表中，选定单元格B9，然后单击"开发工具"选项卡"代码"组中的"宏"按钮，打开如图13-107所示的"宏"对话框。选择创建的"一月销售"宏命令后，单击"执行"按钮，即可在单元格B9中显示"一月销售"最高的销售员姓名，如图13-108所示。

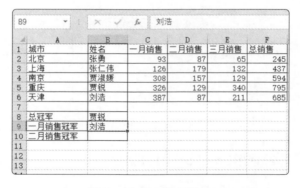

	A	B	C	D	E	F
1	城市	姓名	一月销售	二月销售	三月销售	总销售
2	北京	张勇	93	87	65	245
3	上海	张仁伟	126	179	132	437
4	南京	贾淑媛	308	157	129	594
5	重庆	贾锐	326	129	340	795
6	天津	刘浩	387	87	211	685
7						
8	总冠军	贾锐				
9	一月销售冠军	刘浩				
10	二月销售冠军					
11						
12						
13						

图13-107 "宏"对话框　　　　　　　　　图13-108 显示执行结果

3. 使用Do…Loop While语法

Do…Loop While的使用方式与Do…Loop Until几乎相同，它判断循环是否执行是以条件来识别。
语法：

```
Do
    程序代码
Loop While 条件语句
```

下面使用该语法，计算出单元格区域D2:D6中"二月销售"最高的销售员。

01 在Visual Basic编辑窗口中，单击"插入"→"模块"命令，新建模块窗口。

02 单击"插入"→"过程"命令，在打开的"添加过程"对话框中插入"二月销售"的新过程，如图13-109所示。

03 在模块窗口的Public_Sub和End Sub之间输入程序代码，如图13-110所示。

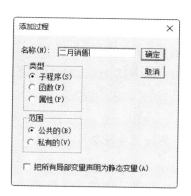

图13-109 "添加过程"对话框

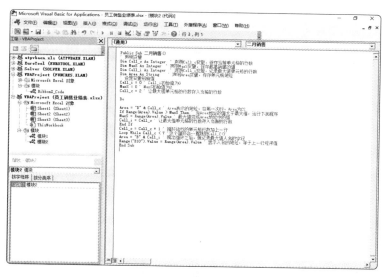

图13-110 输入程序代码

04 返回工作表中，选定单元格B10，然后单击"开发工具"选项卡"代码"组中的"宏"按钮，打开如图13-111所示的"宏"对话框。选择创建的"二月销售"宏命令后，单击"执行"按钮，即可在单元格B10中显示"二月销售"最高的销售员姓名，如图13-112所示。

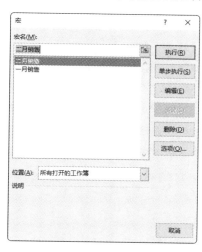

图13-111 "宏"对话框

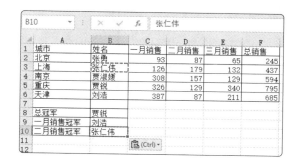

图13-112 显示二月销售冠军的姓名

13.5.3 实例总结

Excel VBA因其简单易用的特点，被越来越多的用户所喜爱，使用它不仅能够提高办公效率，还可以让自己的工作变得更轻松。本实例介绍了如何编写VBA程序，主要强调动手能力和实用技能的培养。

13.6

提高办公效率的诀窍

窍门 1：使用 VBA 控制图表对象的显示

下面将说明如何使用VBA程序来控制Excel的图表对象。除了基本的图表操作外，还将说明使用程序的功能，让图表可以根据鼠标的选择自动更新。

在工作簿的"变更来源"工作表中有一些问卷调查的结果，存放在单元格区域B3:G14中，如图13-113所示。本例将用柱形图来显示调查结果，并将其放在第一行中。由于一共有11个问题，而柱形图每次只能显示1个问题的图形，因此希望做到当鼠标选取某个问题时，可以显示该问题的图表。

如果要完成上述目的，可以按照下述步骤进行操作：

01 用单元格区域B3:G4中的数据创建一个柱形图，将其放在第一行上。适当调整行高及图表大小，如图13-114所示。

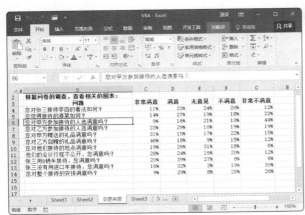

图13-113 按选取的单元格更新图表

图13-114 创建柱形图

02 在Visual Basic编辑器中创建如图13-115所示的"自动更新"的Sub程序，程序代码如下：

```
Sub 自动更新()
Set ChartObj = ActiveSheet.ChartObjects(1)
Set VarChart = ChartObj.Chart
CurrentRow = ActiveCell.Row
If CurrentRow < 4 Then
        ChartObj.Visible = False
Else
Set Titles = Range("B3:G3")
Set SrcRange = Range(Cells(CurrentRow, 2), Cells(CurrentRow, 7))
Set SourceData = Union(Titles, SrcRange)
```

```
VarChart.SetSourceData _
Source:=SourceData, PlotBy:=xlRows
ChartObj.Visible = True
End If
End Sub
```

03 利用"工程资源管理器"及程序代码窗口，设置Worksheet的Selection Change程序。此程序设置当工作表的选择有更改时，调用前一步骤所建立的"自动更新"子程序，如图13-116所示。

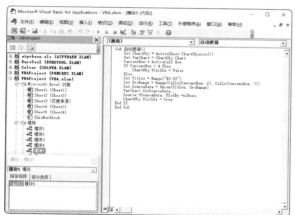

图13-115 创建"自动更新"的Sub程序

图13-116 设置Selection Change程序

04 完成后，只要选择图中的第4行~第14行中的任意一行，就会出现对应的图表，如图13-117所示。

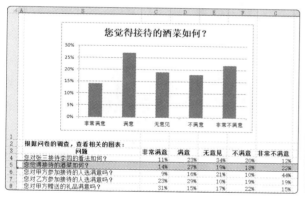

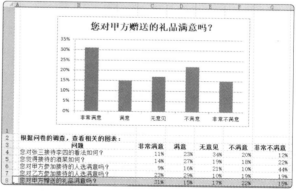

图13-117 图表会随着所选取的单元格更新

窍门2：人民币大写转换

许多财务人员有一个普遍的需求：希望能快速把阿拉伯数字转换成人民币大写形式，例如，把12.34转换为"壹拾贰元叁角肆分"，尽管在Excel中可以利用单元格格式把数字显示为中文大写数字，但还是不符合人民币的书写习惯。利用VBA编写自定义函数的方法可以轻松实现该功能。具体操作步骤如下：

01 在VBA中，单击"插入"→"模块"命令，添加一个模块。

02 在程序代码窗口中输入如图13-118所示的函数代码。

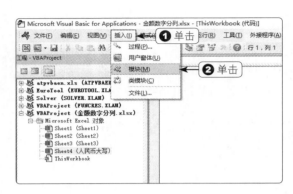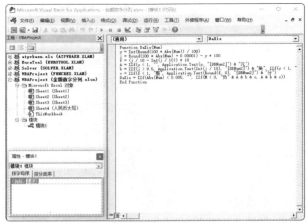

图13-118 输入函数代码

03 现在，当前工作簿中得到一个自定义函数DaXie。单击单元格B2，然后单击"公式"选项卡中的"插入函数"按钮，出现如图13-119所示的"插入函数"对话框，在"或选择类别"下拉列表框中选择"用户定义"选项，然后在"选择函数"列表框中选择刚创建的函数。

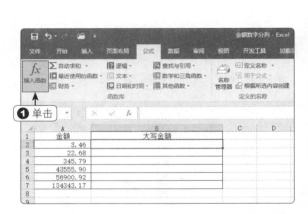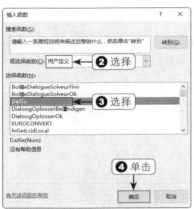

图13-119 "插入函数"对话框

04 单击"确定"按钮，出现如图13-120所示的"函数参数"对话框，单击单元格A2作为参数。

05 单击"确定"按钮，然后将其复制到其他单元格中，结果如图13-121所示。

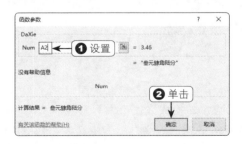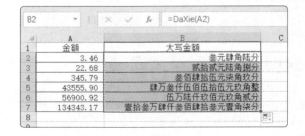

图13-120 "函数参数"对话框   图13-121 人民币大写转换

在Word中除了可以使用图片、图表和艺术字等对象外，还可以使用Excel工作簿等组件创建的文档。当然，Excel也可以复制Word表格中的数据。

14

第 14 章
与其他软件
协同办公

Office 2016是一套优秀的办公自动化软件，它的每个组件都各有所长。例如，Word在处理文字方面有着超强的功能，Excel在处理数值方面有着独特的功能，PowerPoint在处理演示文稿方面技高一筹。如果将Word、Excel、PowerPoint结合在一起工作，则能够相互取长补短，更出色地完成任务。本章将介绍Excel与其他软件之间的协同办公。

教学目标)))))))))))))))))))))))

通过本章的学习，你能够掌握如下内容：

※ Excel与Word之间相互转换数据

※ Excel与文本数据之间协同工作

※ 将Access数据库导入Excel

※ 将Excel工作表和图表制作成PPT

14.1
Excel 与 Word 数据相互转换

在Word中除了可以使用图片、图表和艺术字等对象外，还可以使用Excel工作簿等组件创建的文档。当然，Excel也可以复制Word表格中的数据。

14.1.1 复制 Word 表格至 Excel 工作表

实战练习素材：素材\第14章\原始文件\员工工资表.docx

用户可以将Word中的表格复制到Excel中，以实现Excel与Word之间的数据共享。

01 打开Word文档，选择要复制的表格区域，单击"开始"选项卡"剪贴板"组中的"复制"按钮，完成数据的复制，如图14-1所示。

02 打开Excel工作表，选择要粘贴数据区域左上角的单元格，单击"开始"选项卡"剪贴板"组中的"粘贴"按钮，即可完成数据的转换，如图14-2所示。

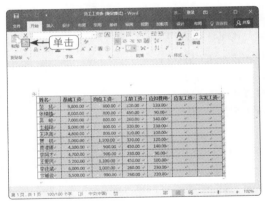

图14-1 选择要复制的Word表格

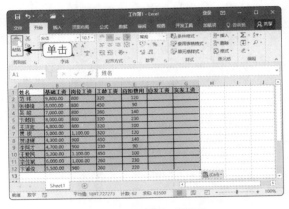

图14-2 完成数据的转换

办公专家一点通

单击复制区域右下角的"粘贴选项"按钮，在弹出的下拉列表中单击"保留源格式"按钮，将保留源Word表格的格式；在弹出的下拉列表中单击"匹配目标格式"按钮，可将粘贴的数据应用Excel当前工作表的格式。

14.1.2 复制 Excel 数据至 Word 文档

实战练习素材：素材\第14章\原始文件\公司员工登记表.docx；员工登记表.xlsx

下面介绍在Word文档中使用Excel工作表中的数据，具体操作步骤如下。

01 启动Word 2016，打开需要使用Excel工作表的Word文档。

02 启动Excel 2016，打开含有要复制Excel表格数据的工作簿，然后选中工作表数据，并按Ctrl+C组合键，或者单击"开始"选项卡"剪贴板"组中的"复制"按钮，如图14-3所示。

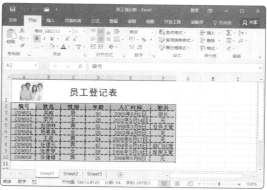

图14-3 选择要复制的工作表数据

03 切换到Word中，将插入点放置到要插入工作表数据的位置，然后按Ctrl+V组合键，或者单击"开始"选项卡"剪贴板"组中的"粘贴"按钮，结果如图14-4所示。

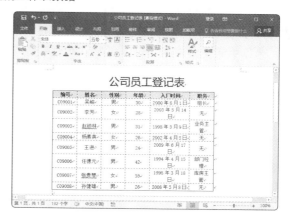

图14-4 将内容粘贴到Word中

办公专家一点通

如果要在Word中插入一个空白工作表，可以在"插入"选项卡中单击"文本"组中的"对象"按钮，在弹出的"对象"对话框中选择"Microsoft Excel工作表"选项，然后单击"确定"按钮，即可在Word文档中创建Excel工作表，如图14-5所示。

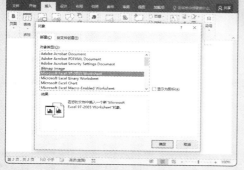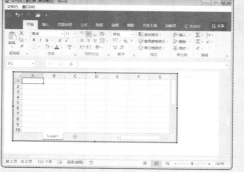

图14-5 在Word中插入空白工作表

14.2
Excel 与文本数据间的协同操作

在类型格式繁多的计算机文件中，扩展名为.txt的文本文件最为常见，其具有容积小、兼容性好等优点，因而被大众普遍接受。在使用Excel的过程中，Excel与文本文件之间可以彼此交换数据，以便进行协同工作。

14.2.1 将 Excel 文件另存为文本数据

 实战练习素材：素材\第14章\原始文件\将Excel文件另存为文本数据.xlsx

在使用Excel的过程中，通过"另存为"命令可以将工作表保存为文本格式。具体操作步骤如下：

01 打开如图14-6所示的"图新公司薪资奖金对照表"工作簿，单击"文件"选项卡，选择"另存为"命令，选择中间窗格中的"计算机"，然后单击"浏览"按钮，打开"另存为"对话框，在其中设置合适的文件保存路径，在"文件名"文本框中输入文件名，同时选择保存的类型为"Unicode 文本"选项，如图14-7所示。

图14-6 要转换为文本文件的工作簿　　　　　　　图14-7 "另存为"对话框

02 单击"保存"按钮，弹出信息提示框，提示用户仅将当前工作表保存为文本文件，如图14-8所示。单击"确定"按钮，出现第二个信息提示框，用以提示Excel工作表中可能包含文本文件不支持的功能，如图14-9所示。

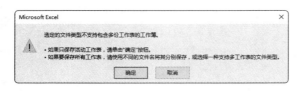 

图14-8 提示对话框　　　　　　　　　　　　图14-9 提示是否去除不兼容的功能

392

03 单击"是"按钮，切换到保存位置所在的文件夹中，双击该文档图标，即可在记事本中打开该文档，在其中可以看出原表格的项目全部被显示出来了，如图14-10所示。

图14-10 在记事本中显示原表格的项目

14.2.2 导入来自文本文件的数据

实战练习素材：素材\第14章\原始文件\在工作表中导入文本文件.xlsx；员工工资表.docx

在Excel工作表中可以导入文本文件的数据。本节将介绍在Word 2016中将数据表转换为文本的方法以及在Excel 2016中导入文本数据表的操作方法。

01 启动Word 2016，在文档中选择整个表格，然后在"布局"选项卡的"数据"组中单击"转换为文本"按钮，如图14-11所示。

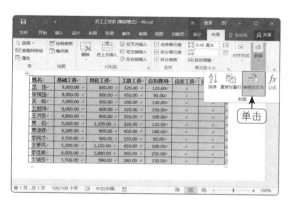

图14-11 单击"转换为文本"按钮

02 弹出"表格转换成文本"对话框，选中"制表符"单选按钮，然后单击"确定"按钮，如图14-12所示。表格将被转换为文本，如图14-13所示。

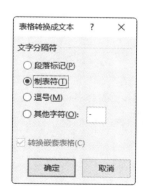

图14-12 "表格转换成文本"对话框

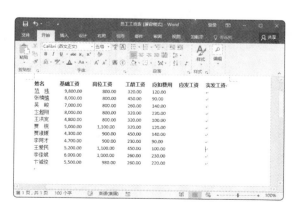

图14-13 表格转换为文本

03 单击"文件"选项卡,选择"另存为"命令,在中间窗格选择"计算机",单击"浏览"按钮,打开"另存为"对话框,选择"保存类型"为"纯文本(*.txt)",如图14-14所示。

04 单击"保存"按钮,弹出"文件转换"对话框,由于已经对表格对象进行了转换,可以单击"确定"按钮,如图14-15所示。

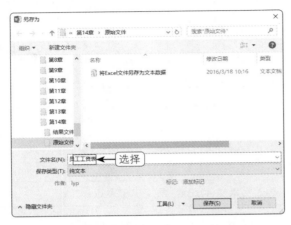

图14-14 设置文档的保存类型

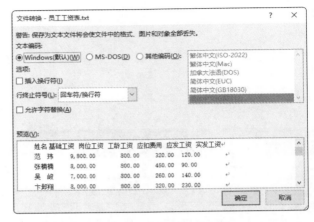

图14-15 "文件转换"对话框

05 启动Excel 2016,打开需要导入文本文件数据的工作表。单击"数据"选项卡中的"获取外部数据"按钮,再单击"自文本"按钮。

06 在打开的"导入文本文件"对话框中选择需要导入的文本文件,单击"导入"按钮,如图14-16所示。

07 此时,在打开的"文本导入向导"对话框中选择文件类型,然后单击"下一步"按钮,如图14-17所示。

图14-16 选择需要导入的文本文件

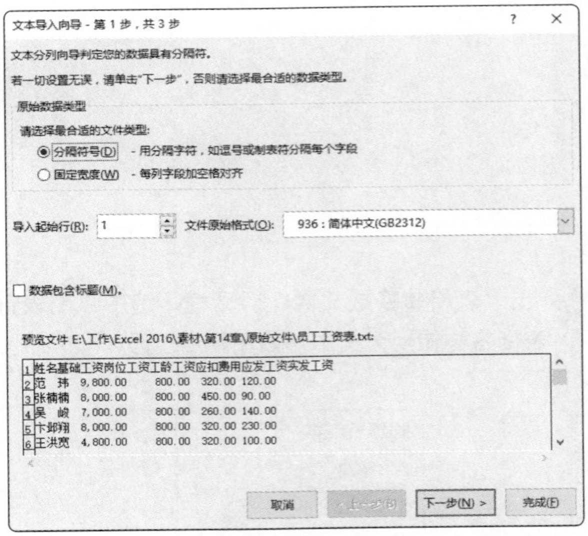

图14-17 "文本导入向导"对话框

08 文本导入向导要求选择文本文件使用的分隔符号,这里选中"Tab键"复选框,然后单击"下一步"按钮,如图14-18所示。

09 文本向导要求设置列数据格式,选择"常规"单选按钮,单击"完成"按钮完成数据导入的操作,如图14-19所示。

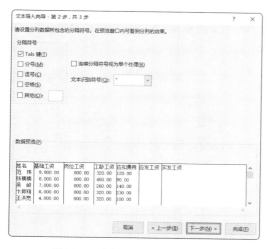

图14-18　选择要使用的分隔符号

图14-19　选择"常规"单选按钮

10 此时，Excel 2016给出"导入数据"对话框，要求设置数据在工作表中放置的单元格位置。这里使用插入点光标所在的单元格，完成设置后单击"确定"按钮关闭"导入数据"对话框，如图14-20所示。文本文件的数据将导入工作表中，如图14-21所示。

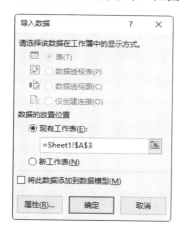

图14-20　"导入数据"对话框

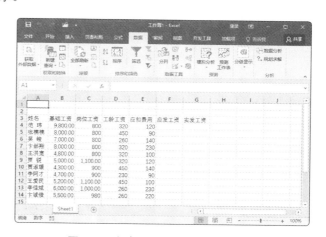

图14-21　文本文件被导入到工作表中

14.2.3　在 Excel 中实现文本分列

 实战练习素材：素材\第14章\原始文件\在Excel中实现文本分列.xlsx

在数据的日常统计分析过程中，如果遇到需要将连在一起的数据分开的问题（例如要将"姓名"分为"姓"和"名"），则可以利用Excel中的"分列"功能进行解决。Excel中实现文本分列的具体操作步骤如下：

01 打开如图14-22所示的"在Excel中实现文本分列"工作簿，切换到"开始"选项卡，单击"单元格"组中的"插入"按钮，在弹出的下拉菜单中选择"插入工作表列"命令，即可在其前面插入空白列。

02 选定第C列后，切换到"数据"选项卡，单击"数据工具"组中的"分列"按钮，如图14-23所示。

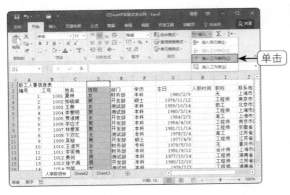

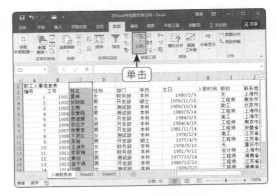

图14-22 插入工作表列　　　　　　　　　　　图14-23 单击"分列"按钮

03 打开"文本分列向导-第1步，共3步"对话框，根据基本数据的特点在其中选择"固定宽度"单选按钮，如图14-24所示。

04 单击"下一步"按钮，弹出"文本分列向导-第2步，共3步"对话框，在需要分列的文本上方单击鼠标建立分列线，按住鼠标左键可以拖动分列线的位置，以调整字段宽度，如图14-25所示。

图14-24 "文本分列向导-第1步，共3步"对话框　　　图14-25 "文本分列向导-第2步，共3步"对话框

05 单击"下一步"按钮，弹出"文本分列向导-第3步，共3步"对话框，在其中可以设置各列的数据格式，如图14-26所示。

06 单击"完成"按钮，返回Excel工作表，在其中即可看出原C列数据被分为了C列和D列，如图14-27所示。

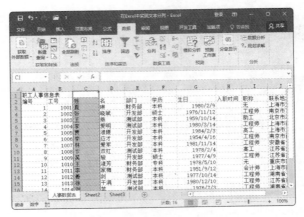

图14-26 "文本分列向导-第3步，共3步"对话框　　　图14-27 原C列分为了C列和D列

14.3
将 Access 数据库导入 Excel 做销售分析

如果有销售记录创建在Access数据库中，想将其中的数据导入Excel中进行分析，可以利用Excel提供的导入功能。

14.3.1 将数据库导入到 Excel

如果要将Access数据库导入Excel中，可以按照下述步骤进行操作：

01 打开一个空白工作簿，然后选择Sheet1中的单元格A1，切换到"数据"选项卡，单击"获取外部数据"按钮，在弹出的菜单中单击"自Access"选项，如图14-28所示。

02 打开"选取数据源"对话框，选择已经创建的Access数据库，如图14-29所示，然后单击"打开"按钮。

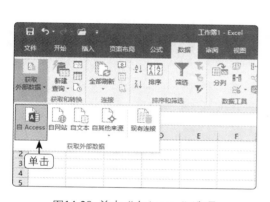

图14-28 单击"自Access"选项

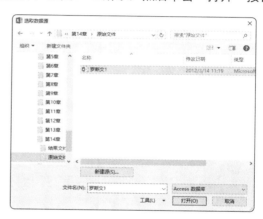

图14-29 "选择数据源"对话框

03 弹出如图14-30所示的"选择表格"对话框，在其中选择"产品"表格，然后单击"确定"按钮。

04 弹出如图14-31所示的"导入数据"对话框，选择数据导入Excel中时要以何种方式呈现。如果只进行简单的排序、汇总或者筛选数据，那么选择以"表"方式导入即可；如果要进行数据的分析，那么选择"数据透视表"单选按钮。

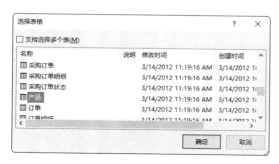

图14-30 "选择表格"对话框

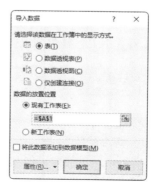

图14-31 "导入数据"对话框

14.3.2 利用"数据透视表"分析导入的 Access 数据

接着，就可以开始设置数据透视表的字段，完成数据的分析。本例要产生一份各产品的价格表，并且可以显示各种类别产品的价格。用户只需将"类别"字段拖到"筛选"区中；将"产品名称"字段拖到"行"区中；将"列出价格"字段拖到"Σ值"区中，如图14-32所示。

如果要显示"干果和坚果"类别的相关数据，可以单击"类别"右侧的向下箭头，从弹出的下拉列表中选择"干果和坚果"，结果如图14-33所示。

图14-32 创建数据透视表   图14-33 显示指定的类别

14.4
将工作表、图表制作成 PowerPoint 简报

> 实战练习素材：素材\第14章\原始文件\问卷分析与统计.xlsx
> 最终结果文件：素材\第14章\结果文件\设计杂志上市企划书.pptx

在一般的公司中，各部门会经常召开许多不同的会议，例如月会、周会、产销会议、业务会议等。在进行会议时，主讲人经常需要准备相关的简报幻灯片和书面资料，以便利与会人掌握会议的流程和重点。

制作幻灯片最常用的是PowerPoint，不过，如果要在会议上展示的是由Excel所统计分析出来的数据，应该如何是好？本节将介绍利用PowerPoint展示Excel工作表的数据。

14.4.1 将工作表内容复制到幻灯片中

当我们需要将工作表中的分析结果用PowerPoint做成简报（或称为"演示文稿"）时，第一步就是要将工作表中的单元格内容复制到幻灯片中，之后再做调整版面等美化、补强的工作。

如图14-34所示，这份简报已经规划好各页面主题，只要将Excel工作表中的数据复制到幻灯片中即可完成。

图14-34 已经规划好主题的简报

14.4.2 将单元格区域复制成幻灯片中的表格

首先要将"男女人数"的统计结果复制到幻灯片中。切换到工作簿的"基本数据分析"工作表中，选择单元格区域A3:C6，切换到"开始"选项卡，单击"剪贴板"组中的"复制"按钮（或者直接按Ctrl+C组合键），然后切换到幻灯片中，单击"开始"选项卡中的"粘贴"按钮（或者直接按Ctrl+V组合键），结果如图14-35所示。

图14-35 将单元格区域复制成幻灯片中的表格

复制过来的单元格区域变成了幻灯片中的表格对象，接下来就可以自动调整表格的列宽、行高、位置、美化文字等，如图14-36所示。

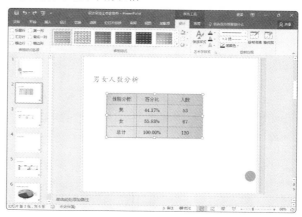

图14-36 美化表格

14.4.3 指定单元格数据粘贴幻灯片中的方式

使用默认的粘贴方式，只能将工作表中的数据转换成表格，无法像在Excel中一样计算单元格的数值。如果需要编辑工作表的数值，或者将复制内容转换为其他形式（如文字或图片）再粘贴，则可以单击"粘贴"按钮的下半部分，通过"选择性粘贴"对话框来指定转换数据的方法。

01 在Excel中选择要复制的单元格区域，然后单击"开始"选项卡的"复制"按钮，如图14-37所示。

图14-37 复制单元格区域

02 切换到PowerPoint中，单击"粘贴"按钮的下半部分，选择"选择性粘贴"命令，打开如图14-38所示的"选择性粘贴"对话框。

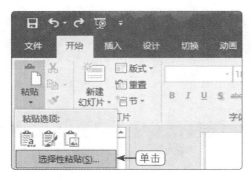

图14-38 "选择性粘贴"对话框

03 在"选择性粘贴"对话框中有"粘贴"和"粘贴链接"两种方法可供选择。如果选择"粘贴"，可以在"作为"列表框中选择各种不同的格式来转换复制的数据，再贴到幻灯片中。下面简单介绍这几种形式的差异：

- Microsoft Excel 工作表对象。若选择此形式，看起来与粘贴表格没有区别，却可以让用户把整个工作簿嵌入到 PowerPoint 中。双击工作表，就可以进入嵌入的 Excel 工作簿进行编辑，如图 14-39 所示。

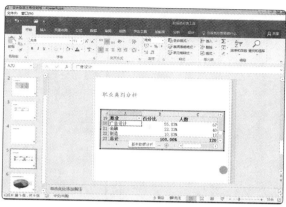

图14-39 嵌入在PowerPoint中的工作表

- HTML格式：若选择此形式，则复制的单元格会转换为PowerPoint表格再粘贴上，并保留原来在Excel中的格式设置，例如字体颜色、单元格样式等，如图14-40所示。

图14-40 以HTML格式复制

- DIB位图与位图：选择这两种形式进行粘贴，选择的单元格会转换为图片，将无法再编辑其中的数据，但可以调整该图片的明暗、对比度等。两种位图的差别在于"DIB位图"的文件较大，但颜色不会随软件而改变；"位图"文件较小，但颜色可能会随着软件的不同而有差异，如图14-41所示。

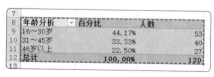
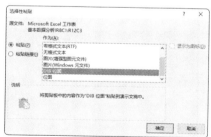

图14-41 以位图格式复制

- 图片（增强型图元文件）与图片（Windows元文件）：若选择这两种形式粘贴，则复制的数据也是转换为一张图片，但可以按下鼠标右键将该图片转换为组对象，再进一步编辑其中的元素（例如文字、边框线等）。
- 带格式文本（RTF）与无格式文本：若选择这两种形式粘贴，则只会粘贴复制区域内的文字。"带格式文本"与"无格式文本"的区别在于是否保留原始文件中的文字格式。

虽然可以使用上面的各种形式来转换Excel工作表中的数据，但是当你在原来的Excel工作簿中更改工作表的数据时，已经粘贴到PowerPoint的部分并不会跟着变动。如果希望贴进PowerPoint的工作表与复制来源的Excel工作簿保持同步更新，则需要在"选择性粘贴"对话框中以"粘贴链接"的方式贴上工作表，如图14-42所示。

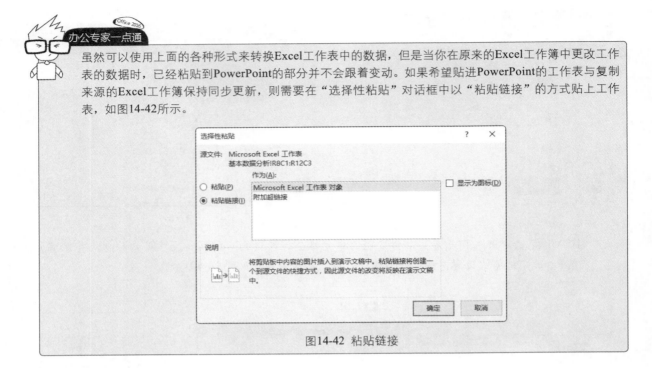

图14-42 粘贴链接

14.4.4 将工作表的图表复制到幻灯片中

有时用户需要在简报中加入数据资料来阐述自己的观点，然而在简报中塞满密密麻麻的数字资料不免让人感到枯燥乏味，这时，可以使用统计图表让简报的内容变得更活泼。因此，本节将为用户示范如何把Excel工作簿的图表复制到幻灯片中，让你的分析简报更加完整。

01 在Excel工作表中选择要复制的图表，然后按Ctrl+C组合键复制，如图14-43所示。

02 切换到幻灯片中，按Ctrl+V组合键粘贴图表对象，并将图表调整到适当的大小，如图14-44所示。

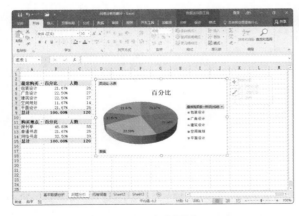

图14-43 复制图表

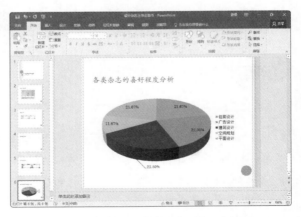

图14-44 粘贴图表对象

03 将图表粘贴到幻灯片之后，单击图表的各部分即可直接修改字体、颜色等，甚至是调整图表的版面等，如图14-45所示。

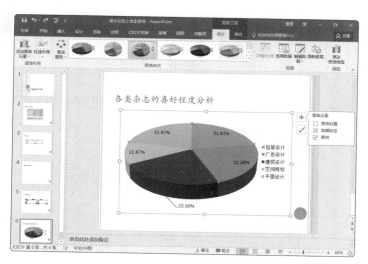

图14-45 修改图表

14.5

办公实例：人事薪资系统——
与 Word 的合并打印

本节将通过制作一个实例——人事薪资系统，来介绍Excel与Word的一些高级应用，使读者能够拓展自己的思路，将知识应用到实际的工作中。

14.5.1 实例描述

现在许多的公司直接将员工的工资汇入银行，发放工资时，只发一张薪资单给员工，这种做法不仅安全而且方便。因此，会计人员算完工资后，必须制作一张转账的明细给银行，银行才能根据这张明细将工资汇入每个人的账户。

本实例将要完成以下工作：

● 制作转账明细表
● 创建薪资明细查询系统
● 结合 Word 邮件合并功能制作薪资单

14.5.2 实例操作指南

实战练习素材：素材\第14章\原始文件\员工资料表.xlsx

利用Excel创建转账明细表一点也不困难，我们可以利用之前学习的知识，将员工姓名和银行账号放在"员工基本资料"工作表中，而每人应领的工资存放在"工资表"工作表中，如图14-46所示。

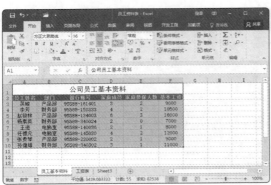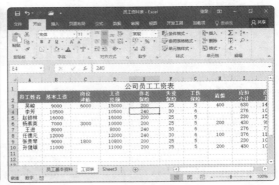

图14-46 员工资料表

1. 制作转账明细表

或许有些用户想到利用复制的方法，将需要的数据粘贴到转账明细表中。当数据的变动幅度不大时，利用复制功能的确可以完成，但是当数据经常变化，那么这种做法很容易出错，因为只要员工的数据有变动，如调薪、账号更动，转账明细表内的数据也必须更动。

为了解决员工数据发生变动就必须跟着更改转账明细表的问题，下面介绍利用单元格引用来创建转账明细。

01 创建如图14-47所示的"转账明细"工作表。在单元格A3中输入发工资日"2014-3-16"，接着在单元格B3中输入公司的账号，如图14-48所示。

图14-47 "转账明细"工作表   图14-48 输入日期和账号

02 采用引用单元格的方式，在单元格A6中填入"吴峻"，如图14-49所示。

03 利用拖动填充柄的方法，将单元格A6的参照关系复制到相应的单元格中，如图14-50所示。

图14-49 引用单元格   图14-50 复制姓名

04 "账号"与"金额"也是利用相同的方法，分别在单元格B6与单元格C6中输入"=员工基本资料！C3"与"=工资表！J3"，然后分别复制到单元格区域B7:B13以及单元格区域C7:C13中，如图14-51所示。

05 目前转账明细表仅剩下"转账总金额"尚未填入，在单元格C3中输入公式 "=SUM(C6:C13)"，然后按Enter键确认即可，如图14-52所示。

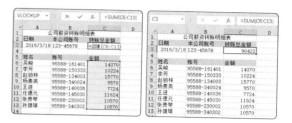

图14-51 复制单元格

图14-52 计算转账总金额

2. 制作工资明细表

除了制作转账明细给银行外，还必须制作工资明细表给每位员工，通知员工工资已经入账了。如图14-53所示，创建"工资明细"工作表。

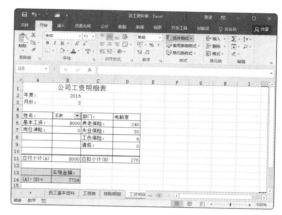

图14-53 "工资明细"工作表

（1）利用下拉列表按钮创建员工姓名列表

如果希望将工资明细表的"姓名"栏做成下拉列表，只要按下列表的下拉按钮选择员工姓名，就能自动将员工的所有工资明细填上。下拉列表必须使用"组合框"来制作。默认情况下，此按钮不会出现在Excel功能区中。单击"文件"选项卡中的"选项"命令，在"自定义功能区"内选中"开发工具"复选框，然后单击"确定"按钮，如图14-54所示。在"开发工具"选项卡的"插入"按钮中可以找到"组合框"按钮，如图14-55所示。

图14-54 选中"开发工具"复选框

图14-55 "组合框"按钮

01 单击"组合框"按钮后将鼠标移到单元格B5中，拖动绘制下拉列表框，如图14-56所示。

02 加入下拉列表框后，就要创建在下拉列表框中显示的数据，鼠标右键单击下拉列表框，在弹出的快捷菜单中选择"设置控件格式"命令，打开"设置对象格式"对话框，在"数据源区域"选择"员工基本资料"工作表的单元格区域A3:A10；在"单元格链接"框中输入D4，以放置索引值，如图14-57所示。

图14-56 绘制下拉列表框　　　　　　　　　　　　　　图14-57 "设置对象格式"对话框

03 数据创建好之后，就可以使用下拉列表框来选择员工姓名。先单击下拉列表框之外的位置，取消其选定状态，然后单击下拉列表框右侧的向下箭头来选择姓名，其中单击D4会显示索引4，表示"杨素英"位于下拉列表框中的第4位，如图14-58所示。

图14-58 利用下拉列表框选择姓名

（2）创建工资明细表各个单元格的公式

接下来，创建"工资明细"工作表中各个单元格的公式。此工作表内的每一个单元格的数据都可以在"员工基本资料"和"工资表"工作表中找到。

还记得"索引值"吧，当用户从"姓名"下拉列表框中选择一位员工时，索引值就是该员工位于下拉列表框中的位置。利用这个值，再配合INDEX函数，就可以找出需要的数据。

下面就从单元格D5的公式开始创建，具体操作步骤如下：

01 单元格D5用来显示员工的部门资料，所以必须到"员工基本资料"工作表中查找，其公式为"=INDEX(员工基本资料,$D$4,2)"。其中，"员工基本资料"是已经定义"员工基本资料"工作表中的单元格区域A3:F10，$D$4是"工资明细"工作表中索引值所在的单元格，其中记录选定员工所处的行数；2是部门位于第2列。将上述公式输入到单元格D5中，则第4名员工（杨素英）所属的部门就会填入单元格D5中，如图14-59所示。如果从姓名下拉列表中选择其他的员工，则该名员工所属的部门就会重新填入单元格D5中，如图14-60所示。

图14-59 自动填入部门资料

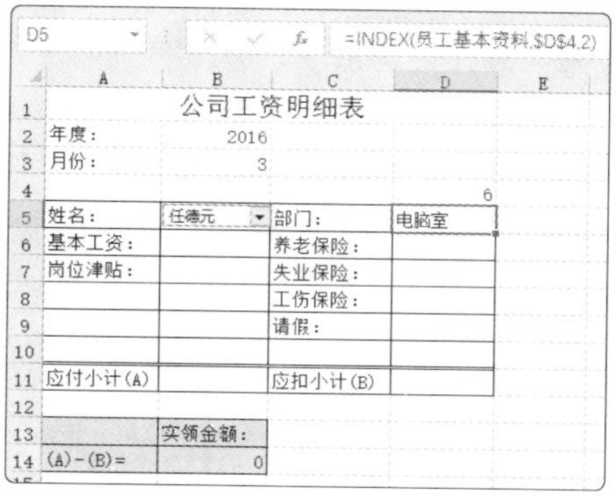

图14-60 自动更新部门资料

02 接下来，再以"养老保险"为例，由于"养老保险"是保存在"工资表"工作表中，而且其位于指定单元格区域A3:J10的第5列，所以公式为"=INDEX（工资表,$D$4,5）"，其中，已经将"工资表"中的单元格区域A3:J10命名为"工资表"，结果如图14-61所示。

03 其他单元格的公式也是以相同的方法来创建，并且最后计算出了实领金额，如图14-62所示。

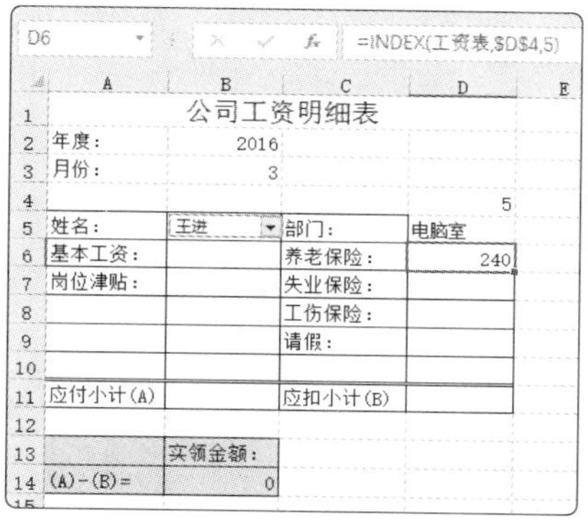

图14-61 显示王进的养老保险

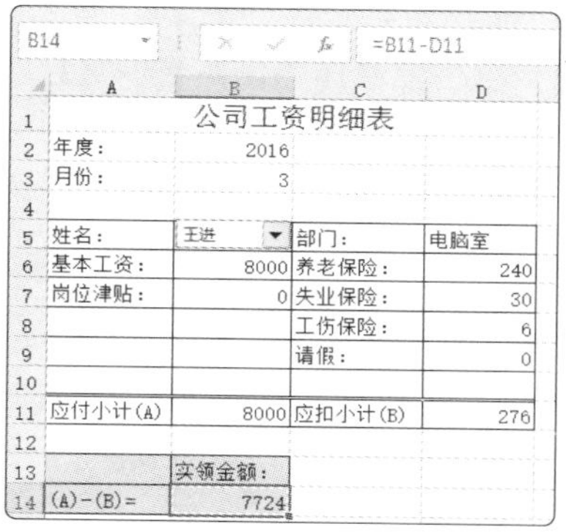

图14-62 完成明细表的创建

办公专家一点通

由于利用单元格D4来保存索引值，因此在打印工资明细表时，索引值也会被打印出来。这样会使得明细表看起来有点奇怪。要避免这种情况，可以将单元格D4的字体颜色改为白色以便与工作表的背景色相一致，这样，在工作表中就会看不到索引值，而且也不会打印出来。

（3）利用Word合并打印工资单

前一节已经做好了员工的工资明细表，但是要打印所有员工的工资单时就不方便，因为一次只能打印一位员工的工资。如果员工人数多达数百人或数千人，那么一个个点选员工姓名后再打印就太费时了。

本节将利用Word邮件合并打印功能，一次打印所有员工的工资单。所谓"邮件合并"就是把文件与数据合并为一个文件。首先必须创建一份"主文档"，它是每一份合并文件中都具备的内容，另外还要准备数据源，用来提供给每一份合并文件不同的对象数据。具体操作步骤如下：

01 对上一节的Excel表格进行适当调整，将"员工基本资料"和"工资表"工作表的第一行标题删除，然后将"员工基本资料"工作表中的"部门"所在列复制到"工资表"工作表中。

02 在Word文档中创建好"工资明细表"，这就是邮件合并的"主文档"，如图14-63所示。

03 切换到"邮件"选项卡，单击"开始邮件合并"组中的"开始邮件合并"按钮，在弹出的下拉菜单中选择"邮件合并分步向导"命令，如图14-64所示。此时，在窗口的右侧显示"邮件合并"窗格，选择"信函"单选按钮，然后单击"下一步：开始文档"，如图14-65所示。

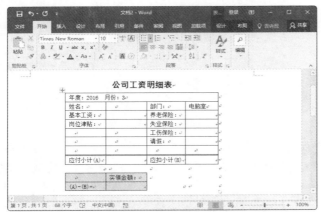

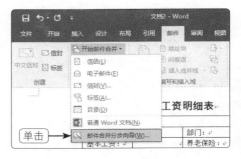

图14-63 合并的主文档   图14-64 选择"邮件合并分步向导"命令

04 在第二个窗格中选择"使用当前文档"单选按钮，然后单击"下一步：选取收件人"，如图14-66所示。

05 在第三个窗格中选择"使用现有列表"单选按钮，然后单击"浏览"按钮，如图14-67所示。

图14-65 选择"信函"单选按钮   图14-66 选择"使用当前文档"   图14-67 选择"使用现有列表"

06 打开"选取数据源"对话框，选择前面创建的Excel工作簿，如图14-68所示，然后单击"打开"按钮，出现"选择表格"对话框，选择"工资表"作为数据源（本例已删除了此工作表中第一行的标题），如图14-69所示。

图14-68　"选取数据源"对话框

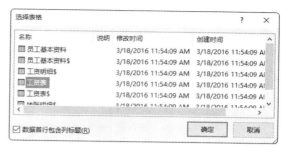

图14-69　"选择表格"对话框

07 单击"确定"按钮，打开如图14-70所示的"邮件合并收件人"对话框，在此对话框可以对数据进行排序和筛选等操作。

08 单击"确定"按钮，在"邮件合并"窗格中单击"下一步：撰写信函"，如图14-71所示。

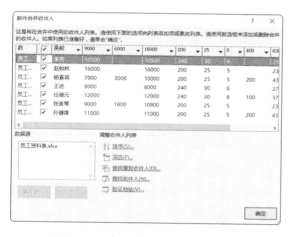

图14-70　"邮件合并收件人"对话框

图14-71　单击"撰写信函"

09 接下来就可以插入合并域了，将插入点移到"姓名："之后，然后单击"编写和插入域"组中的"插入合并域"按钮，在弹出的下拉列表中选择"员工姓名"，如图14-72所示。

10 重复上述的步骤，在文档中插入其他的合并域，如图14-73所示。

图14-72　选择合并域

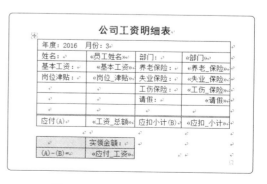

图14-73　在文档中插入合并域

11 单击"预览结果"组中的"预览结果"按钮，此时主文档中合并域的位置显示真正的数据，如图14-74所示。单击"预览结果"组中的"下一条记录"按钮，还可以查看其他的记录，如图14-75所示。

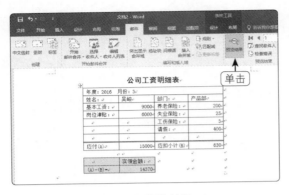

图14-74 预览结果

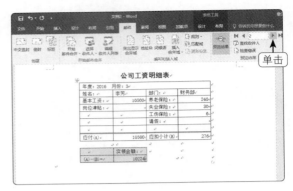

图14-75 预览其他的记录

12 预览完成后，单击"完成并合并"按钮，然后选择"编辑单个文档"命令，打开"合并到新文档"对话框，选中"全部"单选按钮，如图14-76所示。单击"确定"按钮，Word将在新文档中显示合并后的结果。

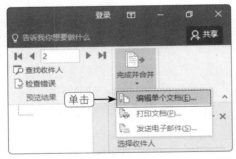
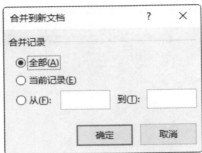

图14-76 "合并到新文档"对话框

14.5.3 实例总结

员工工资的计算是马虎不得的。本实例中介绍了如何制作转账明细表，创建一个小型的工资查询列表以及简化用户在处理人事工资上的工作，并利用Word的"邮件合并"功能一次打印所有员工的工资单，相信读者在以后处理员工工资时就会效率更高了。

15

Excel可以将工作簿保存为Internet上流通的网页文件，让用户在浏览器中查看工作表的数据，或者将网页中的表格数据导入Excel的工作簿中进行编辑，这些精彩的内容将在本章中呈现。

第 15 章
Excel的网络应用

教学目标 >>>>>>>>>>>>>>>>>>>>>>>>

通过本章的学习，你能够掌握如下内容：

※ 练习在工作表中创建超链接

※ 熟悉如何将工作簿保存为网页

※ 掌握将网页中的数据导入到Excel中的技巧

※ 熟悉如何在云端使用Excel实现网络办公

15.1

在工作表中创建超链接

在Excel工作表中创建超链接，可以让用户从这个工作簿链接到另一个工作簿，也可以链接到网页甚至是电子邮箱。下面先来看看如何在Excel中加入超链接。

15.1.1 创建超链接

 实战练习素材：素材\第15章\原始文件\图书销售.xlsx

如果要创建超链接，可以按照如下步骤进行操作：

01 鼠标右键单击要设置超链接的单元格B2，在弹出的快捷菜单中选择"超链接"命令（或者单击"插入"选项卡"链接"组中的"超链接"按钮），打开"插入超链接"对话框，如图15-1所示。

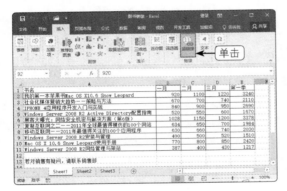

图15-1 "插入超链接"对话框

02 在"链接到"区中单击"现有文件或网页"，然后找到要链接的文件，单击"确定"按钮返回工作簿中，单元格B2显示插入的超链接，如图15-2所示。

03 将鼠标指针移到含有超链接的单元格上，当其变为"手"形状时单击该超链接，即可打开相应的文件，如图15-3所示。

图15-2 显示插入的超链接

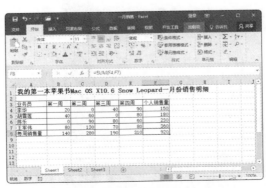

图15-3 打开超链接的文件

单击已设置超链接的单元格后立即放开鼠标键，这样才会"执行"超链接；如果按住不放，等到鼠标指针变成➕时再放开，就变成选定单元格了。如果想要对已设置超链接的单元格进行移动、复制，或其他格式设置，就可以按上述的方法选定单元格。

15.1.2 利用超链接串联其他表格

实战练习素材：素材\第15章\原始文件\电脑报价.xlsx

如图15-4所示，为了方便查阅各个电脑硬件的价格，可以在"电脑报价"的工作表中创建一个类似网站首页的表格，其中包括"CPU报价"、"主板报价"、"显卡报价"、"内存报价"等。

图15-4 准备要超链接到其他工作表的表格

创建超链接的具体操作步骤如下：

01 选定表格中的"CPU报价"所在单元格C5，然后单击"插入"选项卡"链接"组中的"超链接"按钮，打开"插入超链接"对话框，如图15-5所示。

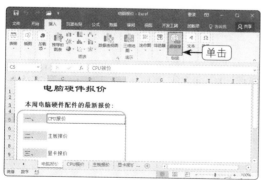

图15-5 "插入超链接"对话框

02 在"链接到"区中单击"本文档中的位置"，然后在右侧的列表框中选择"CPU报价"，单击"确定"按钮，为当前单元格设置链接对象。

03 在工作表中插入超链接后，作为超链接的文字就会变为蓝色带下划线的样式。当把鼠标指针移到超链接上时，鼠标指针变成"手"形，并且显示超链接的提示内容。单击鼠标就可以跳转到超链接所指的位置上，如图15-6所示。

 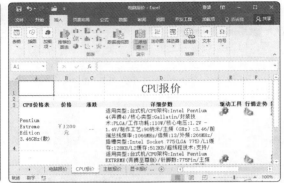

图15-6 利用超链接跳转到相应的工作表

 利用同样的方法，可以将其他单元格的内容链接到相应的工作表中。

15.1.3 超链接到电子邮件

实战练习素材：素材\第15章\原始文件\电脑报价.xlsx

如果想要让其他人能够通过电子邮件与自己联系，可以按照下述步骤进行操作：

01 选定要链接到电子邮件的单元格，然后单击"插入"选项卡"链接"组中的"超链接"按钮，打开"插入超链接"对话框。

02 单击"链接到"区中的"电子邮件地址"，在"电子邮件地址"文本框中输入要链接的邮件地址，在"主题"文本框中输入邮件的主题，如图15-7所示，然后单击"确定"按钮。

 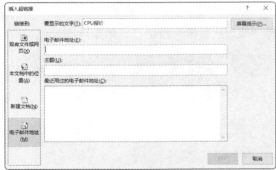

图15-7 超链接到电子邮件

15.1.4 编辑与删除超链接

如果要修改超链接的设置或删除超链接，可以按照下述步骤进行操作：

01 在超链接的单元格上单击鼠标右键，在弹出的快捷菜单中选择相关的命令，如图15-8所示。

02 如果选择"编辑超链接"命令，打开"编辑超链接"对话框，如图15-9所示。该对话框的外观与前面介绍的"插入超链接"对话框一样，只是在右下角多了一个"删除链接"按钮，单击此按钮也可以删除超链接。

图15-8　编辑与删除超链接　　　　　　　　　　　　　图15-9　"编辑超链接"对话框

15.1.5　输入网址时自动套用格式

如果要在工作表上以网址或邮箱地址来创建超链接，只要直接在单元格中输入"http://www.booksaga.com"或"booksaga@126.com"，Excel会自动替它们创建超链接，如图15-10所示。

图15-10　输入网址时自动套用格式

上述操作其实是利用"自动更正"中的"自动套用格式"功能来完成的，如果想要更改内容，可以利用"自动更正选项"按钮来修正：

01 将鼠标指针移到刚才创建的超链接上，左侧超链接下方显示小横条，这是"自动更正选项"按钮，如图15-11所示。

02 将鼠标指针移到"自动更正选项"按钮上以便显示按钮，单击此按钮，打开列表，如图15-12所示。如果选择"撤销超链接"选项，会删除超链接设置，但单元格中的文字仍然保留；如果选择"停止自动创建超链接"选项，会停止"自动套用格式"功能。

图15-11　"自动更正选项"按钮　　　　　　　　　　　　图15-12　显示"自动更正选项"按钮

03 单击"控制自动更正选项"选项，打开"自动更正"对话框，如图15-13所示。一旦撤选"Internet及网络路径替换为超链接"复选框，以后再输入网址时，就不会自动创建成超链接了。

图15-13 自动更正对话框

15.2
将工作簿保存为网页

除了在工作簿中加入超链接外，也可以直接将工作簿保存为网页，这样，即使电脑中没有安装Excel，只要有浏览器，就能轻轻松松查看到工作簿中的内容。

在Excel中可以通过以下两种方式将工作表保存为网页格式：

- 将 Excel 工作表另存为网页格式
- 将工作表发布为网页格式

15.2.1 将 Excel 工作表另存为网页格式

通过"另存为"命令的使用，可以将Excel工作表另存为网页格式，具体操作步骤如下：

01 打开要另存为网页的工作簿，单击"文件"选项卡，然后选择"另存为"命令，单击中间窗格的"计算机"选项，再单击"浏览"按钮，打开"另存为"对话框。

02 将"保存类型"改为"网页"，将"保存"设置为"整个工作簿"，如图15-14所示。

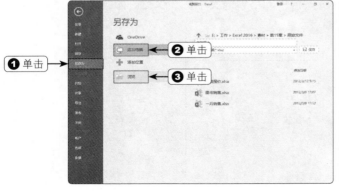
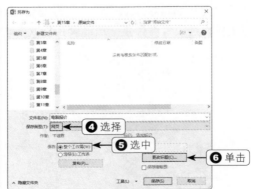

图15-14 "另存为"对话框

03 单击"更改标题"按钮，弹出"输入文字"对话框，在"页标题"文本框中输入标题，如图15-15所示。单击"确定"按钮，返回"另存为"对话框中。

04 单击"保存"按钮，将弹出如图15-16所示的提示对话框，单击"是"按钮，即可将工作表另存为网页。

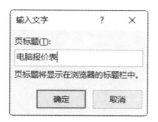

图15-15 "输入文字"对话框

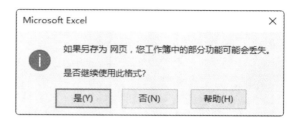

图15-16 提示对话框

05 切换到保存位置所在的文件夹中，可以发现该文件夹中增加了一个HTML格式的文档，如图15-17所示。双击该文档，即可在浏览器中打开该文档，如图15-18所示。

图15-17 保存的HTML格式的文档

图15-18 在浏览器中查看原表格的内容

　　另外，在保存HTML格式文档的文件夹中，还有一个同名但后缀为.files的文件夹，其中存放网页中所用的图片和动画等文件。HTML文档和同名的.files文件夹是一组的，它们就像连体婴儿一样不可分割。如果要移动或复制HTML文档，一定要将同名的.files文件夹也一起移动、复制，否则网页中的多媒体数据无法显示出来。

办公专家一点通

　　Excel可以保存的网页文件格式有两种：一种是网页的HTML格式，扩展名为.htm或.html；另一种是单个文件网页的MHTML格式，扩展名为.mht或.mhtml。这两者的差别在于，前者会将网页中的多媒体数据（如图形、动画）独立存档，后者是将网页中的所有组件（包括文字和多媒体数据）都保存在一个文件中。

15.2.2 发布为网页

　　利用"另存为"对话框中的"发布"按钮，同样可以将Excel工作表另存为网页格式，具体操作步骤如下：

01 打开要发布的工作簿，单击"文件"选项卡，然后选择"另存为"命令，在中间的窗格中单击"计算机"，然后单击"浏览"按钮，在打开的"另存为"对话框中将"保存类型"设置为"网页"选项，然后单击"发布"按钮，打开"发布为网页"对话框，如图15-19所示。

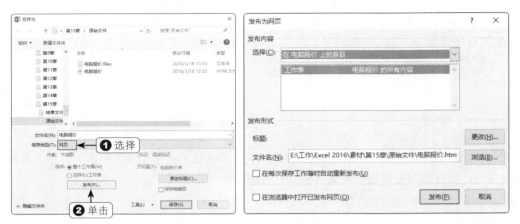

图15-19 "发布为网页"对话框

02 单击"标题"右侧的"更改"按钮，可以更改标题；在"文件名"文本框中指定网页保存的位置。

03 单击"发布"按钮，即可成功发布网页。

15.3
将网页上的数据导入 Excel

在浏览网页时，可以将网页上的数据，例如，货币汇率、股票等，直接复制到Excel中，或者利用"Web查询"功能导入Excel中，以便进一步分析与汇总。

15.3.1 复制网页数据

要将网页上的数据应用到Excel工作簿中，最简单的方法就是利用"复制"和"粘贴"的方式。

01 打开网页，选择要复制的数据并单击鼠标右键，在弹出的快捷菜单中选择"复制"命令，如图15-20所示。

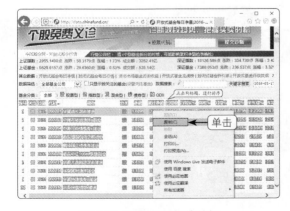

图15-20 选择要复制的数据

02 切换到工作表中，在单元格中单击鼠标右键，在弹出的快捷菜单中选择"粘贴"命令，将数据复制过来，如图15-21所示。

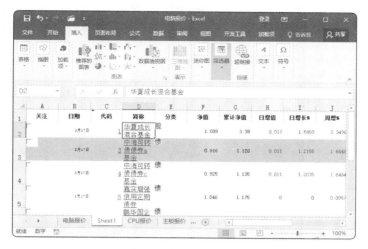

图15-21 将网页的数据复制到工作表中

接下来，可以根据数据进行进一步的整理、分析，或者绘制成方便阅读的图表等。不过，"复制"和"粘贴"的功能虽然简单却有个缺点，就是当来源网页的数据有所变动时，复制到工作簿中的数据是不会跟着更新的。如果想要让工作簿中的数据能够跟着来源网页更新，可使用"Web查询"功能。

15.3.2 将网页数据导入工作簿并进行更新

"Web查询"功能可以将网页数据导入工作簿中，这种方式会在导入的数据与来源网页之间创建链接，若来源网页的内容有所更新，Excel便可借此链接更新导入的数据。

01 切换到"数据"选项卡，单击"获取外部数据"按钮，在弹出的菜单中单击"自网站"按钮，打开"新建Web查询"对话框，如图15-22所示。在"地址"栏中输入需要的网址，单击"转到"按钮，即可打开相应的网页，如图15-23所示。

图15-22 "新建Web查询"对话框

图15-23 打开网页

02 单击页面中的黄色箭头，在其中选择需要导入的网页内容，选定表格内容后相应的黄色箭头将变成绿色，如图15-24所示。用户可以选择多个表格，然后单击"导入"按钮，弹出如图15-25所示的"导入数据"对话框，在"数据的放置位置"中选择"现有工作表"单选按钮，然后指定位置。

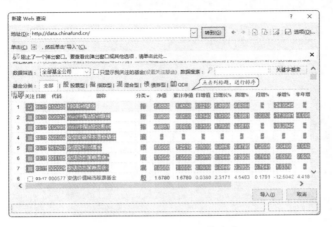

图15-24 选择要导入的内容

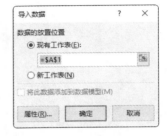

图15-25 "导入数据"对话框

03 单击"确定"按钮，系统提示正在获取数据，等系统完成数据获取操作后，即可在Excel工作表中看到导入的数据，如图15-26所示。

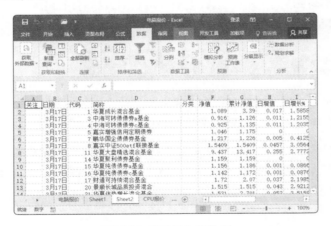

图15-26 查看导入的数据

如此一来，在连接Internet的情况下，网页的数据一旦更新，只要打开工作簿，工作表中的数据也会自动更新。

15.4
将 Excel 文件保存到云网络

近来云计算（Cloud Computing）概念逐渐流行起来，它正在成为一个通俗和大众化的词语。在办公领域，云计算引申出云办公的概念，也就是将数据全部存储到网络服务端，这样我们在任何地方都可以打开并编辑。Microsoft推出的Excel 2016提供了多项特色，开启了云办公的新时代。事实上，Excel 2016最为亮点的功能集中在"云办公"，这也是其核心优势之所在。

例如，要在网络上编辑前面已经制作的工作簿，需要先将文件上传到网络空间。本节将介绍两种上传文件的方法，先介绍在Excel 2016直接上传文件，再说明从网页上传文件的方法。

15.4.1 从 Excel 2016 上传文件到网络空间

编辑完工作簿后，如果想保存一份到云网络空间，那么在Excel上传是最方便的方法，这样你的文档可与你一起漫游。当然，用户必须先以Microsoft账户登录，单击"文件"选项卡，然后选择"账户"选项，在中间窗格中可以选择注销当前的账户、切换其他的账户等。

接下来打开要上传的文件，然后按照下述步骤进行操作：

单击"文件"选项卡，选择"另存为"命令，在中间窗格选择当前账户的OneDrive，在右侧窗格选择保存格式，单击"保存"按钮即可，如图15-27所示。

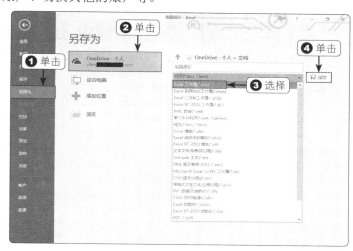

图15-27 单击"保存"按钮

15.4.2 在 Windows 10 中使用 OneDrive

OneDrive支持文件或文件夹的复制、粘贴、删除等操作。在桌面上双击"此电脑"，在打开的界面左侧可看到云朵形状的图标，单击图标可打开OneDrive文件夹，如图15-28所示。

图15-28 OneDrive文件夹

421

此时，用户可以像对待硬盘中的文件一样对其进行各种操作，上传文件只要复制到相应的文件夹即可。

当对OneDrive文件夹中的文件或文件夹进行过上传、移动、复制、删除或重命名等操作之后，OneDrive会自动同步这些变动。如果同步完成，在文件或文件夹的图标左下角会显示绿色小对号。

15.4.3 使用网页版 OneDrive

如果用户使用的是其他的Windows操作系统，登录https://onedrive.live.com网站输入账户和密码，即可进入网页版OneDrive。网页中OneDrive的选项都在顶部的菜单栏中，单击其中的按钮，可以查看更多的选项，如图15-29所示。

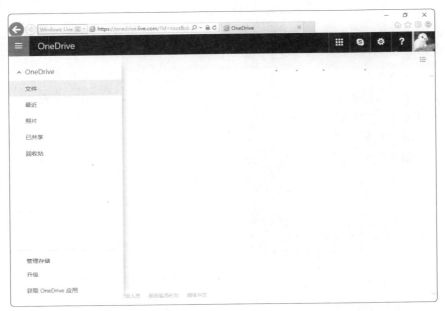

图15-29 网页版OneDrive